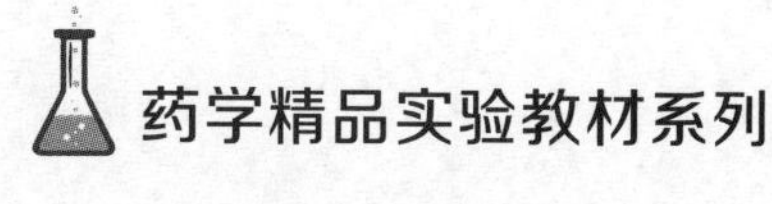

药学精品实验教材系列

总主编　戚建平　张雪梅

Experiment of Biochemistry and Molecular Biology

生物化学与分子生物学实验指导

（第二版）

主　编　费　正

副主编　董继斌

复旦大学出版社

编　委　会

主　　编　费　正

副 主 编　董继斌

编委名单（以姓氏笔画为序）

丁庭波　复旦大学药学院

朱　棣　复旦大学基础医学院

费　正　复旦大学药学院

翁鸿博　复旦大学药学院

董继斌　复旦大学药学院

楼　滨　复旦大学药学院

学术助理　苑　艳　复旦大学药学院

总序 Foreword

随着生物医药行业的飞速发展，药学专业既充满了机遇，也面临着诸多挑战。《"健康中国2030"规划纲要》明确提出，到2030年实现制药强国目标。由制药大国向制药强国迈进，必须人才先行。药学专业担负着为医药行业培养专业人才的使命，要为加快实现制药强国的目标奠定坚实的人才基础。

药学是一门基于实践的应用型学科，要求学生不仅要系统掌握药学各分支学科的基本理论和基础知识，更强调学生应掌握扎实的实验技能。药学的创新源于实践，同时依赖于实践来完成，因此实验教学在培养学生创新精神、创新思维和实践能力中起着重要作用。

在"双一流"高校建设中，如何贯彻先进的教育思想和理念、培养拔尖创新型人才，已成为目前药学教育的新挑战。我们在对医药行业现状进行广泛调研，充分了解产业需求的基础上，结合目前药学专业教学方案，充分融入近年来教学改革的实践经验，在上一版系列教材的基础上修订出版了这套"药学精品实验教材系列"。本系列教材的内容具有以下特色。

第一，注重创新人才培养，增加了更多设计性和综合性实验，提高学生的文献查阅能力、实验设计能力及创新能力，发挥学生的主观能动性和创造性。

第二，部分实验加入了课前预习，为学生主动学习提供便捷的知识来源，进一步提高课堂教学效果。

第三，重视图文并茂，增加了大量的流程图及装置图，为学生深刻掌握实验过程和机制提供有利条件。

第四，引入了一些新方法和新技术，使实验教学内容紧跟学科发展前沿。

第五,进一步对原有实验内容进行合理精减,删除一些陈旧的、不易开展的实验,精选一些可操作性、适用性、创新性强的实验。

本系列教材由复旦大学出版社出版,共有 6 本,包括《药物化学实验指导》《药物分析实验指导》《药剂学实验指导》《药理学实验指导》《生物化学与分子生物学实验指导》及《物理化学实验指导》,可作为药学专业课程的配套实验教材,供高等医药院校药学类专业学生使用,也可供成人高等学历教育选用。

本系列教材是在上一版的基础上结合参编者多年教学及科研经验的总结,部分实验是科研反哺教学的体现。教材将在教学实践的探索中边使用,边修订、完善,以便紧跟各专业主干教材的不断更新,紧随各相关专业的最新发展。

戚建平　张雪梅

2023 年 6 月

前言
Preface

生物化学是一门迅速发展的学科，新理论、新发现层出不穷。而这些都必须依赖于科学实验和资料的积累，才能探知生命的奥秘、构成生命的物质基础和生物体内复杂的化学变化规律。作为现代生命科学的基础学科，生物化学和分子生物学有助于从细胞水平、分子水平和蛋白质水平探讨病因，为疾病的防治和增进健康作出贡献，推动医学水平的不断向前发展。原书编写于2012年，随着时间的变迁，书中的许多实验内容和技术有了大幅度的提高和创新。此次修订的第二版旨在除让学生学习经典的基础生物化学、分子生物学和细胞生物学实验外，也能学到近年来新颖的实用理论、技术与技能。在实验篇中除了原有分光光度计检测方案外，还增加了灵敏度更高、试剂用量更少的微量样本酶标仪检测方案，以供不同实验教学条件的院校使用。

本书分为理论篇、实验篇和附录3个板块。实验篇包含了基础实验、综合性实验和设计性实验；附录中有实验报告须知、常用生物化学仪器和常用试剂配制等。生物化学实验的目的在于让学生掌握实验的基本原理、基本操作和基本技能，并对实验的不同部分给以不同的要求，以便学生能够真正地了解、熟悉、掌握。培养学生独立分析问题和解决问题的能力，树立严谨、求实的科学态度。学生通过生物化学与分子生物学实验将课堂的理论和实验操作联系起来，从而起到理论联系实际的作用。

为提高学生的动手能力和自主设计能力，在实验教材中增订了一些新的综合性实验和设计性实验。通过类似于科研方法的学习，将多个基础实验融入一个完整项目中，让学生学会科研的基本方法和思路；为了培养学生自主学习和动手能力，给出一些新颖实用的实验课题，作为实验设计项目。让学生自己查阅文献、设计实验，最后完成实验，从而培养学生实验设计、综合运用、宏观思维和辩证分析问题的基本技术素质和工作技能。

免疫学实验为本次增补内容。主要有单克隆和多克隆抗体的制备、免疫印迹术(Western blot，WB)、酶联免疫吸附、免疫组化和免疫荧光、免疫电泳、生物质谱以及飞行时间质谱等实验与理论。

细胞培养已是现代生物化学实验技术不可或缺的组成部分。在原先的基础上又增加了以下内容：常用细胞实验研究方法；基因沉默、基因敲除和基因敲减技术等；反义 RNA 及 RNAi 技术；基于 RNA、DNA 水平的基因过表达等；同时也增加了荧光显微镜和流式细胞仪的使用，以及相关细胞株、细胞库和网站的介绍。

为了培训学生综合运用各项实验技能的目的，本书的综合性实验项目强调多项实验技术的整合及系统应用，如综合性实验项中有这样一个实验：利用 WB 原理，检测某细胞蛋白。主要用于观察细胞中某个目标蛋白的表达含量或化学修饰的变化。为了让本科生掌握这门技术，从细胞培养开始，先熟悉细胞培养的环境条件及操作要领。获得细胞后，用裂解液破碎细胞提取胞质蛋白，然后对蛋白定量。定量后将蛋白质用电泳分离和转印后，用抗体进行分子杂交，最后显影。整个实验过程按照科研要求进行。完成这一系列实验，学生既可以丰富相关的实验理论，如细胞培养及无菌操作、蛋白含量测定、电泳、分子杂交理论等，又可在实验中学会基础实验方法，同时熟悉众多相关仪器设备的使用，如细胞培养箱、超净工作台、倒置相差显微镜、低速离心机、台式高速离心机、酶标仪、电泳仪、垂直电泳槽和转印电泳槽、凝胶成像系统、微量移液器的使用，熟悉生物化学与分子生物学实验常用的实验耗材等。这些实验内容分布于 4 个小实验中，最终构成一个完整的综合性实验项目。

再如为了让学生熟悉基因工程的上游操作，在综合性分子生物学实验中先讲解整个分子生物学的内容及相关理论，然后让学生对选定的载体 DNA 和目标基因 DNA 进行酶切鉴定，对前面实验中得到的载体 DNA 大片段及目标基因 DNA 小片段进行回收和纯化，然后将目标基因 DNA 连接到选定载体 DNA 中，完成 DNA 重组。重组的 DNA 转化入大肠埃希菌，经抗生素筛选转化成功的菌落。将转化成功的菌落扩增，然后提取重组 DNA 质粒，用聚合酶链反应和酶切鉴定的方式，筛选出正确重组的质粒 DNA。这一系列学习，可涵盖基因工程的上游实验内容。

在设计性实验，利用生物化学和分子生物学原理，设计一个已知基因图谱但属于未知新病毒的快速检测或诊断试剂盒，让学生通过已学过的生物化学和分子生物学理论，通过查阅文献利用多种方法来设计快速诊断与检测试剂盒，不但可以巩固已学过的理论和实验知识，还可进一步了解科学实验研究的基本方法与思路。

人类基因组计划的启动和进展，更显示出生物化学和分子生物学实验技术是生命科学研究领域和临床诊疗应用领域中一项非常重要的基本技术。此次修订中，分子生物学也是重点介绍和修正的内容。除了一些基础分子生物学实验内容外，还介绍了近年较为流行的基因敲除动物模型的建立、核酸类治疗方法，如嵌合抗原受体 T 细胞免疫疗法、基因治疗和病毒治疗等的前沿研究成果，让学生尽可能了解分子生物学实验方法与技术前沿。

现代生物化学与分子生物学实验已经不是单纯的生物化学实验，还融入了免疫学、细胞培养和分子生物学实验。这些实验方法离不开先进的实验仪器设备，本书的附录部分对此作了详细介绍。希望通过本次的大规模修订，能给各位老师与同学带来焕然一新的感受。编写过程中不免存在许多不妥之处，祈望不吝指教。

费　正

2023 年 9 月

目录 Contents

第一篇　理论篇

第二篇 实验篇

第一篇

理论篇

第一章 生物化学与分子生物学实验室准备知识与实验室安全

生物化学与分子生物学实验是从事生命科学研究工作人员必修专业基础课程,生物化学与分子生物学实验因其精细、复杂、微量以及使用生物样品的特点,实验中须严格遵守实验室规则及基本操作,以确保实验安全顺利地完成。

第一节 学生实验须知

学生进入实验室需严格遵守各项实验室规章制度,按课程表要求,准时参加实验课,随堂点名。如不能正常上课,须按规定出示请假条或有效证明。实验报告按时完成,不交作业或无故旷课者均无成绩。杜绝任何违规现象,严防各种责任事故。

生物化学与分子生物学实验室须知:

(1) 实验前认真预习实验内容,明确本次实验的目的和要求,掌握实验原理,熟悉实验操作流程,以保证实验顺利开展。

(2) 进入实验室,必须穿实验服和戴手套。实验时保持室内安静,不得大声喧哗和嬉戏。实验间隙可写实验报告或预习。严禁将任何实验室试剂、用品带出实验室。首次进入实验室,应熟悉实验室的布局及实验楼的逃生通道。

(3) 实验过程中须听从教师指导,认真按照实验步骤和操作规程进行实验。认真记录实验过程,实验原始数据应当场记录并交于实验指导老师查阅后方可用于实验报告，严禁篡改数据。实验报告未按指定的时间上交将被扣分。

(4) 试剂的配制和使用要注意节省，按实验实际使用量配制量取，多余的试剂分类倒入废液缸，不可倒回原容器。

(5) 实验中需要留存供下次实验使用的个人样品，要注意贴上标签。标签写品名、浓度、姓名、学号和日期等，交给指导老师按需存放冰箱或室温保存，以免弄混。

(6) 实验过程中，须按照实验流程操作，不可颠倒顺序。特别注意一些容易混淆的概念区别，如保温、准确保温及预保温。

(7) 注意实验操作细节。如加完每一种试剂后，需要充分混匀或震荡；提取上清液时不可吸取到沉淀物。

(8) 实验反应的时间要精确计时。

(9) 实验数据或结果可用手机拍摄记录。

(10) 实验台面、称量台、药品架、水池及各种实验仪器内外都必须保持清洁、整齐。药品取用后立即盖好瓶盖，放回药品架，切勿混用瓶盖。准确取用移液器(枪)、移液器吸头盒等用具，切勿混用。同时注意防止试剂瓶上的标签脱落，以免造成样品污染。

(11) 不可随意将实验废液倒入下水道，根据不同的安全等级或分类倒入相应的化学或医用废弃物回收容器；实验废弃物或尖锐器皿应放入相应的装置，做好垃圾分类。

(12) 使用贵重精密仪器应严格遵守操作规程，实验前应仔细阅读附录中的实验仪器使用说明或向带教老师请教。认真听讲教师的使用示教，严格按照操作规程操作。不得将污物等随意放在仪器上/里，造成仪器不必要的污染或损坏。仪器发生故障应立即报告教师，未经许可不得自己随意检修。

(13) 实验室内严禁吸烟、饮水和进食。当使用易燃、易爆的有机试剂时严禁点燃明火。使用有毒、危险药品必须按规定穿戴防护用品。

(14) 实验完毕必须及时洗净，放好各种玻璃仪器。保持实验台面和实验柜、架的整洁。

(15) 每位学生实验结束离开实验室前须洗手。

(16) 值日生要认真做好实验室的卫生值日工作。最后离开实验室的实验人员,须检查水、电、空调和门窗等是否关闭。

第二节 实验室安全及防护知识

进入实验室,安全永远放在第一位。防火防爆、化学与生物药品、安全用电和仪器使用安全等是每位学生须知的。每位学生都必须有充分的安全防范意识、严格的防范措施和实用的防护救治知识。如有意外发生时能及时、正确进行处置,严防事故扩大。

一、防火教育

生物化学实验室使用大量的有机溶剂,如乙醚、甲醇、乙醇、丙酮及氯仿等,而实验室又经常使用酒精灯等,极易发生火灾事故。在生物化学实验室中应严格注意做到以下几点:

(1) 严禁在敞开容器和密闭体系中用明火加热有机溶剂,可用水浴或加热套加热替代。

(2) 不得在烘箱内存放、干燥、烘焙有机物。

(3) 在有明火的实验台面(超净工作台等)上不允许放置开口的有机溶剂或倾倒有机溶剂。

(4) 乙醚、石油醚等易挥发的有机溶剂不得存放于普通冰箱中,如有需要一定要存放在专业防爆冰箱内。

二、安全防护须知

1. 报警 拨打“119”(说明火源、火情、单位名称、地理位置或明显标志)。措施:早发现、早处理、早报告。

2. 灭火 学会使用灭火器(一拔、二握、三瞄、四扫);沉着、冷静;易燃固体、易燃气体、易燃液体和带电物体着火时,可用干粉灭火器灭火;导线或电器着火时,应先断电,再用干粉灭火器灭火。由于泡沫导电,切不可用泡沫灭火器;衣服着火时,应尽快地脱掉衣服并用水灭火,或就地滚动,切忌外跑。容器中的易燃物着火时,用灭火毯盖灭(每个实验室都配有灭火毯)。

附:常见灭火器的适用范围

(1) 干粉灭火器:适用于扑救石油、石油产品、油漆、有机溶剂和电器设备引起的火灾。

(2) 泡沫灭火器:适用于 A 类、B 类及醚、醇、酯、酮、有机酸、杂环等极性溶剂火险场所。

(3) 二氧化碳灭火器:适用于扑救 600 V 以下的带电电器、贵重物品、设备、图书资料、仪表仪器等场所的初起火灾,以及一般可燃液体的火灾。

(4) 1211 灭火器:适用于扑救易燃液体、可燃液体和可燃气体。

3. 防火 火灾不能预期、不能杜绝、只能预防;消除火灾隐患(电、火、气、试剂);备逃生四件宝(灭火器、绳、手电筒及防毒面具)。

4. 化学试剂的安全使用 所有化学品和配制的试剂应置于适当容器并贴标签;化学品存放场所应整洁、通风、远离热源和火源;化学试剂密封分类存放,勿将相互作用化学品混合。实验室内产生的化学废液应分类,存放在专用废液桶中并加贴标签,不要使用敞口或破损的容器。

(1) 易燃、易爆化学试剂:一般将闪点在 25℃以下的化学试剂列入易燃化学试剂,它们多是极易挥发的液体,遇明火即可燃烧。

(2) 有毒化学试剂:以较小剂量进入人体而导致疾病或死亡的才被划为有毒物质。

(3) 腐蚀性化学试剂:化学试剂如各种酸、碱、溴和苯酚等,碰到皮肤、黏膜、眼、呼吸器官都应及时清洗。

(4) 强氧化性化学试剂:包括过氧化物和含有强氧化能力的含氧酸及其盐,如硝酸铵、高氯酸及其盐、重铬酸及其盐等。

（5）放射性化学试剂：同位素示踪技术的发展，广泛应用于生物化学与分子生物学。由于其特殊性，该种试剂不得带入公共实验室，在各自实验室进行专项管理或者由学院进行统一管理。

（6）不相容化学试剂：一些化学试剂在储存和操作过程中不能与其他物质接触，否则就会发生爆炸，这些化学试剂称为不相容化学试剂。如：叠氮化物通常用作溶液中的抗菌剂，由于轻微碰撞就可能造成叠氮化铜的爆炸，因此，不能与铜（如污水管及管道设施）接触。

（7）化学诱变剂：溴乙锭（ethidium bromide，EB）是一种强诱变剂（可能造成遗传性危害），直接接触有中等毒性。EB 可以通过皮肤吸收，因此应当避免一切与 EB 的直接接触。EB 对皮肤、眼睛、口腔和上呼吸道系统有刺激性作用。应将 EB 安全密封，并密闭存放于干燥避光处。

（8）常见化学危险品：生物化学实验室常见的有强酸、强碱，化学致癌物有石棉、砷化物、铬酸盐、溴乙锭和丙烯酰胺等。剧毒物有氰化物、砷化物、乙腈、甲醇、氯化氢、汞及其化合物等，使用时需严加防护。

（9）防护：使用有毒或刺激性气体时，必须配戴防护眼镜，并在通风橱内进行。取用毒品时必须配戴橡皮手套，严禁用嘴吸移液管。实验室禁止赤膊和穿拖鞋。不可用乙醇等有机溶剂擦洗溅洒在皮肤上的药品。灼伤或眼内掉进异物，应立即用紧急喷淋器的眼睛冲洗器或喷淋装置冲洗，并到医院作进一步检查。

（10）中毒急救的方法：①误食了酸、碱，不要催吐，可先立即大量饮水。误食碱者再喝些牛奶；误食酸者，饮水后再服 $Mg(OH)_2$ 乳剂，并饮些牛奶。②吸入了毒气，立即转移至室外，解开衣领，休克者应施以人工呼吸，但不要用口对口法。③砷和汞中毒者应立即送医院急救。

三、生物样品安全

（1）在进行生物化学、分子生物实验和细胞生物学实验过程中会涉及诸如微生物、动物组织、细胞和血制品等，存在着细菌、病毒、支原体等病原体感染的潜在风险。在实验过程中需特别小心，做好个人防护，实验完毕后清洗双手。

(2) 所有感染性材料必须在实验室内清除感染、高压灭菌灭活。对高感染性或放射性制品不得在超净台内操作,应在达到生物安全要求级别的生物安全柜内操作。

(3) 细胞或分子生物学实验等有生物活性物质在废弃时,凡含有病原体的培养基、标本和菌种应当经高压蒸汽灭菌或用强氧化剂(如 84 消毒液)作灭活处理。然后按实验室废弃物或生物样品安全管理要求,收集在黄色医疗废弃物垃圾桶中。

四、用电安全

(1) 电器要保持在清洁、干燥和状态良好的情况下使用。清理电器前要切断电源,切勿带电插或连接电气线路。

(2) 电炉、高压灭菌锅等高温、高压设备在运行时,一定要有人在现场照看。实验室突然停电或门禁无法打开,应停止所有实验,切断实验室电源总开关。

(3) 电炉、烘箱等大功率电热设备不可过夜使用。

(4) 仪器不用时要拔下插头,最后离开实验室时关闭总电闸。

五、仪器使用安全

1. 玻璃仪器 使用前要检查玻璃仪器是否有破损,不要使用有缺口或裂缝的玻璃器皿;不要将加热的玻璃器皿放在过冷的台面上,以防止温度急剧变化而造成玻璃破裂;处理破碎的玻璃器皿要戴手套,丢在专用利器盒中,统一回收处理。

2. 加热设备 加热、产热仪器设备必须放置在阻燃、稳固的实验台或地面上。不得在其周围堆放易燃易爆化学品、气体钢瓶、纸板、泡沫、塑料等易燃杂物。使用完毕应立即切断电源,并确认其冷却至安全温度才能离开。使用水浴锅加热时要加入适量的蒸馏水,不得加得太满,以免液体外溢损坏仪器。注意观察,避免干烧损坏。不要触摸加热仪器的表面,防止烫伤。

3. 通风橱 使用通风橱前,先开启排风后才能在通风橱内操作。拉下通风橱玻璃活动挡板至手肘处，使胸部以上受玻璃视窗所屏护，头部以上不可伸进通风橱内。实验操作完毕后不要立即关闭排风扇，应继续排风 1～2 min，确保通风橱内有害和残留废气全部排出。

4. 高速离心机　离心机在运行前应保证盖子扣紧。离心管内的液体体积应适当，保证质量配平。离心管对称放置，拧紧盖子。启动离心机后不要马上离开，要仔细听离心机声音是否正常。如有异常声响应立即按停止按钮，转速为零方可打开盖子。

5. 无菌实验室安全　进入无菌实验室，需穿戴安全防护服或白大衣、口罩、鞋套和护目镜等。在超净台中操作时要注意无菌操作，无菌操作贯彻整个实验。实验前用酒精消毒双手，待手套上酒精挥发后方可伸进超净台工作，用消毒棉擦拭移液器杆部分，晾干后方可使用。具体请参阅细胞培养章节。

第三节　实验记录与实验报告

一、实验记录

严谨、详细、准确、如实地作好实验记录，是确保实验数据科学性的重要依据。

(1) 每位同学必须预先准备好专用的实验报告纸，实验前认真预习，看懂实验原理和操作方法，在记录本上写好预习报告，包括详细的实验操作步骤(可以用流程图表示)和数据记录表格等。

(2) 记录本上要有页码，不得任意撕去和涂改，错写可划去重写。实验记录可用钢笔和圆珠笔，不能用铅笔之类。两位同学一组，每人都应有相同、完整的记录。

(3) 实验中，应准确地记录所观察到的实验现象和检测数据，条理清楚、字迹端正，切不可潦草以致日后无法确认。实验记录必须公正客观，不可夹杂主观因素。

(4) 实验中记录的各种数据,可事先在记录本上设计好各种记录表格,以免实验中由于忙乱而漏填或错填,造成不可挽回的损失。

(5) 实验记录要注意有效数字,如吸光度值应为“0.050”,而不能记成“0.05”。每个结果都应重复观测2次,如所得数据偏差较大,也应如实记录,不得修改。

(6) 实验条件要详细记录,如仪器型号、编号、生产厂家等;生物样本的来源、形态特征、健康状况、选用的组织及其重量等;试剂的规格、化学式、相对分子质量、试剂的浓度等,都应记录清楚。两人一组的实验,必须每人都做记录。

二、实验报告

实验报告是对本次实验的总结和反思。通过实验报告,分析总结成功或失败经验。通过理性分析找出存在问题的可能原因,并学会解决方法。学习处理各种实验数据的方法,加深对有关生物化学与分子生物学课堂知识的理解和掌握,同时也是学习撰写科学研究论文的过程。

实验报告的格式与内容:

除标题外,正文部分须包括以下内容:(一)实验目的、(二)实验原理、(三)仪器和试剂、(四)实验步骤、(五)数据与结果、(六)结果分析与讨论及(七)思考题。

每个实验报告必须独立完成,严禁抄袭。写实验报告要用实验报告专用纸,不要用练习本或其他纸张。

实验目的和实验原理应简洁明了,实验步骤描写应条理清晰,按照此描述可将实验正确重复出来。

为了保证实验结果的重复性,须详细记录实验现象。例如,如实验中生成沉淀,沉淀的颜色是什么?量是多少?是胶状,还是颗粒状?什么时候形成沉淀?立即还是缓慢生成?加热还是冷却时生成?在科学研究中,仔细观察、认真分析、探讨和总结是获得理想实验结果的良好途径。

定性实验结果对性状的描述应极尽详细;定量实验结果则应注意标明数据的单位以及稀释倍数,按照不同实验要求进行数据处理或保留有效数字位数。

实验报告须使用书面语，要简明清楚，抓住关键，各种实验数据都要尽可能整理成表格或作图表示之，方便比较，一目了然。标准曲线的制备应按照一定的要求进行，实验作图须使用坐标纸或 Excel、Graphpad Prism 等专业软件。图上需有实验方法、坐标轴名称和使用单位。标准曲线上还应注明实验的日期、室温以及所用的仪器编号和型号。并注意一旦室温的变化超过±5℃需重新制备标准曲线。

实验报告中如需呈现各类成像图片时，图片的格式、大小和标注方法等可参考科研论文的图片使用方法。

实验结果讨论是实验报告的重点，可查阅相关文献和资料，充分运用已学过的生物化学、分子生物学知识，解释实验中出现的各种现象或结果。如实验结果不理想也可对失败原因进行深入的探讨，提出自己的分析与见解。

第四节　实验室基本操作

一、玻璃仪器的清洗

实验中所用的玻璃仪器清洁/无菌与否，直接影响实验的结果。生化实验因为样品蛋白质、酶、核酸等往往都是以“毫克”和“微克”为单位，稍有杂质，影响就很大。蛋白质、酶对许多离子、去垢剂等十分敏感。实验器皿清洁与否会直接导致实验的成败。生物化学与分子生物学实验对玻璃仪器清洁程度的要求，比一般化学实验要求更高。

1. 初次使用的玻璃仪器的清洗　新购买的玻璃仪器表面常附着有游离的碱性物质，可先用 0.5%的去污剂洗刷，再用自来水洗净，然后浸泡在1%～2%盐酸溶液中过夜(不可少于 4 h)，再用自来水冲洗，最后用去离子水冲洗 2 次，无挂壁现象。也可用自来水冲净后浸泡在洗液(浓硫酸和重铬酸钾配制)中 6 h 后，再用自来水冲洗，最后用去离子水冲洗 2 次，无挂壁现象。100～120℃烘箱内烘干备用。

2. 使用过的玻璃仪器的清洗 先用自来水洗刷至无污物,接着用玻璃专用清洗剂或洗液浸泡,然后用自来水彻底洗净,最后用去离子水洗2次,烘干备用(计量仪器不可烘干)。清洗后器皿内外不可有水珠挂壁,否则重洗。若重洗后仍挂有水珠,则需用洗液再浸泡数小时后,重新清洗,条件同上。

3. 石英和玻璃比色皿的清洗 绝不可用强碱清洗,因为强碱会侵蚀抛光的比色皿。只能用洗液或1%～2%的去污剂浸泡,然后用自来水冲洗(可用小棉花棒刷洗,效果会更好)。清洗干净的比色皿应内外无水珠挂壁。

二、洗液的选择

1. 自配洗液 铬有致癌作用,配制和使用洗液时要极为小心,并戴防酸橡胶手套和塑料围裙。配制方法如下:配制时会产生大量热,烧杯可放在盛有冰块的容器中,不可单独一人配制。

称取5 g重铬酸钾粉末,置于250 mL烧杯中,加5 mL水使其溶解,然后慢慢加入约100 mL浓硫酸。由于是放热反应,须待其完全冷却后储存于磨口玻璃瓶内。

2. 购买洗液 现售的玻璃清洗液也可用于玻璃仪器清洗,为当前的主要选择。

三、其他洗涤液与用途

1. 工业浓盐酸 可洗去水垢或某些无机盐沉淀。

2. 5%草酸溶液 用数滴硫酸酸化,可洗去高锰酸钾的痕迹。

3. 5%～10%磷酸三钠($Na_3PO_4 \cdot 12H_2O$)溶液 可洗涤油污物。

4. 30%硝酸溶液 可洗涤二氧化碳测定仪及微量滴管。

5. 5%～10%乙二胺四乙酸二钠(EDTA·2Na)溶液 加热煮沸可洗脱玻璃仪器内壁的白色沉淀物。

6. 尿素洗涤液 为去蛋白质的良好溶剂,适用于洗涤盛过蛋白质制剂及血样的容器。

7. 有机溶剂 如丙酮、乙醚及乙醇等可用于洗脱油脂、脂溶性染料污痕等，二甲苯可洗脱油漆的污垢。

8. 氢氧化钾的乙醇溶液和含有高锰酸钾的氢氧化钠溶液　这是两种强碱性的洗涤液，对玻璃仪器的侵蚀性很强，可清除容器内壁污垢，洗涤时间不宜过长，使用时应小心慎重。

四、玻璃和塑料器皿的干燥

生物化学实验中用到的玻璃器皿经常需要干燥，通常都是用烘箱或烘干机在100～120℃进行干燥。塑料离心管用低于60℃恒稳烘干或用冷风吹干。

五、移液管/器的使用

掌握准确定量方法对于生物化学和分子生物学实验是极为重要的。在生物化学和分子生物学实验中，熟练掌握各类移液管/器的使用，是获得准确定量实验数据的关键步骤。

1. 滴管　有玻璃和塑料两种。常见的玻璃滴管使用方便，可用于半定量移液，其移液量为1～5 mL，常用2 mL，可换不同大小的滴头。滴管有长、短两种，新出一种带刻度和缓冲泡的滴管，比普通滴管更准确地移液，并防止液体吸入滴头。

塑料滴管多为一次性使用，当今使用较多。常见有1 mL、3 mL和5 mL等体积。

2. 移液管(吸管)　吸管使用前洗至不挂壁，1 mL以上的吸管，用吸管专用刷刷洗，0.1 mL、0.2 mL和0.5 mL的吸管可用洗液浸泡，也可用超声清洗器清洗。洗液中铬致癌，尽量避免使用。可选用玻璃清洗液清洗替代。

吸管分为两种。一种是单一容量的澳氏吸管(俗称胖肚吸管)，准确度较高；另一种为粗细均匀的玻璃管，上面均匀刻有表示容积的刻度线，又称刻度移液管。其准确度低于胖肚吸管。准确度分为A、B二级，A级优于B级。移液管上标有“快”字则为快流式；有“吹”字则为吹出式；无“吹”字的吸管不可将管尖上的残留液吹出。吸、放溶液前要用吸水纸擦拭管壁。

3. 微量进样器 微量进样器常用作气相和液相色谱仪的进样器。在生物化学和分子生物学实验中用于电泳实验的加样,现常用移液器(枪)来替代。

微量进样器针尖管内孔极小,使用后,吸取过蛋白质溶液后,必须立即清洗,防止堵塞。若遇针尖管堵塞,不可用火烧,只能用 φ0.1 mm 的不锈钢丝耐心串通。进样器未润湿时不可来回干拉芯子,以免磨损而漏气。进样器内发黑往往是由于不锈钢氧化造成,芯子蘸少量肥皂水,来回拉几次即可除之。

4. 移液器(枪) 移液器(枪)在生物化学实验中大量使用,可以只用一只手操作,十分方便。移液的准确度(即容量误差)为±(0.5%～1.5%),移液的精确度(即重复性误差)≤0.5%。

移液器按照操作方式可分为手动和电动;按照量程分为可调与固定式;按照取样方式可分为单通道和多通道等多种类型。常用的移液器多为手动单通道可调式移液器,量程范围有 1 μL、2 μL、10 μL、20 μL、200 μL、1 000 μL 和 5 000 μL 等多种规格。固定式为单一容量,目前较为少用。不同规格移液器都有其专用的塑料吸头(tip),吸头通常是一次性使用,可 121℃高压灭菌,用于无菌实验。

可调式移液器的操作方法是用拇指和食指旋转取液器上部的体积旋钮,使数字窗口出现所需容量体积的数字。在取液器下端插上一个塑料吸头,压紧以保证气密。然后握住移液器上部,按压移液器顶端的控制按钮,向下按到第一停点,将移液器的吸头插入待取的溶液中,缓慢松开控制按钮,吸取液体,并停留 1～2 s(黏性大的溶液可加长停留时间)。将吸头沿器壁滑出容器,用吸水纸擦去吸头表面黏附的液体。排液时吸头接触倾斜的容器壁,将控制按钮按到第二停点,吹出吸头尖部的剩余溶液。使用完毕,按下吸头脱卸按钮,将用过吸头推入废物缸。

使用移液器时一定要缓慢、平稳地吸取液体。吸取时不可以突然放开控制按钮,以防溶液吸入过快而冲入移液器内,腐蚀柱塞造成漏气。

根据取样量,选取合适量程的移液器,用毕复位至刻度“000”。除了单通道移液器以外,还有多通道移液器。常见的多通道移液器有 8 和 12 道移液器(俗称排枪,也有不同容量)。任何一种移液器使用一段时间后需请专业维修人员进行校准,确保取样准确性。

第二章 生物大分子的制备

生物化学领域的生物大分子主要是指蛋白质(酶)、核酸和多糖等大分子,每个生物大分子相对分子质量从几万到几百万以上,是维持生命活动的物质基础。蛋白质由氨基酸组成,核酸由核苷酸组成,都是生物大分子。就化学结构而言,蛋白质(酶)是由 α-*L*-氨基酸脱水缩合而成的;核酸是脱氧核糖核酸(DNA)和核糖核酸(RNA)的总称,是由许多核苷酸单体聚合成的生物大分子化合物,是生命基本物质之一。核苷酸是由嘌呤和嘧啶碱基,与 *D*-核糖或 2-脱氧-*D*-核糖、磷酸脱水缩合而成;多糖是由单糖脱水缩合而成,从而构成了生物大分子。研究这些生物大分子物质的结构和功能已成为探索生命奥秘的中心课题。而研究生物大分子,首先需要获取高纯度具有生物活性的目标物质。

生物大分子的提取纯化与一些传统的化学制品提取纯化相比有着较大的差异:待分离的生物大分子在原料中的含量较少或极少,而且经过繁复的提取纯化更会增加它们的损耗;生物大分子在生物体内是具有一定的生物活性的,一旦离体极易造成生物活性的丧失,所以在分离制备的时候选择合适的条件如:pH 值、缓冲溶液、温度和离子强度等是防止生物大分子失活的重要步骤;生物大分子种类繁多,提取纯化的方法也各不相同。不同的方法得到的结果也不相同,新的方法和高科技实验仪器近年也不断出现,为更好地提取纯化样品提供了高效和便利条件。在具体的实验中,灵活使用各种实验方法和仪器,会得到更好的分离纯化效果。

生物大分子分离制备过程主要包括:样品预处理(包括组织和细胞的破碎以及细胞器的分离等),蛋白质、核酸的提取、分离和纯化,样品的浓缩、干燥和保存。

第一节 动物组织或细胞蛋白质的提取、纯化与定量

细胞是构成生命体的基本结构和功能单位;形态相似、结构和功能相同的一群细胞和细胞间质联合在一起构成组织;不同的组织按照一定的排列结合在一起形成具有特定生理功能的器官。通过一定的技术将动物组织或细胞蛋白质提取、纯化与定量是生物化学与分子生物学实验最常用方法。

动物组织一般须通过一些机械破碎成细胞,培养或分离获得的细胞可通过机械或非机械法来获取细胞总蛋白或各类细胞器蛋白。它们的提取方法也各不相同。提取过程需注意的是:①温度:蛋白质为生物活性物质,过高的温度会导致其失活;②浓度:蛋白质浓度不能太低,应维持在 μg~mg/L 水平;③合适的 pH:应避开所提蛋白的等电点,防止蛋白质沉淀或失活;④避免蛋白质的反复冻融和剧烈搅拌,防止其失活;⑤尽可能保证各分离步骤环环相扣,减少样品放置时间。

一、动物组织的破碎与保存

动物器官、组织通过机械性剪切、匀浆器粉碎和超声波粉碎等方法来获取组织细胞。

1. 动物前处理 获取的动物组织用预冷生理盐水清洗后,浸泡于预冷生理盐水。通过机械性剪切(粉碎机),或用眼科手术剪剪切成极细的组织块。

2. 匀浆制备 按重量与体积 1∶9 比例(g∶mL),加入 9 倍体积匀浆液。可根据组织来源采用手工匀浆、机械匀浆和超声粉碎等方法获取不同组织的细胞。

取组织块(0.1~0.2 g)或更少,洗去血污,滤纸拭干,称重,放入 5 mL 匀浆管中。加入适量预冷匀浆液(pH 7.4, 0.01 mol/L Tris-HCl, 1 mmol/L EDTA·2Na, 0.01 mol/L 蔗糖,0.8% NaCl)。可将匀浆管置于冰浴中,用

捣杵垂直上下研磨数十次，充分研碎，制成10%匀浆液。

3. 组织粉碎

(1) 机械匀浆：在冰浴中，用组织捣碎机10 000～15 000 r/min，上下研磨，制备成10%组织匀浆。

(2) 超声粉碎：在冰浴中用专用超声波粉碎机超声，具体操作详见说明。一般每次5 s，间隙10 s，反复3～5次。

由于每种方法各有差异，具体情况具体分析。一般可通过组织匀浆涂片，显微镜下观察细胞完整度，找到合适研磨次数、超声功率或时间。

将制备好的10%匀浆液用普通离心机或低温高速离心机2 500 r/min左右，离心10～15 min取上清液进行测定。

4. 样本保存 动物组织样本如果暂不测定，可低温冻存。温度越低越好，期间不可反复冻融。－20℃以下可保存3个月，－70℃以下可保存6个月，液氮中可长期保存。

制备好的匀浆液建议不要冻存，最好当天进行测定，如放置时间过长相关酶活性会有所下降。

生物、植物和动物因其自身含有蛋白质等大分子物质，或者能够分泌大分子物质到培养基中均可以作为提取生物大分子的原料，但提取时应注意选用样本含量丰富的生长期。如微生物在对数生长期，酶和核酸的含量较高，可以获得较高的产量。

二、细胞的破碎

一般除了可以分泌到细胞外的大分子如蛋白质(酶)等可以直接提取外，大部分样本需要通过细胞的粉碎来获取目的物。常用的细胞粉碎方法以下。

1. 组织粉碎器 通过坚固的刀片的剪切力破碎组织和细胞，释放细胞或大分子到溶液中去。

2. 玻璃匀浆器 由一根表面磨砂的玻璃杵和一个内壁磨砂的玻璃管组成，通过它们之间的相互挤压和摩擦使细胞破碎。此法对生物大分子破坏较少，是较常用的细胞破碎方法。

3. 超声波 利用一定功率超声波处理细胞悬液，使细胞急剧震荡破裂，释放内容物。在此处理过程中会产热,可用冰浴降温。

4. **反复冻融** 将细胞保存在−20℃以下冰冻,37℃融化。这样反复几次即可使细胞破碎。

5. **化学处理** 一些化学试剂(如苯、甲苯)、抗生素、表面活性剂十二烷基磺酸钠(sodium dodecyl sulfate, SDS, Triton X-100)、金属螯合剂乙二胺四乙酸(EDTA)、变性剂等都可以改变细胞膜的通透性,使内容物有选择地渗透出来。

6. **酶法** 利用一些特异性的酶将细胞壁(膜)消化溶解的方法,如溶菌酶、蛋白酶、糖苷酶等。

三、细胞器的分离

细胞器的分离一般可采用差速离心方法和密度梯度离心法,利用细胞内各种细胞器的密度大小不同,经离心后沉淀于不同的区域而得到所需的组分[可用于密度梯度离心的介质有蔗糖、聚蔗糖(Ficoll)及聚乙二醇等]。

常见的细胞器蛋白有:膜蛋白、胞质蛋白、核蛋白、内质网蛋白、高尔基复合体体蛋白和线粒体蛋白,获取细胞器后可采用不用的裂解液来获取其蛋白(表2-1)。

表2-1 常用细胞(器)裂解液配方及用途

裂解液	有效成分	裂解程度	抑制剂(蛋白酶和磷酸酶)	适合范围	主要用途
RIPA裂解液(Ⅰ)	1% Triton X-100, 1% SDC, 0.1% SDS	强	有	膜蛋白、浆蛋白、核蛋白、胞质磷酸化蛋白、转录因子	WB、IP
RIPA裂解液(Ⅱ)	1% Triton X-100, 0.5% SDC, 0.1% SDS	中	有	胞质蛋白、磷酸化蛋白、转录因子	WB、IP
RIPA裂解液(Ⅲ)	1% Triton X-100, 0.25% SDC, 0.1% SDS	温和	有	胞质蛋白、磷酸化蛋白、转录因子	WB、IP、Co-IP

续　表

裂解液	有效成分	裂解程度	抑制剂（蛋白酶和磷酸酶）	适合范围	主要用途
RIPA 裂解液（Ⅳ）	1% Triton X－100，1%SDC，0.1%SDS	强	无	胞质蛋白、磷酸化蛋白、转录因子、核蛋白、膜蛋白	WB、IP
WB/IP 裂解液	1% Triton X－100	温和	有	胞质蛋白、磷酸化蛋白、转录因子	WB、IP、Co－IP
NP－40 裂解液	1% NP－40	温和	有	胞质蛋白、磷酸化蛋白、转录因子	WB、IP、Co－IP
SDS 裂解液	1% SDS	强	有	胞质蛋白、磷酸化蛋白、转录因子、核蛋白、膜蛋白	WB、ChIP

注：

1. 细胞裂解基础液配方：20 mmol/L Tris－Cl，pH 8.0，150 mmol/L NaCl，2 mmol/L EDTA·2Na，0.1%NaN_3 在此基础上添加各类有效成分。

2. WB：Western blot，免疫印迹术；IP：immunoprecipitation，免疫沉淀；Co－IP：co-immunoprecipitation，免疫共沉淀；ChIP：chromatin immunoprecipitation，染色质免疫共沉淀；NP－40：nonidet P 40，乙基苯基聚乙二醇；SDC：sodium deoxycholate，脱氧胆酸钠。

四、蛋白质提取与分离

通过上述方法预处理，细胞（器）内所有蛋白质从组织或细胞（器）中全部释放出来，并且保持原有的生物活性和天然结构。经后续目标蛋白质的分离纯化，获取高浓度具有生物活性的目标蛋白质。

（一）依据蛋白质分子大小不同的分离技术

1. 凝胶层析　主要是利用分子筛的原理，将不同相对分子质量的蛋白质，通过不带电荷的惰性载体。大分子蛋白快速通过，而小分子蛋白质则滞留时间较长。从而起到将各种不同相对分子质量蛋白质分离。本方法适用的温度范围比较广，不需用有机溶剂，不影响被分离物的理化性质。

2. 离心技术 在离心力的作用下，将溶液中的不同蛋白质分离。离心可分为差速离心和区带离心。差速离心主要是采取逐渐提高离心速度的方法来分离不同大小的蛋白质组分或细胞器，区带离心则是在离心前用一些低相对分子质量溶液调配好梯度，然后在离心管中加入蛋白质溶液进行离心。离心后蛋白质各组分就会在离心管中形成区带，而蛋白质会分布于与其密度相同的区带中，从而起到对蛋白质的分离纯化。

3. 透析技术 利用渗透压原理，将蛋白质溶液置于透析袋中后在低渗缓冲液中透析，透析袋中小分子物质透析出来，通过不断更换透析液可逐步降低透析袋中小分子物质浓度。反之，也可将盛有蛋白质溶液的透析袋置于高渗物质中，也可起脱水和浓缩作用。须注意的是高渗物质的相对分子质量必须足够大，否则会导致反渗透。

4. 超滤技术 是利用高压力或离心力，迫使蛋白质分子通过半透膜进行分离。主要分两种：①超滤膜：在一定的压力下，在超滤膜中小分子蛋白被过滤出来，而大分子蛋白则被截留。更换不同孔径的超滤膜就可获得不同相对分子质量蛋白质，另外也可利用此法浓缩蛋白质溶液。②超滤管：又称超滤离心管，根据不同需求，有针对不同体积和相对分子质量的超滤管可供选择。使用前需用高纯水浸泡，离心时要平衡。是一种较为简捷、快速的蛋白质纯化、浓缩方法。

(二) 改变蛋白质溶解度的分离技术

1. 有机溶剂法 有些蛋白质和脂质结合得比较牢固或分子中有较多的非极性侧链，可用一些有机溶剂如：乙醇、丙酮、异丙醇、正丁醇等来溶解。这些溶剂可以与水互溶或部分互溶，同时具有亲水性和亲脂性，其中正丁醇在0℃时在水中的溶解度为10.5%，40℃时为6.6%，同时又具有较强的亲脂性。因此，常用来提取与脂结合较牢或含非极性侧链较多的蛋白质、酶和脂类。如动物组织中一些线粒体及微粒上的酶常用正丁醇提取。

有些蛋白质(酶)既溶于稀酸、稀碱，又能溶于含有一定比例的有机溶剂的水溶液中，在这种情况下，采用稀的有机溶液提取常常可以防止水解酶的破坏，并兼有除去杂质提高纯化效果的作用。

2. 等电点法 依据目标蛋白质的等电点，调节溶液的pH，使得目标蛋白所带电荷为零。蛋白质颗粒通过相互碰撞，聚集而沉淀下来。

3. 双水相萃取 亲水性高分子聚合物的水溶液超过一定浓度后可以形成两相，并且在两相中水分均占很大比例。一种聚合物分子的周围将聚集同种分子而排斥异种分子，当达到平衡时，即形成分别富含不同聚合物的两相，从而达到不同蛋白质分离的目的。在分离纯化蛋白质的同时也能够保持其活性。操作时间短、易于连续操作、大量杂质能与固体物一起除去，应用范围广泛。

4. 盐析法 主要是利用高浓度中性盐(强酸强碱盐)，破坏蛋白质表面的水化膜和电荷。从而使蛋白质相互碰撞、聚集而沉淀出来。

离子强度对生物大分子的溶解度有极大的影响，有些物质，如 DNA-蛋白质复合物，在高离子强度下溶解度增加；而另一些物质，如 RNA-蛋白质复合物，在低离子强度下溶解度增加，在高离子强度下溶解度减小。绝大多数蛋白质和酶，在低离子强度的溶液中都有较大的溶解度，低浓度的中性盐可促进蛋白质的溶解，该现象称为盐溶。盐溶现象的产生主要是少量离子的活动，减少了偶极分子之间极性基团的静电吸引力，增加了溶质和溶剂分子间相互作用力的结果。所以低盐溶液常用于大多数生化物质的提取。通常使用 0.02～0.05 mol/L 磷酸缓冲液或 0.09～0.15 mol/L NaCl 溶液提取蛋白质。

(三) 色谱分离技术

色谱依据的主要原理是基于被分离物质的物理、化学及生物学特性的不同。被分离物质在某种物质中的溶解度、吸附能力、立体化学特性及分子的大小；带电情况及离子交换、亲和力的大小及特定的生物学特性(如，亲和层析中结合一个特定的抗原来分离蛋白质)等差异。最基本特点是有两相：不动的一相，称为固定相；另一相是携带样品流过固定相的流动体，称为流动相。当流动相中样品混合物经过固定相时，会与固定相发生作用，由于各组分在性质和结构上的差异，与固定相相互作用的类型、强弱也有差异。因此，在同一推动力的作用下，不同组分在固定相滞留时间长短不同，从而按先后不同的次序从固定相中流出，混合物被分离。

根据固定相的状态可分为液-固色谱法和液-液色谱法；根据固定相的形状可分为薄层色谱法、纸色谱法和柱液相色谱法等；根据流动相操作压力可分为低压、中压和高压色谱法等;根据分离机制可分为正相色谱法、反相色谱法、离子交换色谱法、凝胶色谱及体积排阻色谱法等。

(四) 电泳分离技术

电泳是指带电颗粒在电场的作用下发生迁移的过程。许多重要的生物分子,如氨基酸、多肽、蛋白质、核苷酸、核酸等都具有可电离基团,它们在特定的 pH 值下可以带正电或负电,在电场的作用下,这些带电分子会向着与其所带电荷极性相反的电极方向移动。由于待分离样品中各种分子带电性质以及分子大小、形状等性质的差异,使带电分子产生不同的迁移速度,从而样品各组分得到分离。

(五) 其他分离技术

分子印迹技术(molecular imprinted technique, MIT)是为获得与某一特定目标分子在空间形状、大小和官能团相互匹配的分子印迹聚合物(molecular imprinted polymers, MIPs)的材料制备技术,其工作原理可被形象地描述为“锁钥原理”。常见的分子印迹术有表面印迹术,抗原决定基印迹术和金属螯合物印迹术。

五、蛋白质定量

1. 原理 光是一种电磁波,肉眼可见的波长范围在 400～750 nm,＜400 nm 的光线称为紫外光,＞750 nm 的称之为红外光。当光线透过盛有透明溶液介质时,部分光线被吸收,光线射出溶液后部分光波减少。通过这种光波的透过和吸收可用于溶液的定性或定量分析。

根据朗伯-比尔(Lambert-Beer)定律,一束单色光通过溶液后,光波被吸收一部分,其吸收的量与溶液中介质的浓度和溶液厚度成正比。当入射光、吸收系数 K 与溶液的光径长度 L 不变时,吸光度 A 与溶液的浓度 C 成正比。

2. 蛋白质定量方法 凯斯定氮法、双缩脲法(Biuret 法)、Folin -酚试剂法(Lowry 法)、紫外分光光度法、考马斯亮蓝(Bradford 法)和 BCA (bicinchoninic acid,二喹啉甲酸)法等。

第二节　抗体的制备与纯化

抗体是一类免疫球蛋白,分子结构分类属于糖蛋白。机体的B淋巴细胞受抗原刺激后,分化成效应B淋巴细胞,即浆细胞。浆细胞产生的抗体可与相应的抗原配体特异性结合从而介导免疫应答。抗体是体外生物学研究中的重要常用工具,近年来抗体药物也在临床疾病治疗中得到广泛应用。

抗体按照制备方法不同可分为多克隆抗体、单克隆抗体以及基因工程抗体。多克隆抗体采用免疫动物的方法获得;单克隆抗体采用杂交瘤技术制备;基因工程抗体是利用DNA重组和蛋白质工程技术生产的新一代抗体。在抗体人源化、小型化及功能化方面具有广阔的应用前景。

一、多克隆抗体的制备

抗体通过识别抗原分子表面的特定部位而与之结合,抗原分子表面的这些特定部位称为抗原决定簇或表位。一个抗原分子可以有若干个抗原决定簇,一个抗原决定簇可刺激B淋巴细胞分化产生一种特异性抗体。同一抗原的多个抗原决定簇可以刺激多种B淋巴细胞分化产生多种抗体,分泌进入血液形成多种抗体的混合物,即为多克隆抗体。

制备多克隆抗体需要用高质量的抗原来免疫实验动物,免疫成功后采集动物血清纯化得到多克隆抗体。抗原的质量、免疫动物的应答能力、免疫方案的适用性对获得高质量的抗体至关重要。

(一) 抗原的种类

抗原是指可以刺激机体产生特异免疫反应(体液免疫及细胞免疫)的物质。

用来制备抗体的抗原按照性能可分为完全抗原和不完全抗原。完全抗原既具有免疫原性,又有特异的免疫反应性,包括异种蛋白质、组织细胞、细胞外毒素及微生物等。不完全抗原又称半抗原,只有免疫反应性但不能单独诱发机体免疫应答,是一些简单小分子,如脂质、核酸及其他非蛋白类的小分子,需要偶联蛋白载体成为完全抗原来制备抗体。

按照来源抗原可以分为天然抗原和人工抗原。按照与机体的关系可分为异种抗原、同种异型抗原、自身抗原及异嗜性抗原。无论哪种抗原,必需具有异物性、大分子性和特异性才能有效诱发免疫应答,其纯度和免疫原性是能否产生优质抗体的关键影响因素。

(二) 免疫动物的选择及免疫方案的确定

选择用于制备抗体的免疫动物要结合抗体制备条件综合考虑。一般来说,抗原和抗体的种属差异越大,越容易产生免疫应答;健康成年动物较易产生免疫应答,动物个体的大小导致产生的抗体量存在差异等。对于异种蛋白质抗原,适用的免疫动物范围很广,哺乳动物和禽类均可,山羊、家兔、大鼠及小鼠因饲养方便、易于产生免疫应答而最为常用。

抗原本身的化学性质,如分子大小、立体构象等,决定了抗原的免疫原性,免疫剂量应依据抗原的免疫原性、注射途径、免疫次数以及被免疫动物的种类、免疫周期、是否使用佐剂等因素综合考虑。通常来说,抗原的剂量以不产生免疫耐受为标准,大剂量长时间间隔,可制备较高效价的抗血清;反之,低剂量短间隔则有利于制备特异性高的抗血清。

注射途径可根据不同抗体制备要求,常用为背部、足掌等处的皮内或皮下多点注射。免疫次数在 4～5 次为好,一般不超过 8 次。

为加强动物的免疫应答,还可以在初次免疫时加入弗氏完全佐剂来增强刺激。再次免疫时可根据情况使用弗氏不完全佐剂。

(三) 抗体效价的监测

抗体制备过程中,可随时采血测定抗血清的效价以确定何时终止免疫收集血清。抗体效价测定中常用的是双向免疫扩散法、放射免疫法、对流免疫电泳及酶联免疫吸附实验(ELISA)等方法,也可用于测定抗血清效价。

(四) 抗体的纯化及保存

免疫终止后,可采用一次放血法或多次放血法对动物取血。大动物一次性放血可用颈动脉放血,多次放血可通过耳静脉等处采血;小动物一次性放血多采用心脏直接取血,多次放血则采用眼眶取血或尾静脉取血。

采血后分离血清,56℃水浴 30 min 灭活补体,即可作为抗血清保存备用。如需进一步纯化免疫球蛋白 IgG,可采用硫酸铵或硫酸钠盐析法,经多级沉淀得到粗提的 γ 球蛋白,再用层析法进一步纯化,常用的有 DEAE 纤维素或 QAE 纤维素的阴离子交换柱,或纯化抗原交联 Sepharose4B 制成的亲和层析柱。

纯化后的抗体可于−70℃冰冻保存,保存期达 2～3 年;也可将抗体冰冻干燥后,−20℃保存冻干粉末,效果更好,保存期更长;如短期内使用,可加入防腐剂直接保存在 4℃。无论哪种保存方法都应避免反复冻融,可分装后保存。

二、单克隆抗体的制备

单克隆抗体是指仅针对单一特定抗原决定簇由单个 B 淋巴细胞所产生的抗体。单克隆抗体的生产依赖于 1975 年德国学者 Kohler 和英国学者 Milstein 建立的淋巴细胞杂交瘤技术,即将小鼠脾细胞与骨髓瘤细胞融合得到杂交瘤细胞,该细胞既具有 B 淋巴细胞分泌特异性抗体的能力,又能够像肿瘤细胞一样在体外无限增殖。因此,可以通过体外长期培养杂交瘤细胞,来得到其不断分泌的特异性抗体。

与多克隆抗体的制备过程相比,单克隆抗体的制备步骤较多,流程更长。免疫动物一般选用满 8 周龄的 BALB/c 小鼠。首先是利用纯化抗原(抗原标准与多克隆抗体制备的要求一致),按照常规免疫方案进行免疫注射,刺激小鼠体内 B 淋巴细胞分化为具有抗体分泌功能的浆细胞后,取出小鼠脾脏制成细胞悬液,与同属种小鼠来源的骨髓瘤细胞(最常用的是 Sp2/0 细胞株)进行融合。融合时需要加入融合剂聚乙二醇(PEG),或使用仙台病毒、电转等方法来刺激融合,形成杂交瘤细胞。

原始的杂交瘤细胞液利用 HAT 选择性培养基去除未融合的以及部分自身融合的脾细胞和骨髓瘤细胞，获得能够在体外无限生长的杂交瘤细胞。再利用有限稀释法，筛选出能产生特异性单克隆抗体的杂交瘤细胞株，可以体外培养杂交瘤株，也可以将阳性瘤株注射到小鼠体内，通过收集细胞培养液或小鼠腹水进行纯化，即可获得特异性单克隆抗体。

三、基因工程抗体

单克隆抗体技术面世以来，因其效价高、毒副作用小而被广泛地应用于基础研究和临床诊断，并逐步作为治疗性药物推向临床。但因为单克隆抗体来源于小鼠，会引起强烈的人抗鼠免疫反应；且大分子抗体本身具有的给药局限性，造成了单克隆抗体临床应用的困难。随着基因工程技术的迅猛发展，对抗体的编码基因进行修饰改造，以达到人体使用的要求成为了现实，目前基因工程抗体已经取得了不少成果。

(一) 人源化抗体

抗体人源化就是利用重组 DNA 技术，对鼠源抗体 IgG 的可变区和恒定区的基因进行人源化基因替代，使抗体和人体内的抗体具有极其相似的结构，从而减少抗体的免疫原性，避免诱发人抗鼠抗体(HAMA)的产生。

人源化抗体的研发过程经历了人-鼠嵌合抗体、人源化抗体、全人源抗体 3 个阶段。嵌合抗体是最初的一种抗体类型，直接将鼠单抗的可变区基因连接在人抗体的恒定区基因上，利用表达系统培养表达即可获得，操作简单，但可变区依然是小鼠来源。人源化抗体目前最常用的构建方法是 CDR(抗体可变区与抗原识别结合的位置，又称决定簇互补区)移植结合其他辅助手段，即将鼠源抗体的 CDR 片段替换人源抗体的可变区 CDR，保留了人源抗体可变区的骨架片段，这样的抗体在具有鼠源抗体的抗原结合特异性的同时，最大限度地降低了鼠源抗体的免疫原性。全人源抗体则是全部由人类抗体基因编码的抗体，利用噬菌体抗体库技术理论上能够得到几乎所有抗原的特异性全人源抗体。而利用改造过的抗体基因缺失小鼠，通过类似单抗的免疫方法，使小鼠表达完整的人源抗体也是目前常用的全人源抗体制备手段。

人源化抗体和全人源抗体在越来越多的疾病临床治疗中展现出了良好的应用前景。

（二）小分子抗体

小分子抗体是一些不具备全部抗体分子组成，仅有部分抗体片段的小分子肽，因其分子小，具有制备简单、免疫原性弱，且容易透过血管壁等特点成为目前抗体药物的研究热点。小分子抗体类型较多，主要包括：Fab（由完整的轻链和 Fd 构成），Fv（由 VH 和 VL 构成），ScFv（单链抗体，VH 和 VL 之间由一连接肽连接而成），单域抗体（仅由 VH 组成），最小识别单位（由一个 CDR 组成）以及超变区多肽、双链抗体、三链抗体及微型抗体等。目前研究较多的是具有完整抗原结合位点的 Fab 抗体、Fv 抗体及 ScFv 抗体。

（三）双功能抗体

此类抗体具有 2 个不同的抗原结合位点，可以同时结合 2 个靶标抗原，也可以结合同一抗原的 2 个抗原表位，通过桥接 2 种细胞类型（in-trans binding）和结合 1 个细胞的 2 个分子（in-cis binding），达到增强抗体药物的靶向性和效应性的目的。

第三节　动物组织或细胞内核酸的提取、纯化与定量

参与生命活动的主要物质有蛋白质、核酸、糖和脂类等。核酸是生物体的遗传信息携带者，在生物体的生长、发育、繁衍、疾病和死亡等过程中都扮演着极为重要的角色。通过核酸的提取和纯化可以从分子水平来研究核酸的结构在生命活动，基因突变、表达及调控的异常以及外源性致病基因（如病毒）等人类疾病发生的原理，以及通过基因改造来治疗和预防疾病的前景。

同时核酸的提取和研究也在工业领域、疾病检测、司法鉴定、食品检验、农业生产和畜牧业的品种改良等领域扮演着越来越重要的角色。作为核酸研究的第一步，核酸的提取和纯化显得尤为重要。

核酸提取可分为动物核酸提取、植物核酸提取、病毒核酸提取、细菌核酸提取和其他核酸提取。本节主要讨论动物组织、细胞或细菌核酸的提取纯化和定量。

一、动物组织或细胞的破碎

核酸正常情况下都存在于细胞内(病毒除外),主要包括 DNA 和 RNA。在真核细胞内 DNA 又可被分为染色体 DNA 和细胞器 DNA,前者位于细胞核内,占总数 95%,为双链线性分子;后者位于细胞器内,占总数 5%,为双链环状分子,主要存在于线粒体和叶绿体等细胞器中。标本来源主要有血液、尿液、唾液、组织、细胞培养和细菌培养等。

(一) 组织破碎

分离核酸的第一步就是破碎组织,这个类似于蛋白质的提取纯化,见本章第一节内容。

(二) 细胞核酸的释放

核酸提取应遵循:获得尽可能纯度高的核酸,保证一级结构的完整性;尽可能去除蛋白质、多糖和脂类等;去除酶抑制剂和过高浓度的金属离子;去除非目标核酸(如提 DNA 应彻底去除 RNA);优化分离纯化步骤,减少提取时间。维持 pH 值在 4～10,避免核酸中磷酸二酯键的破坏,提取时温度尽可能在 0～4℃。对于核酸中本身存在的 DNase 或 RNase,应防止其激活或尽可能降到最低,避免对核酸完整性的损害。

1. 细胞核核酸提取 分离核酸的第一步就是裂解细胞核释放核酸。破碎细胞的常用方法以下。

(1) 机械法:包括匀浆、捣碎和研磨,可用于软组织、韧性组织和细菌酵母等。

(2) 物理法:包括超声、反复冻融、冷热交替以及低渗法,可用于细胞混悬液、细胞培养液、细菌、病毒和红细胞等。

(3) 化学法:包括有机溶剂、去垢剂和酶法,可用于细菌、酵母、组织和培养细胞等。

2. 溶胞　造成细胞破裂与溶解。通过适宜的化学或酶试剂使得细胞溶解,释放相应的胞内物。溶胞法效率较高,方法温和。可获得较高的得率并保证核酸的完整性,目前被广泛使用。

3. 细胞器核酸的提取　在真核细胞内,细胞器核酸一般主要指线粒体内核酸。在细菌也可以是质粒等。首先通过破膜方式获取胞质内的细胞器混合物,然后通过差速离心获得线粒体或其他细胞器。

二、核酸的提取与纯化

(一) 核酸的提取

通过核酸的释放获得的是含有核酸的复杂混合物。这些混合物里主要包括三大类:非核酸大分子物质(蛋白质、糖和脂类)、非目标核酸(提取DNA时混入的RNA,或提取RNA时混入的DNA)和提取核酸过程中对后续实验有影响的试剂、金属离子等。

DNA与RNA的分离:细胞内的DNA与RNA分别与蛋白质结合形成脱氧核糖核蛋白(DNP)和核糖核蛋白(RNP)。要提取DNA或者RNA就要先除去与它们结合的蛋白质。DNP和RNP在不同的盐浓度溶液中的溶解度不同,如DNP在0.14 mol/L NaCl溶液中的溶解度很低(仅为1%),而在1 mol/L NaCl溶液中的溶解度很大,而RNP在0.14 mol/L NaCl溶液中的溶解度却很好。这样,利用DNP和RNP在不同盐浓度中的不同溶解度就可以顺利地将它们分开。天然的RNA有mRNA、rRNA和tRNA等,分离时一般采用先分离细胞核、核蛋白和线粒体等相应的细胞器,然后再从这些细胞器中分离某一类的RNA。

1. 酚∶氯仿提取法　使蛋白质变性并抑制核糖核酸酶的活性。另外,由于氯仿的比重较大,可使有机相和水相完全分开来,大大地减少了水相中的酚残留量。如要防止在震摇过程中产生气泡可在酚-氯仿混合溶液中加入少许的异戊醇。

2. 蛋白酶法　蛋白水解酶可去除核酸中的蛋白质,如蛋白酶K即使在

SDS、EDTA 存在时也具有较强的活性，消化后可再用有机溶剂来抽提核酸。也可用核糖核酸酶将 DNA 分子中少量 RNA 杂质除去。

3. 水抽提法 先利用低浓度盐除去 RNA，将沉淀的 DNA 溶解于水中。离心收集上清液，用氯化钠调节至 2.6 mol，加入 2 倍体积 95%乙醇搅拌混匀。然后依次用 66%、80%和 95%乙醇及丙酮洗涤，空气中挥发溶剂即可获得 DNA 样品。

4. 溴代十六烷基三甲胺(cetyltrimethyl ammonium bromide, CTAB)裂解法 为富含多糖 DNA 提取首选方法，多用于植物和细菌基因的提取。CTAB 的质量及提取时的残留对酶活力影响较大，务必完全除去。

5. 高浓度蛋白质变性剂法 异硫氰酸胍和盐酸胍是总 RNA 提取的首选，高浓度蛋白变性剂可快速破坏细胞膜迅速抑制 RNA 酶的活性，获得较高的 RNA 得率。本法提取 DNA 时纯度不高。

DNA 提取方法还有色谱法、密度梯度离心、苯酚抽提法、甲酰胺裂解法、玻璃棒缠绕法、硅膜吸附法和磁珠分离法等。

随着科技的发展，全自动的核酸提取仪也已诞生。有自动液体工作站(采用磁珠法)一次可做 96 个样本。液体分液、吸液等自动完成，同时具备扩增、检测等功能，实现标本提取、扩增、检测全自动化。小型自动核酸提取仪(采用离心柱法)是通过运行结构的特殊性来达到自动提取核酸的目的。这些应用大大提高了核酸提取效率。

6. 线性和环状 DNA 的分离 天然的 DNA 分子有线性的，也有环形的。根据 DNA 分子的大小和形状，利用蔗糖梯度区带超速离心或氯化铯密度梯度平衡超速离心以及电泳法等，可将它们分离开来。

在核酸的提取和分离过程中，还要注意防止核酸的降解，保证其一级结构的完整性。在提取核酸的过程中有许多因素能导致 DNA 降解成小片段，比如：①物理因素降解：因为 DNA 相对分子质量较大，机械张力或高温很容易使 DNA 分子发生断裂。因此，在实际操作时应尽可能轻缓，尽量避免过多的溶液转移、剧烈振荡等，以减少机械张力对 DNA 的损伤，同时也应避免过高的温度。②细胞内源 DNA 酶的作用：细胞内常存在活性很高的 DNA 酶，细胞破碎后，DNA 酶便可与 DNA 接触并使之降解。为避免和钝化 DNA 酶的作用，在溶液中常加入 EDTA、SDS 以及蛋白酶等。EDTA 具

有螯合 Ca^{2+} 和 Mg^{2+} 的作用，而 Ca^{2+} 和 Mg^{2+} 是 DNA 酶的辅因子。SDS 和蛋白酶则分别具有使蛋白质变性和降解的作用。③化学因素也会降解 DNA：如在过酸的条件下，由于 DNA 脱嘌呤而导致 DNA 的不稳定，极易在碱基脱落的地方发生断裂。因此，在 DNA 的提取过程中，应避免使用过酸的条件。

三、核酸的定量及纯度检测

DNA 和 RNA 的定量：检测可通过测定 260 nm 和 280 nm 处的紫外光吸收。当 $A_{260}=1.0$ 时相当于 50 μg/mL 的双链 DNA、40 μg/mL 单链 DNA 或 RNA 或者 20 μg/mL 的单链寡核苷酸。

纯度检测：利用 A_{260}/A_{280} 的比值可检查 DNA 或 RNA 的纯度，DNA 的 A_{260}/A_{280} 应为 1.8，RNA 的 A_{260}/A_{280} 应为 2.0。而当它们有污染的时候，则 A_{260}/A_{280} 的比值要明显低于上述值。

荧光核酸电泳也可用于核酸纯度检测。用诸如含有溴化乙锭或类似荧光示踪剂的琼脂糖凝胶电泳，DNA 因相对分子质量较大，电泳时迁移率较低。RNA 中由于 rRNA 占 80%～85%，tRNA 及小分子 RNA 占 15%～20%，mRNA 占 1%～5%。电泳后紫外灯下可见有特征性 4 条带。

第四节　样本的浓缩、干燥和保存

大分子生物样品经过一系列的分离提取和层析会导致样品的稀释，而许多分析和利用都需要高浓度/高纯度的样品，所以大分子样品的浓缩、干燥和保存至关重要。

一、蛋白质样品

(一) 蛋白质浓缩技术

1. 透析袋浓缩法 利用透析袋浓缩蛋白质溶液是应用最广的一种。将要浓缩的蛋白溶液放入透析袋扎紧，把高分子(相对分子质量(RW)：6 000～12 000)聚合物如聚乙二醇或聚蔗糖等撒在透析袋外即可。但在使用聚乙二醇时在个别情况下会使蛋白质稍有变性，而优点是形成的平衡时间较短，通常到达 30%时蛋白质就会达到最大量的沉淀。另外，也可将吸水剂配成 30%～40%浓度的溶液，将装有蛋白液的透析袋放入即可。操作时应在 4℃环境中，以免蛋白质变性。吸水剂用过后，可放入烘箱中烘干反复使用。

2. 冷冻干燥浓缩法 此为浓缩蛋白质的最佳方法之一，它既不易使蛋白质变性，又可保持蛋白质中天然成分。其原理是在冰冻状态下直接升华去除水分。具体做法是将蛋白液在低温下冰冻，然后移置干燥器内(干燥器内装有干燥剂，如 NaOH、$CaCl_2$ 和硅胶等)。密闭，迅速抽真空，并维持一定的真空状态数小时后即可获得含有蛋白质的干燥粉末。蛋白质的粉末形状与其所含的盐有关。干燥后的蛋白质可保存于 4℃ 环境中。另外也可用专业冻干机进行冷冻干燥，效率更高并且一次容量也大。

3. 吹干浓缩法 可将待浓缩的蛋白溶液装入透析袋内，在 4℃ 环境下用电风扇吹。此法较为简单，但速度慢。

4. 超滤膜浓缩法 超滤法是使用一种特殊的薄膜对溶液中各种溶质分子进行选择性的快速过滤方法，液体在一定压力下(氮气压或真空泵压)通过膜时，溶剂和小分子可透过，而大分子被截留。最适于生物大分子尤其是蛋白质和酶的浓缩或脱盐，并具有成本低、操作方便、条件温和、能较好地保持生物大分子的活性、回收率高等优点。应用超滤法关键在于膜的选择，不同类型和规格的膜，其水的流速、相对分子质量截留值(即大体上能被膜保留的最小相对分子质量值)等参数均不同，必须根据具体需要来选用。另外，超滤装置形式，溶质成份及性质、溶液浓度等都对超滤效果有一定影响。

5. 凝胶浓缩法 选用孔径较小的凝胶，如 Sephadex G－25 或 G－50，将凝胶直接加入蛋白溶液中。根据干胶的吸水量和蛋白液需浓缩的倍数而称取所需的干胶量。放入冰箱内，凝胶粒子吸水后，通过离心除去，但成本较大。

6. 其他浓缩法　其他的蛋白质浓缩方法还有如：丙酮、三氯醋酸沉淀蛋白质，但会引起蛋白质的变性，可用于十二烷基硫酸钠聚丙烯酰胺凝胶电泳（SDS－PAGE）；低温有机溶剂沉淀法也可沉淀蛋白质，要注意 pH 值的影响；离子交换层析等都可以用于蛋白质的沉淀。

（二）干燥

生物大分子制备得到的产品，为防止变质、易于保存，常需要干燥处理，最常用的方法是冷冻真空干燥。冷冻真空干燥适用于不耐高温、易于氧化的物质的干燥和保存。整个装置包括干燥器、冷凝器及真空干燥。真空干燥的原理：在抽真空的条件下，同时增加了温度因素。在相同压力下，水蒸气压随温度下降而下降，故在低温低压下，冰很易升华为气体。操作时一般先将待干燥的液体冷冻到冰点以下使之变成固体，然后在低温低压下将溶剂变成气体而除去。利用此法干燥得到的产品具有疏松、溶解度好、保持天然结构等优点，适用于各类生物大分子的干燥保存。

（三）保存

生物大分子的稳定性与保存方法的关系很大。干燥的制品一般比较稳定，在低温情况下其活性可在数日甚至数年无明显变化，储藏要求简单，只要将干燥的样品置于干燥器内（内装有干燥剂）密封，保存于 0～4℃冰箱即可。

液态储藏时应注意以下几点：

（1）样品不能太稀，必须浓缩到一定浓度才能封装储藏，样品太稀易使生物大分子变性。

（2）一般需加入防腐剂和稳定剂，常用的防腐剂有甲苯、苯甲酸、氯仿及麝香草酚（百里酚）等。蛋白质和酶常用的稳定剂有硫酸铵、蔗糖及甘油等，也可向酶中加入底物和辅酶以提高其稳定性。此外，钙、锌、硼酸等溶液对某些酶也有一定保护作用。核酸大分子一般保存在氯化钠或柠檬酸钠的标准缓冲液中。

（3）储藏温度要求低，大多数可在零度左右冰箱内保存，但有些应存于低温冰箱或超级低温冰箱,具体应视不同物质而定。

二、核酸样品

(一) 核酸的浓缩

1. 乙醇沉淀法　在待浓缩的样品中加入中等浓度的单价阳离子(如 2～2.5 mol/L 醋酸铵、0.3 mol/L pH 5.2 醋酸钠、0.8 mol/L 氯化锂或 0.2 mol 氯化钠等,DNA 和 RNA 的沉淀醋酸钠用得最多)和一定量的无水乙醇,然后在冰水浴中放置 15～30 min,4℃ 12 000 *g* 离心 10 min,弃上清液得沉淀。在沉淀中加入 70%乙醇 0.5～1 mL 洗涤,4℃ 12 000 *g* 离心 2 min,弃上清液得沉淀。最后将乙醇挥发后即可。具体操作可用 1/10 的单价阳离子储存液和 2 倍体积的无水乙醇。

2. 丁醇浓缩法　DNA 溶液中水可分配到正丁醇或仲丁醇,但 DNA 不会进入,反复多次即可起到浓缩效果。

3. 固体聚乙二醇(PEG)浓缩法　将待浓缩的核酸样品放入透析袋,置于盛有高相对分子质量的 PEG 中即可浓缩。

(二) 核酸的保存

相对于蛋白质来说,核酸的性质相对较为稳定,不必每次都制备新鲜样本。

1. DNA 保存　溶于 TE 缓冲液(1 mol/L Tris - HCl 0.5 mol/L EDTA・2Na pH 8.0),−70℃分管保存。

2. RNA 保存　溶于 0.3 mol/L 醋酸钠溶液或双蒸灭菌水,−70℃分管保存。如果加入 RNAse 抑制剂可以延长保存期。

反复冻融会导致核酸的降解,一般可采用分小管保存。

第三章 蛋白质实验技术

蛋白质实验技术是一个涵盖面非常广的领域，主要包含：蛋白质的定性与定量测定、蛋白质的分离、色谱技术、电泳技术、生物质谱技术、分子杂交、抗体纯化和药物筛选等实验技术。本章主要介绍电泳技术、分子杂交、生物质谱和色谱技术，其他内容将在其他章节或实验篇中介绍。

第一节 电泳

一、基本概念

(一) 原理

电泳是指带电粒子在电场中，受电场力的作用向与其自身所带电荷相反方向电极泳动的过程。电泳的泳动速度受 3 种因素影响：分子的大小、分子所带的电荷量和本身的化学性质。

电泳过程是带电颗粒在电场的作用下发生迁移的过程。许多重要的生物分子，如氨基酸、多肽、蛋白质、核苷酸及核酸等都具有可电离基团。它们在某个特定的 pH 值下可以带正电或负电荷，在电场的作用下，这些带电分子会向着与其所带电荷极性相反的电极方向移动。电泳技术就是在电场的作用下，由于待分离样品中各种分子带电性质以及分子本身大小、形状等性质的差异，使带电分子产生不同的迁移速度，从而对样品进行分离、鉴定或提纯的技术。

一般来说,带电粒子在电场中泳动的速度受到两种力的影响:即电场中的推力 $F'=EQ$(E 是电场强度,Q 是带电物质所带的电荷数),以及带电粒子在电场中泳动时受到的阻力 $F'=6\pi\gamma\eta\nu$(6π 为常数、γ 是带电粒子分子的半径、η 是介质的粘滞常数、ν 为带电粒子泳动的速度)。当带电粒子在电场中受到的推力与阻力达到平衡时($F=F'$)即 $EQ=6\pi\gamma\eta\nu$,由此可得出带电粒子在电场中泳动速度 $\nu=\dfrac{EQ}{6\pi\gamma\eta}$。从此式可看出,带电粒子在电泳时泳动的速度与其所带的电荷量成正比,与分子的半径成反比。也就是说,带电粒子的半径小、相对分子质量小、带电荷数多,则在电场中泳动的速度就快,反之则相反。

各种带电分子,在同一 pH 值的缓冲液中,它们各自所带的电荷数也不同,相对分子质量也不同,因此在电场中泳动的速度也不同,从而起到分离各种蛋白质的作用。

(二) 电泳分类

电泳按其分离的原理不同可分为:①区带电泳:电泳过程中,待分离的各组分分子在支持介质中被分离成许多条明显的区带,这是当前应用最为广泛的电泳技术。②自由界面电泳:这是瑞典 Uppsala 大学的著名科学家 Tiselius 最早建立的电泳技术,是在 U 形管中进行电泳,无支持介质,因而分离效果差,现已被其他电泳技术所取代。③等速电泳:需使用专用电泳仪,当电泳达到平衡后,各电泳区带相随,分成清晰的界面,并以等速向前运动。④等电聚焦电泳:由两性电解质在电场中自动形成 pH 梯度,当被分离的生物大分子移动到各自等电点的 pH 处时聚集成很窄的区带。

按支持介质的不同可分为:①纸电泳(paper electrophoresis, PE)。②醋酸纤维薄膜电泳(cellulose acetate electrophoresis, CAE)。③琼脂糖凝胶电泳(agarose gel electrophoresis, AGE)。④聚丙烯酰胺凝胶电泳(polyacrylamide gel electrophoresis, PAGE)。⑤毛细管电泳(capillary electrophoresis, CE)。

(三) 影响因素

除了带电粒子本身的结构、性质外,还有许多外界因素可以影响带电粒子泳动的速度或迁移距离。主要影响因素有以下几方面。

1. 电场强度与泳动速度起主要作用　电场强度是指每厘米的电势差，也称电位梯度。电场强度越高，则带电粒子泳动的速度越快，迁移的距离也就越大。但是，电流随电压而增大，会使电泳时产生的热量增加，而影响电泳的分离效果。

2. 电泳介质的 pH 值　溶液的 pH 值决定带电粒子的解离程度，pH 值离带电粒子（蛋白质）等电点愈远，则其带的电荷也就越多，移动的速度也就越快。因此，分离蛋白质混合物时，应选择一个合适的 pH 值，使各种蛋白质所带的电荷量差异较大，有利于彼此分开。而血清蛋白质等电点均小于 pH 7.5，故常选用 pH 8.6 巴比妥缓冲液或 Tris 缓冲液。

3. 缓冲液的离子强度　离子强度影响蛋白质的带电量，缓冲液的离子强度过高，由于压缩了泳动颗粒的双电层而降低其带电量，可使泳动的速度减慢，但离子强度过低，则缓冲液缓冲容量不足，pH 不易恒定而影响电泳。一般最适的离子强度在 0.02～0.2，溶液的离子强度可按下公式计算：

$$I=\frac{1}{2}\sum CZ^2$$

I 为溶液的离子强度，C 为离子的摩尔浓度，Z 为离子的价数。多价离子会使离子强度增加，故通常用单价离子配制电极缓冲液较好。

4. 电渗　在电场中，由于多孔支持物吸附水中的正负离子，使溶液相对带电，在电场作用下，溶液就向一定的方向移动，此种情况称为电渗现象（图 3－1）。如在纸上电泳时，由于滤纸吸附 OH^- 离子而带负电荷，而与纸相接

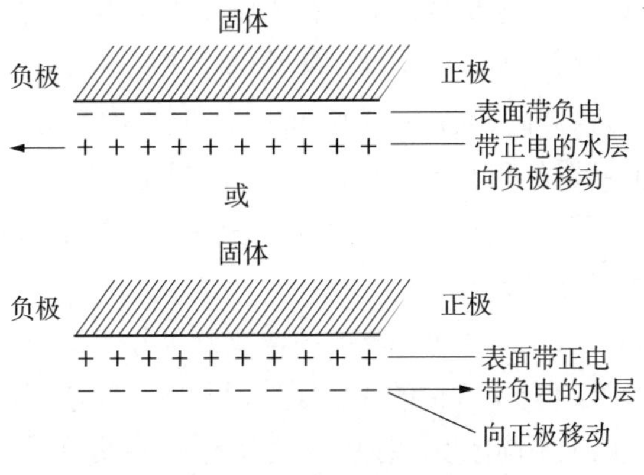

图 3－1　电渗示意图

触的水溶液则带正电荷,使溶液向负极移动,移动时可携带颗粒同时移动,所以电泳时颗粒泳动的表观速度是颗粒本身的泳动速度与溶液带电荷而致的移动速度的总和。若颗粒原来向负极移动,则表观速度比泳动速度更快;若原来向正极移动,则其表观速度将比泳动速度慢。

为了校正这一误差,可用中性物质如糊精、蔗糖或右旋糖酐等与样品平行做纸上电泳,然后将其移动距离从实验结果中除去。

二、醋酸纤维薄膜电泳

醋酸纤维薄膜电泳是以醋酸纤维素薄膜作为支持体的一种电泳方法。将少量血清或样品用载玻片点在充分润湿的薄膜上,薄膜两端与电泳槽中的缓冲液相接并通上直流电。血清蛋白在 pH 8.6 缓冲液中带负电荷,在电场中向正极移动。血清中不同蛋白质由于所带有的电荷数量及分子大小不同而泳动速度不同,带电荷多及相对分子质量小的泳动快;带电荷少及相对分子质量大的泳动慢。经过一定时间电泳后,将薄膜取出,并用氨基黑 10B 染料染色随后漂洗,薄膜上即可显示出多条深蓝色蛋白区带。按电泳移动快慢顺序,各区带分别为清蛋白、α_1、α_2、β 和 γ 球蛋白。由于该方法分辨率比较低,目前使用得较少。

三、聚丙烯酰胺凝胶电泳

聚丙烯酰胺凝胶电泳是各种电泳技术中最为常用的,是利用网状、多孔结构的凝胶作为支持物的电泳技术。凝胶电泳在电泳时同时具有电荷和分子筛双重作用,分辨力高、机械强度好、透明有弹性、有较好的化学稳定性和热稳定性。没有吸附作用和电渗作用,并可根据需要调节丙烯酰胺的浓度和交联度来调节凝胶的孔径。可用于不同相对分子质量的分离和纯化,被广泛地用于生物大分子的分离。

聚丙烯酰胺凝胶电泳按照凝胶的组成成分可分成 4 类:①连续凝胶电泳:采用单层凝胶,单一 pH 值的凝胶缓冲液和电泳缓冲液;②不连续凝胶电泳:采用 2 层以上不同浓度的凝胶重叠起来,并且使用两种不同 pH 值的凝胶缓冲液；③梯度凝胶电泳：利用梯度形成仪来灌制凝胶，使制得的凝胶孔径从上到下由大到小，即凝胶的浓度从上到下逐渐增加，梯度凝胶电泳多用于测定球蛋白的相对分子质量；④十二烷基硫酸钠（SDS）-凝胶电泳：在聚丙烯酰胺凝胶电泳中再加入 SDS，为当前最为常见的电泳方法。

（一）不连续聚丙烯酰胺凝胶电泳

聚丙烯酰胺凝胶（polyacrylamide gel，PAG）是一种人工合成的凝胶，具有机械强度好，透明、化学稳定性高、无电渗作用等特点，并可制备成各种不同的孔径，故可作为电泳支持物来分离不同相对分子质量的物质。电泳时所用样品量小（1～100 μg），分辨率高，常用于蛋白质、核酸等的分离与鉴定，已成为临床和生物化学、分子生物学等各科研究中的常规技术。普通血清醋酸纤维薄膜电泳仅能分离出 5 条区带，而用聚丙烯酰胺凝胶电泳可分出 12～25 条区带，甚至更多。

1. 聚丙烯酰胺的聚合　聚丙烯酰胺凝胶是由丙烯酰胺（Acr）与交联剂甲叉双丙烯酰胺（Bis）在催化剂作用下聚合成含有亲水性酰胺基侧链的脂肪族长链（图 3-2）。相邻的 2 条链通过甲叉桥交联起来，形成三维网状结构。

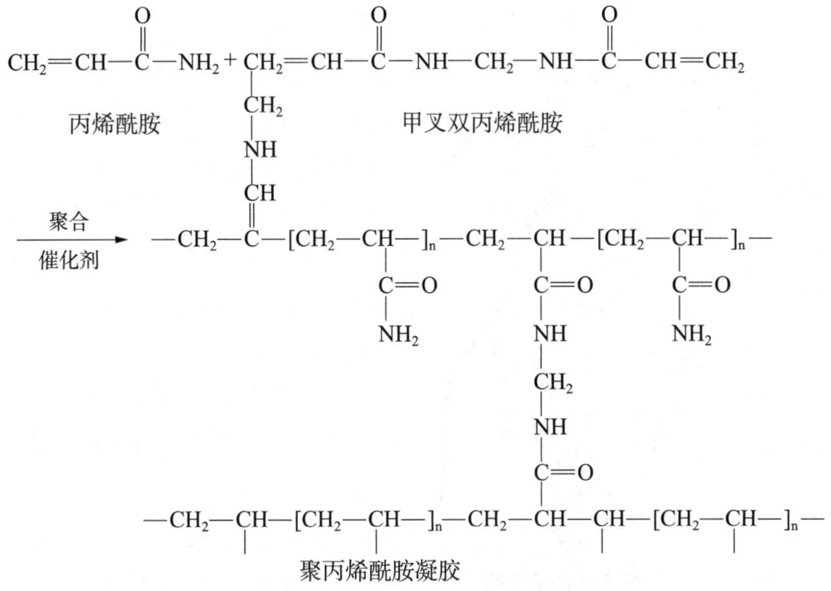

$CH_2=CH-C(=O)-NH_2$ + $CH_2=CH-C(=O)-NH-CH_2-NH-C(=O)-CH=CH_2$

丙烯酰胺　　甲叉双丙烯酰胺

聚合 / 催化剂 →

$-CH_2-C(=CH-NH-CH_2-)-[CH_2-CH(-C(=O)-NH_2)-]_n-CH_2-CH(-C(=O)-NH-CH_2-NH-C(=O)-)-[CH_2-CH(-C(=O)-NH_2)-]_n-$

$-CH_2-CH-[CH_2-CH-]_n-CH_2-CH-CH-[CH_2-CH-]_n-$

聚丙烯酰胺凝胶

图 3-2　聚丙烯酰胺凝胶的生成

凝胶孔径的大小决定于丙烯酰胺及交联剂的浓度。例如,7.5%的凝胶孔径平均为5 nm(50 Å);30%的为2 nm(20 Å)左右,交联剂的百分比越大,则电泳泳动率越小。实际应用中,常按样品的相对分子质量大小来选择适当的凝胶孔径(表3-1)。

表3-1 样品相对分子质量与凝胶浓度的选择

分离物质	相对分子质量范围	凝胶浓度/%
蛋白质	<10 000	20～30
	10 000～40 000	15～20
	40 000～100 000	10～15
	100 000～500 000	5～10
	>500 000	2～5
核酸	10 000	15～20
	10 000～100 000	5～10
	1 000 000～2 000 000	2～2.6

大多数生物体蛋白质样品在7.5%凝胶中电泳都能得到满意的分离效果。分离蛋白质时,通常使缓冲液的pH值远离蛋白质的等电点,使蛋白质分子处于最大的电荷状态,可增强其泳动速率。

2. 不连续聚丙烯酰胺凝胶电泳 在直立的玻璃管内制备聚丙烯酰胺凝胶,进行电泳,样品中物质被分成很窄的盘状条带,称为盘状电泳。如果在两块平板玻璃内制备聚丙烯酰胺凝胶则称为平板电泳。其较前者有各组分的区带可进行对比且样品用量更少,现为实验室常用方法。平板电泳结构如图3-3所示。

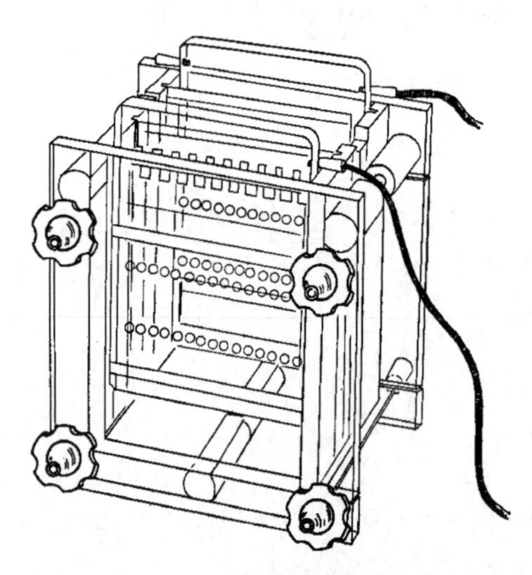

图3-3 平板电泳结构示意图

为增强电泳的分辨率,制备时使上层凝胶孔径较大,并利用不同的缓冲体系，将样品中物质先进行浓缩，然后再在下层较小孔径的凝胶中进行电泳分离，此种情况称为不连续电泳。整个电泳过程中存在着 3 种效应(图 3－4)。

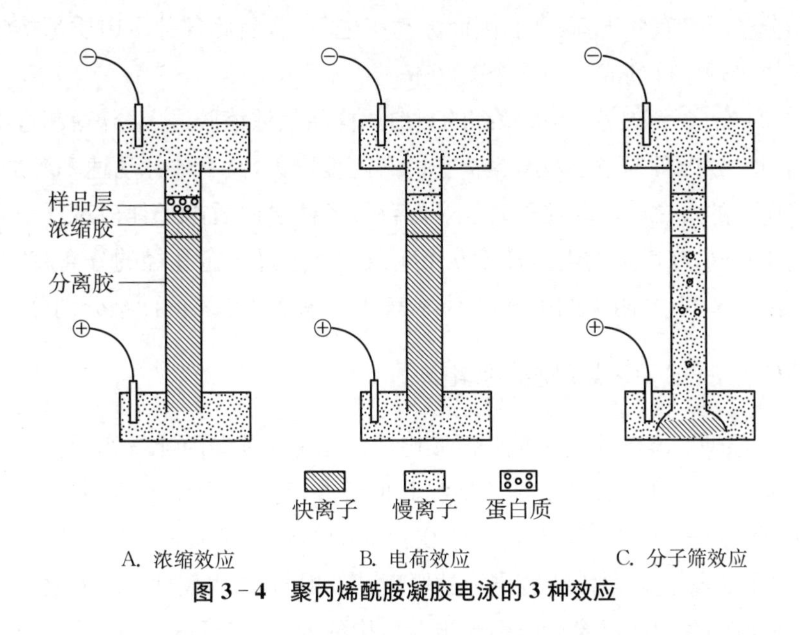

图 3－4　聚丙烯酰胺凝胶电泳的 3 种效应

(1) 浓缩效应：通常进行不连续电泳时，上层大孔胶称为浓缩胶，用 pH 6.7 的 Tris－HCl 缓冲液制备，下层小孔胶称为分离胶，用 pH 8.9 的 Tris－HCl 缓冲液制备，上下电极槽中则用 pH 8.3 的 Tris－甘氨酸缓冲液。在 pH＝6.7 的浓缩胶中，HCl 几乎全部解离 Cl^-，和部分甘氨酸($pI=5.97$)分子解离成 NH_2COO^-，一般酸性蛋白质能解离而带负电荷。当电泳系统通电后，这 3 种离子同时向正极移动。根据有效泳动率的大小，最快的称为快离子或先行离子(这里是 Cl^-)。最慢的称为慢离子或随后离子(这里是 $NH_2CH_2COO^-$)。电泳开始后快离子在前，在它后边形成一低离子浓度的区域即低电导区。电导与电压梯度成反比，所以低电导区就有了较高的电压梯度。在这种高电压梯度作用下，蛋白质和慢离子在快离子后加速移动，在快离子和慢离子的移动速度相等的稳定状态建立后，则在快离子和慢离子之间造成一个不断向阳极移动的局面。

由于蛋白质的有效泳动率恰好介于快、慢离子之间。因此，蛋白质样品被夹在当中浓缩成一狭窄层,称之为浓缩效应。其可使蛋白质浓缩数百倍。

(2) 电荷效应:蛋白质样品在浓缩胶和分离胶交界面处被浓缩成一狭窄的高浓度蛋白质区。在进入分离胶时,电荷效应起作用。但由于每种蛋白质分子所带有效电荷不同,因而泳动率也不同,因此各种蛋白质都按泳动速率快慢顺序排列成一个一个的区带。

(3) 分子筛效应:当被浓缩的蛋白质样品从浓缩胶进入分离胶时,由于pH值增大和凝胶孔径变小,慢离子的解离度增大,其有效泳动速率增加,超过了所有的蛋白质,高电压梯度不再存在;各种蛋白质由于其相对分子质量或构象不同,在均一的电压梯度和pH条件下通过一定孔径的分离胶时,所受摩擦力不同,受阻滞的程度也不同,表现为泳动速率不同而被分别分开。

(二) SDS聚丙烯酰胺凝胶电泳

1. 原理 SDS聚丙烯酰胺凝胶电泳是在不连续聚丙烯酰胺凝胶电泳的基础上再加入SDS以及巯基乙醇和其他配方,与普通聚丙烯酰胺凝胶电泳相比可大大增加分辨率,并可用于蛋白质的相对分子质量测定。基于其原理与不连续聚丙烯酰胺凝胶电泳的原理基本相同,这里仅列出不同之处。

SDS与蛋白质结合后能引起蛋白质构象的改变,SDS-蛋白质复合物的流体力学和光学性质表明,它们在水溶液中的形状,近似于雪茄烟形状的长椭圆棒,不同蛋白质的SDS复合物的短轴长度都一样(约为1.8 nm),而长轴则随蛋白质相对分子质量成正比变化。这样的SDS-蛋白质复合物,在凝胶电泳中的迁移率,不再受蛋白质原有电荷和形状的影响,而只是椭圆棒的长度也就是蛋白质相对分子质量的函数。在这种条件下,蛋白质的相对分子质量仅与电泳迁移率有关。

为了准确测定蛋白质的相对分子质量,在电泳的蛋白质溶液中先加入巯基乙醇能使蛋白质分子中的二硫键还原,如果原来蛋白质分子有多个亚基都可被解离。被解离的亚基与SDS结合,SDS能使蛋白质的氢键、疏水键打开,并结合到蛋白质分子上,形成SDS-蛋白质复合物。由于SDS和巯基乙醇的作用,蛋白质完全变性和解聚,解离成亚基或单个肽链,测定的相对分子质量是亚基或单条肽链的相对分子质量。SDS与多数蛋白质结合的质量比为1.4∶1.0。SDS的十二烷基硫酸根带负电荷,使各种蛋白质的SDS

复合物统一带上相同密度的负电荷，由于十二烷基硫酸根所带的负电荷大大超过了蛋白质分子原来所带的电荷，从而掩盖了不同种类蛋白质间原有的电荷差别。仅由相对分子质量来决定蛋白质的迁移，故可用于相对分子质量的测定。

2. 相对分子质量计算　根据上述原理，SDS 聚丙烯酰胺凝胶电泳可用于蛋白质相对分子质量的测定。

蛋白质的相对分子质量与它的电泳迁移有一定关系式：

$$RW = K(10 - bm) \quad (1)$$

$$\lg RW = \lg K - bm = K1 - bm \quad (2)$$

式中：RW 是蛋白质相对分子质量；K 和 $K1$ 为常数，b 为斜率，m 是电泳迁移率，实际使用的是相对迁移率 m_R。

用加入多种标准蛋白质相对分子质量的对数作纵坐标，已知相对分子质量的蛋白质（标准蛋白质）的相对迁移率作横坐标，即可画出一条斜率为负的标准曲线。相对迁移率为：

$$m_R = \frac{d_{pr}}{d_{BPB}}$$

d_{pr}、d_{BPB} 分别为样品和 BPB（溴酚蓝）以分离胶表面为起点迁移的距离。

欲求未知蛋白的相对分子质量，只需求出它的相对迁移率：

$$m_{R未} = d\,pr_{未} / d_{BPB}$$

然后，从标准曲线上就可求出此未知蛋白的相对分子质量。

具体做法：取出脱色后的凝胶平放在照片扫描仪上，去除气泡，扫描后得到凝胶图谱（也可直接在脱色好的凝胶上测定各区带的迁移距离）。分别量出各条蛋白带迁移的距离 d_{pr} 和 d_{BPB}（以蛋白带的上沿或中心为准），计算相对迁移率，根据方程式：

$$\lg RW = K1 - bm_R$$

用各标准蛋白相对分子质量的对数（纵坐标）和相对迁移率 m_R（横坐

标)画出标准曲线,由标准曲线再求出其他各条待测未知蛋白带的相对分子质量。

(三) 等电聚焦电泳

蛋白质及多肽是两性电解质,当溶液的 pH 值处于该蛋白质的等电点时,蛋白质分子解离成正、负离子的趋势相等,成为兼性离子。等电点时蛋白质所带电荷为零,该蛋白质分子在电场中的迁移率为零。

等电聚焦电泳(isoelectric focusing electrophoresis, IFE)就是在电泳管或电泳支持物中加入载体两性电解质,经电场作用,可以建立从正极到负极逐步增加的 pH 梯度。当蛋白质样品进入此体系时,各种蛋白质经电泳分别移动或聚焦到与其等电点相当的 pH 位置上,不再泳动,因而能使各种等电点不同的蛋白质分离开来,形成很窄的蛋白质区带。

1. 载体两性电解质 常用的载体两性电解质(carrier ampholyte)是多羟基多氨基的脂肪族化合物,相对分子质量为 300~1 000,商品名 Ampholine,是由丙烯酸和多乙烯多胺加合而成的。基本反应式如(图 3-5):

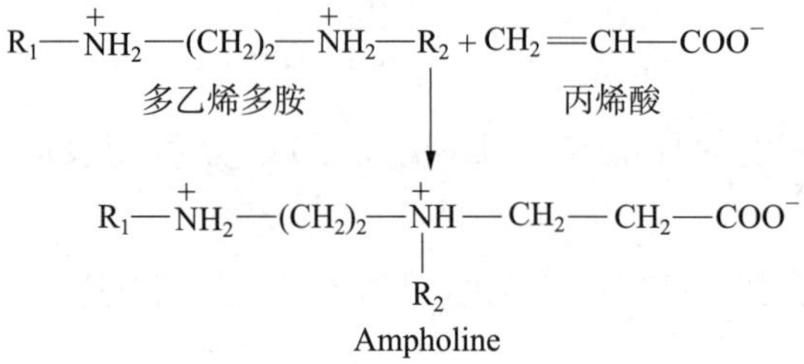

$$R_1—\overset{+}{N}H_2—(CH_2)_2—\overset{+}{N}H_2—R_2 + CH_2{=}CH—COO^-$$

多乙烯多胺　　　　丙烯酸

$$\downarrow$$

$$R_1—\overset{+}{N}H_2—(CH_2)_2—\overset{+}{N}H(R_2)—CH_2—CH_2—COO^-$$

Ampholine

图 3-5　Ampholine 的合成

式中: R_1 和 R_2 为 H 或带有氨基的烷基。合成的产物是多种异构体和同系物的混合物,具有很多不相同又相互接近的 pH 值。适当调整两种原料的比例及合成条件,可使合成的混合物中各成分的含量及等电点分布的范围有所改变。常用载体两性电解质的 pH 范围为 3~10。通过聚焦法可以制备得到 pH 范围较小的载体两性电解质。此种电解质在其等电点处仍有较好的缓冲能力,在电泳中能形成稳定的 pH 梯度,电导性能良好,可使电场强度均匀分布,而且水溶性好,紫外吸收低,不致影响蛋白质的紫外测定。

良好的两性电解质要符合以下几点：相对分子质量小，可溶性好，缓冲能力强，导电性均匀，紫外吸收低、不发荧光，容易从聚焦蛋白带中除去，无毒、无生物效应，无螯合性。

2. pH 梯度的建立　将载体两性电解质引入电泳管，并在电泳槽的正极槽中注入酸，负极槽中注入碱。电泳开始前，电泳管中中段 pH 相同，为两性电解质混合物的平均 pH(pHo)，而正极酸溶的 pH 很低(pHa)，负极碱溶液中 pH 很高(pHb)(图 3-6)。

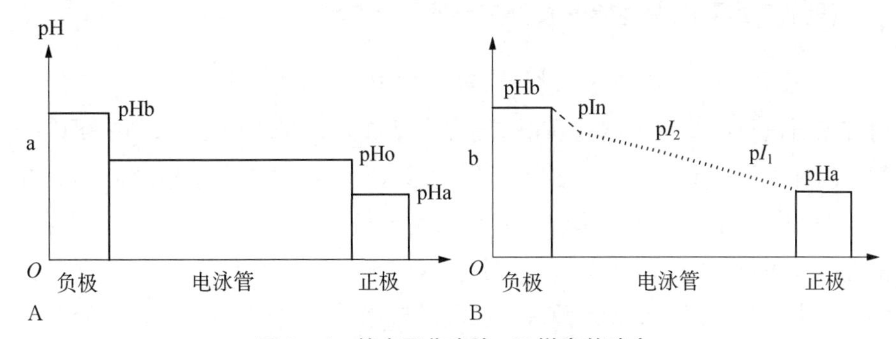

图 3-6　等电聚焦电泳 pH 梯度的建立

注：A. 电泳前电泳管中的两性电介质；B. 电泳中形成的 pH 梯度。

电泳开始时，pI 最低的两性电解质带负电荷，向正极移动，其中 pI 最低者(pH_1)移至酸性界面，pH 值突然下降，即不能再向前移动，与此类似，$pI_2>pI_1$，pI_2 两性电解质定位于 pI_1 之后，依此类推，经过一定时间后，载体两性电解质混合物中各成分按其等电点递增的次序，在电泳管中从正极到负极排成一个 pH 梯度。由于此种两性电解质具有一定的缓冲能力，能使其周围一定区域内介质的 pH 值稳定地保持于其等电点范围内，而且此种两性电解质成分多，pI 又十分接近。因此，形成的几乎是线性的连续 pH 梯度。

3. 蛋白质在 pH 梯度载体中的分离　与载体两性电解质类似，样品中蛋白质分子在正极端，由于所处的环境 pH 较低(偏酸)往往带正电荷，在电场作用下，可以向负极泳动，直到电泳管 pH 值达到该蛋白质的 pI 时，蛋白质分子处于等电状态而停止泳动，电泳时间越长，区带越窄。由于所建立的 pH 梯度近于连续，蛋白质分子的等电点相差 0.1～0.2 pH 单位者也能分开,故有很高的分辨率,分辨效果很好。但若该蛋白质在等电点不溶或发生变性,则不宜用等电聚焦电泳分离。

4. 凝胶在等电聚焦电泳中的意义 样品物质在溶液中聚焦后,由于分子的扩散、对流,往往破坏样品的聚焦作用。采用聚丙烯酰胺凝胶则可防止对流,以免已分离区带再扩散,从而使蛋白质样品在凝胶柱上可以分离出更多致密的区带。

等电聚焦电泳染色和脱色方法与一般凝胶电泳相同,但由于载体两性电解质 Ampholine 会干扰考马斯亮蓝对蛋白质的显色,必须在染色前洗去。

(四) 二维双向聚丙烯酰胺凝胶电泳

1. 原理 双相电泳是在进行了第 1 相电泳后,为了某种目的在它的直角方向再进行第 2 相电泳。双相电泳的第 1 相可以是等电聚焦(其中可以有载体两性电解质 pH 梯度或固定 pH 梯度)、SDS 电泳或不连续电泳;第 2 相可以是 SDS 电泳、免疫电泳、转移电泳、不连续电泳等。而最常用的是第 1 相等电聚焦,第 2 相 SDS 聚丙烯酰胺凝胶电泳。这是等电聚焦技术(根据蛋白质等电点分离)与 SDS 聚丙烯酰胺凝胶电泳技术(根据蛋白质相对分子质量大小分离)的结合,是分离分析蛋白质最有效的电泳手段之一。

2. 操作要点 第 1 相等电聚焦电泳(详细介绍请见上一节等电聚焦电泳),在细管中(φ1～3 mm)中加入含有两性电解质、8 mol 尿素以及非离子型去污剂的聚丙烯酰胺凝胶进行等电聚焦(也可从平板凝胶切割获得),变性的蛋白质根据其等电点的不同进行分离。

将获得的凝胶裁剪成合适的大小(能恰好放入第 2 相 SDS 聚丙烯酰胺凝胶电泳两片玻璃中)。用含有 SDS pH 8.8 的 Tris 缓冲液处理 30 min,使 SDS 与蛋白质充分结合,以便第 2 相的 SDS-凝胶电泳的迁移。充分的平衡是获得理想的双向电泳的基本保证。

将处理过的凝胶条放在 SDS 聚丙烯酰胺凝胶电泳浓缩胶上,等电聚焦凝胶与 SDS 凝胶的良好接触是必需的。加入丙烯酰胺溶液或熔化的琼脂糖溶液使其固定并与浓缩胶连接。在第 2 相电泳过程中,结合 SDS 的蛋白质从等电聚焦凝胶中进入 SDS 聚丙烯酰胺凝胶,在浓缩胶中被浓缩,在分离胶中依据其相对分子质量大小被分离。这样各个蛋白质根据等电点和相对分子质量的不同而被分离、分布在二维图谱上。

普通的细胞提取液的双相电泳可以分辨出 1 000～2 000 个蛋白质，有些报道可以分辨出 5 000～10 000 个斑点，这与细胞中可能存在的蛋白质数量接近。由于二维电泳具有很高的分辨率，它可以直接从细胞提取液中检测某个蛋白。

双相电泳结束后可通过合适的方法进行检测。常用的有考马斯亮蓝染色、银染色、荧光标记和放射自显影等检测方法。由于双相电泳的分辨率特别高，分离的斑点可能用肉眼无法辨别，可采用合适的凝胶扫描或其他方法将数据记录并进行适当的处理。

3. 注意事项

(1) 在进行第 1 相等电聚焦电泳后的平衡是本实验至关重要的步骤。如果平衡的时间过长会导致凝胶中的蛋白质损失 5%～25%，使得分辨率降低。平衡的时间超过 30 min 时，蛋白质条代变宽 40%。一般来说，柱装凝胶平衡时间约 30～40 min，薄层胶(0.5～1 mm)需 5～10 min，超薄胶只需 1～2 min。但如果不平衡直接将凝胶进行第 2 相电泳会导致高分子蛋白质的纹理现象，并且有可能会使等电聚焦凝胶黏在 SDS 凝胶上。

(2) 如果需要对蛋白质电泳图谱进一步分析，可先对这些蛋白质斑点用人工或自动化仪器提取，然后进行酶解。酶解后可用基质辅助激光解析电离飞行时间质谱(matrix-assisted laser desorption ionization time of flight mass spectrometry, MALDI－TOF－MS)测定凝胶内酶切后多肽混合物的质量，获取肽质量的指纹图谱(peptide mass finger-printing, PMF)，最后从数据库中检索，获得该蛋白的信息。整个过程现已实行全自动化，为大规模的蛋白质分析提供了方便。

四、毛细管电泳

(一) 原理

毛细管电泳(CE)又称高效毛细管电泳(high-performance capillary electrophoresis, HPCE)，是近年来发展最快的分析方法之一。其原理是带电粒子在电场力的驱动下,在毛细管中根据各自所带的电荷和/或分配系数不同进行高效、快速分离、分析技术,它是凝胶电泳技术的发展,是高效液相色谱分析的补充。该技术可分析的成分小至有机离子、大至生物大分子如蛋白质、核酸等。可用于分析多种体液样本如血清、血浆、尿、脑脊液及唾液等,毛细管电泳分析的特点:高效、快速、微量。

1981 年,Jorgenson 和 Lukacs 首先提出在 75 μm 内径毛细管柱(现在已经有 30～50 μm 内径的毛细管,并且内径越细,分离效率越高)内用 30 kV 高电压进行分离(最高电压现已达到 75 kV),创立了现代毛细管电泳。

1. 电泳迁移 不同分子所带电荷性质、电荷多少,形状、大小各不相同。电解质、pH 值的缓冲液或其他溶液内,受电场作用,样本中各组分按一定速度迁移,从而形成电泳。电泳迁移速度 (v) 可用 $V=uE$ 表示。其中 E 为电场强度($E=V/L$,V 为电压,L 为毛细管总长度)。u 为电泳淌度(所谓淌度,即指溶质在单位时间间隔内和单位电场上移动的距离)。

2. 电渗迁移 电渗迁移指在电场作用下溶液相对于带电管壁移动的现象。特殊结构的熔合硅毛细管管壁通常在水溶液中带负电荷,在电压作用下溶液整体向负极移动,形成电渗流。带电微粒在毛细管内实际移动的速度为电泳流和电渗流的矢量和。

3. 分离分析类型 根据其分离样本的设计原理不同,主要分为以下几种类型:①毛细管区带电泳(capillary zone electrophoresis, CZE);②毛细管等速电泳(capillary isotachophoresis, CITP);胶束电动毛细管色谱(micellar electrokinetic capillary chromatography, MECC);③毛细管凝胶电泳(capillary gel electrophoresis, CGE);④毛细管等电聚焦(capillary isoelectric focusing, CIEF)。

以下以毛细管区带电泳为例,其他毛细管电泳的原理相类似。

(二) 毛细管电泳的基本原理

毛细管电泳选用的毛细管一般内径约为 50 μm(20～200 μm),外径为 375 μm,有效长度为 50 cm(7～100 cm)。毛细管两端分别浸入联有高压电源点击的两个缓冲槽中,通电后分析样品在电场作用下沿毛细管迁移。当分离样品通过检测器时,可对样品进行分析处理。毛细管电泳进样一般采用电动力学进样（低电压）或流体力学进样（压力或抽吸）两种方式。在毛细管电泳系统中，带电溶质在电场作用下发生定向迁移，其表观迁移速度是溶质迁移速度与溶液电渗流速度的矢量和。近年来，毛细管电泳发展得很快，毛细管电泳仪已经完全实行全自动化。仪器结构包括高压电源、毛细管、检测器及两个供毛细管两端插入而又可和电源相连的缓冲液储瓶。在电解质溶液中，带电粒子在电场作用下，以不同的速度向其所带电荷相反方向迁移。毛细管电泳所用的石英毛细管柱，在 pH>3 情况下，其内表面带负电，和溶液接触时形成了一双电层。在高电压作用下，双电层中的水合阳离子引起流体整体地朝负极方向移动的现象叫电渗，粒子在毛细管内电解质中的迁移速度等于电泳和电渗流两种速度的矢量和，正离子的运动方向和电渗流一致，故最先流出；中性粒子的电泳流速度为“零”，故其迁移速度相当于电渗流速度；负离子的运动方向和电渗流方向相反，但因电渗流速度一般都大于电泳流速度，故其将在中性粒子之后流出，从而因各种粒子迁移速度不同而实现分离。

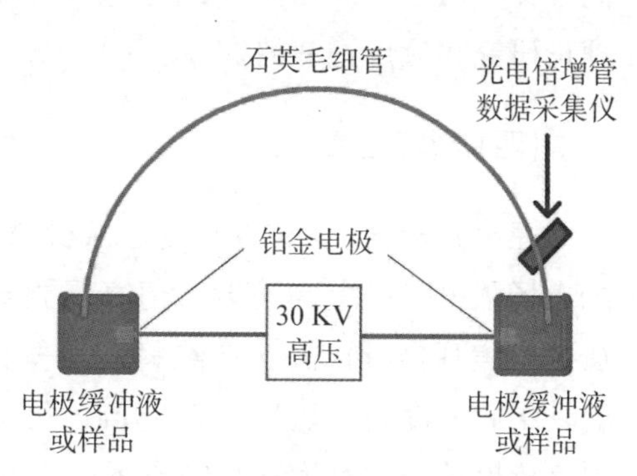

图 3－7　毛细管电泳仪工作原理

毛细管电泳的原理图与实物仪器图见图 3－7、3－8。

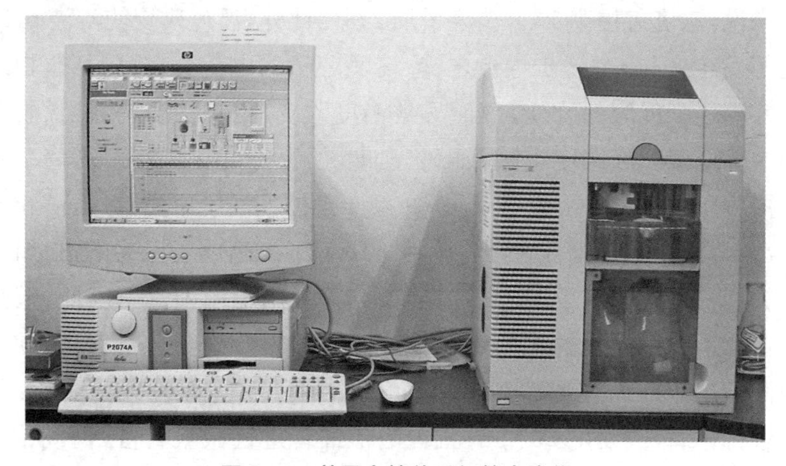

图 3－8　美国安捷伦毛细管电泳仪

(三) 毛细管电泳的优点

毛细管电泳的优点主要可概括为“三高二少”：高灵敏度、高分辨率、高速度、样品少和成本少。①高灵敏度：常用紫外检测器的检测限可达 $10^{-15}\sim10^{-13}$ mol，激光诱导荧光检测器则达 $10^{-21}\sim10^{-19}$ mol；②高分辨率：其每米理论塔板数为几十万，高者可达几百万乃至千万；③高速度：最快可在 60 s 内完成，在 250 s 内分离 10 种蛋白质，1.7 min 分离 19 种阳离子，3 min 内分离 30 种阴离子；④样品少：只需 nL(10^{-9} L)级的进样量；⑤成本低：只需几毫升流动相和价格低廉的毛细管。由于以上优点以及分离生物大分子的能力，使毛细管电泳成为近年来发展最迅速的分离分析方法之一。当然毛细管电泳还是一种正在发展中的技术，更多的理论研究和应用正在研究中。

(四) 影响因素

理论分析表明，增加速度是减少谱带展宽、提高效率的重要途径，增加电场强度可以提高速度。但高场强导致电流增加，引起毛细管中电解质产生焦耳热(自热)。自热将使流体在径向产生抛物线型温度分布，即管轴中心温度要比近壁处温度高。因溶液黏度随温度升高呈指数下降，温度梯度使介质黏度在径向产生梯度，从而影响溶质迁移速度，使管轴中心的溶质分子要比近管壁的分子迁移得更快，造成谱带展宽，柱效下降。一般来说，温度每提高 1℃，淌度增加 2%。此外，温度改变使溶液 pH 值、黏度等发生变化，进一步导致电渗、溶质分子的电荷分布(包括蛋白质的结构)、离子强度等的改变，继而导致淌度改变、重复性变差、柱效下降等现象。降低缓冲液浓度可降低电流强度，使温差变化减小。高离子强度缓冲液可阻止蛋白质吸附于管壁，并可产生柱上浓度聚焦效应，防止峰扩张，改善峰形。减小管径在一定程度上缓解了由高电场引起的热量积聚，但细管径使进样量减少，造成进样、检测等技术上的困难。因此，散热是减小自热引起的温差的重要途径。液体的导热系数要比空气高 100 倍。采用液体冷却方式的毛细管电泳仪可使用离子强度高达 0.5 mol/L 的缓冲液进行分离，或使用 200 μm 直径的毛细管进行微量制备，仍能达到良好的分离效果和重现性。

尿素、三乙胺可以增加样品在缓冲液中的溶解度，抑制样品组分在毛细管壁的吸附，改善峰形。提高分析电压有利于提高分离效率和缩短分析时间，但可能造成过大的焦耳热。温度的变化可以改变缓冲液的黏度，从而影响电渗流。毛细管内径越小，分离效率越高，但样品容量越低；增加毛细管长度可提高分离效率，但延长了分析时间。有时为了改善分离，对毛细管内壁进行改性，采用涂层技术等。

(五) 毛细管电泳与高效液相色谱法的比较

近年来，由于毛细管电泳符合了以生物工程为代表的生命科学各领域中对多肽、蛋白质(包括酶、抗体)、核苷酸、DNA 和 RNA 的分离分析要求，得到了迅速的发展。毛细管电泳是经典电泳技术和现代微柱分离相结合的产物。毛细管电泳和高效液相色谱法(HPLC)相比，都是高效分离技术，仪器操作均可自动化，且两者均有多种不同分离模式。两者之间的差异在于：毛细管电泳用迁移时间取代 HPLC 中的保留时间，毛细管电泳的分析时间通常不超过 30 min，比 HPLC 速度快；对毛细管电泳而言，从理论上推得其理论塔板高度和溶质的扩散系数成正比，对扩散系数小的生物大分子而言，其柱效就要比 HPLC 高得多；毛细管电泳所需样品为 nL 级，最低可达 270 fL，流动相用量也只需几毫升，而 HPLC 所需样品为 μL 级，流动相则需几百毫升乃至更多；但毛细管电泳仅能实现微量制备，而 HPLC 可作常量制备。

毛细管电泳和普通电泳相比，由于其采用高电场，因此分离速度要快得多；检测器则除了未能和原子吸收及红外光谱连接以外，毛细管电泳已与质谱和 HPLC 联用。

毛细管电泳广泛地用于生物大分子、超分子、单分子和无机离子的分析，甚至可用于细胞的分离检测。涉及的领域有生命科学、医药科学、临床医学、分子生物学、法医、化学、环境、海关、农学、生产过程监控及产品质检等。未来涉及范围可能更广，应用前景不可估量。

第二节 分子杂交

一、Western 印迹术

Western 印迹术(Western blot)又称蛋白质印迹术(protein blot),是指把从电泳分离出来的蛋白质转移到固定基质上的过程。这些固定的基质通常是一些特殊的膜,如硝酸纤维素膜、尼龙膜、重氮苄氧甲基纸(DBM)、重氮苯硫醚纸(DPT)和聚亚乙烯双氧化物膜(PVDF)等。

通过蛋白质的转移,可以对目的蛋白质作进一步的分析。蛋白质印迹仅需要很少的试剂,处理的时间相对较短,固定化膜容易操作和保存;转移到膜上后可进行多种分析,能得到更多的实验数据;转移到固定基质上的蛋白质在探测过程中不会发生扩散并且被转移到膜上的所有蛋白质都有机会与探针接触。蛋白质印迹术是高分辨率电泳和灵敏、专一的免疫探测技术的结合,是一种应用范围极广的杂交技术。

Western 印迹术发布于 1979 年。该方法是经过聚丙烯酰胺凝胶分离之后,把初步分离的蛋白质,从电泳凝胶转移到硝酸纤维膜上,转移的方法可以是电转移或是真空抽滤转移,这样经电泳之后的各种蛋白质条带就转至硝酸纤维膜,但保持原样不变,硝酸纤维膜作为蛋白质条带的机械支持及吸附的基质。

吸附有蛋白质的膜片与特异的抗体作用,抗体即与膜上相对应的蛋白质条带结合,这种结合的抗体信号可以被进一步地探测与放大,如酶标的二抗或生物素标记的二抗与之结合。最后用发色底物显色,或者用同位素标记^{125}I-蛋白 A 与抗体结合,X 线底片放射自显影。该方法特异性高,操作比较简便,使电泳技术更加完善,分辨率更高。

蛋白质的印迹主要有 4 种:点印迹、扩散印迹、溶剂印迹(毛细管印迹)和电泳印迹(为最常用的印迹法)等。

类似的技术还有 Eastern 印迹术,是指从等电聚焦电泳凝胶电转移蛋白质;Southern 印迹术是指从 DNA 电泳的印迹;及 Northern 印迹术则是指从 RNA 电泳的印迹。

二、酶联免疫吸附试验

酶联免疫吸附试验(enzyme-linked immunosorbent assay, ELISA)是一种可用来准确定量的蛋白杂交技术,测定原理是抗原抗体的特异性结合。按照操作方式不同,可分为直接 ELISA、间接 ELISA、竞争性 ELISA、夹心 ELISA,目前最常用的是双夹心 ELISA 法。

双夹心 ELISA 的特点在于抗原先后两次结合抗体,类似于夹心。首先用特异性抗体包被于聚氯乙烯、聚苯乙烯、聚丙酰胺和纤维素等固相载体表面(现在最多用的是 48 或 96 孔聚苯乙烯酶标板),然后将待测蛋白加入酶标板的孔中与包被抗体结合,之后再加入酶标记的抗体来结合该待测蛋白,最后加入酶底物,底物会在酶催化下生成有色产物,比色法测定有色产物浓度并对待测蛋白进行定量分析。

ELISA 中常用的抗体标记酶有辣根过氧化物酶(HRP)、碱性磷酸酶及葡萄糖氧化酶等,其中以 HRP 为最多。HRP 催化四甲基联苯胺(TMB)生成有色产物。这种酶促反应产生了底物放大的作用,所以 ELISA 方法不仅可以准确定量且灵敏度高、特异性强。

随着高通量检测的需求日益增多及技术的突破,可以一次性检测多个参数(如多个细胞因子)的多重 ELISA 也得到了长足发展,如使用微珠偶联抗体进行的流式细胞术就是一种最常用的多重 ELISA。

三、免疫组织化学和免疫荧光技术

和 Western 印迹术以及 ELISA 类似,免疫组织化学(immunohistochemistry, IHC)和免疫荧光(immunofluorescence, IF)也是依赖于抗原抗体特异性结合建立起来的杂交实验技术,不同之处在于,这两种杂交技术融合了组织学实验方法,可以在完整的待测组织样本上直接进行杂交,显色结果除可用于靶标蛋白的定性定量外,同时可以显示其在组织内的分布和定位信息,是检测抗原分布的有效方法。IHC 针对的样本主要是组织,如果用于细胞样本,可称为免疫细胞化学(immunocytochemistry, ICC)。IF 同样适用于组织和细胞。

待测的样本首先需要做成石蜡切片或冷冻切片。一般来说,两种切片都适用于 IHC,为了尽可能减少 IF 的背景干扰,则推荐使用冷冻切片。在切片上直接进行抗原、抗体杂交,再通过检测抗体上所标记的可测定标签,对待测样本中靶标抗原进行定性、定量及定位分析。

IHC 和 IF 的区别在于检测抗体结合标签的方法不同,IHC 使用了酶偶联的抗体,通过酶促反应催化底物在抗原位置产生有色沉淀,在显微镜下观测;IF 则使用了荧光素标记的抗体,而且荧光会发生淬灭,需要及时在荧光显微镜进行观测和拍照扫描。无论 IHC 还是 IF 均可以采用标记二抗对结合一抗进行显色,也可以在靶标蛋白表达丰度高,且抗体质量好的条件下,采用标记一抗直接对抗原显色。

四、免疫电泳

免疫电泳是一种常用的抗原定性定量分析方法,利用了蛋白质电泳和抗原抗体特异性结合的原理。最经典的免疫电泳是 1953 年由 Garbar 和 Williams 建立,将琼脂糖凝胶区带电泳和免疫双扩散相结合,首先利用蛋白质抗原带电荷的特性,进行电泳分离,再利用抗原、抗体特异性结合的原理,在电泳凝胶中按平行于电泳的方向划槽加入抗体,经过一定时间的共孵育,双向扩散的抗原和抗体相遇,在比例合适的地方形成沉淀弧线(图 3-9)。

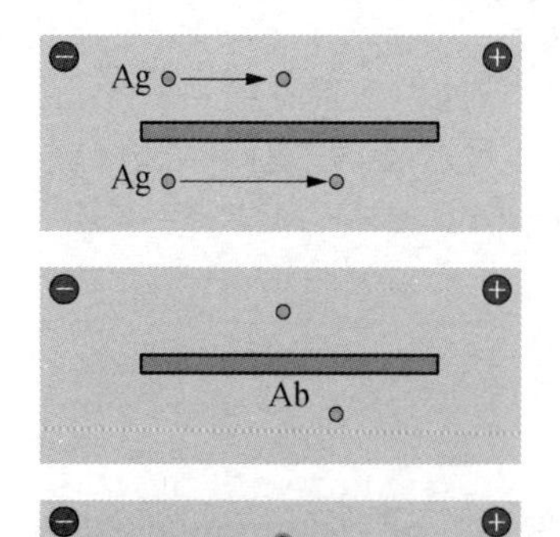

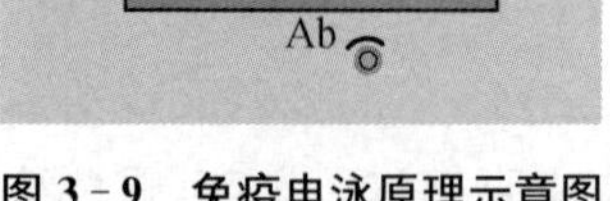

图 3-9 免疫电泳原理示意图

注:Ag 为抗原;Ab 为抗体。

免疫电泳技术发展至今,已经衍生出对流免疫电泳、火箭电泳、免疫固定电泳等多种改良方法。对流电泳是将抗原和抗体分别加在阴、阳极的样本孔中,在电场力和电渗的作用下,两者相向移动,比例合适处形成沉淀线;火箭电泳则是将抗体直接配制在了琼脂凝胶中，只有抗原在电场力的作用下进行电泳，抗原与抗体达到适当比例时，就会形成一个状如火箭的沉淀峰，峰的高度与抗原浓度呈正比。因此，如果将标准抗原样本按照不同的稀释度分别上样进行电泳时，就可以以抗原浓度为横坐标，沉淀峰为纵坐标，绘制标准曲线。这种方法可以根据待测样品的沉淀峰高度计算含量，是一种抗原定量的方法。如果反过来在琼脂中加入抗原，对抗体进行电泳就可以对待测抗体定量，这就是反向火箭免疫电泳。

各种免疫电泳方法特点不同，优缺点各异，可以根据实验要求选择使用。

五、流式细胞术

流式细胞术是近年来广为使用的细胞或颗粒分子检测技术，利用流式细胞仪对与结合了特异性荧光标记抗体的细胞或生物颗粒，进行多参数、定量分析和分选。可满足分析细胞表面和细胞内的分子表达、鉴定细胞群中的不同细胞类型等多方面的实验需求。

流式细胞术的三大关键：①样本要制成单细胞或单个生物颗粒悬液；②荧光素偶联抗体的选择，样本必须结合了荧光素偶联的抗体后，才能在被相应激光激发后发射特定波长的荧光。可用于流式检测的荧光素很多，不同的荧光素有特定的激发光和发射光，可以对同一份样本标记不同波长荧光素偶联的抗体，通过多荧光通道分析完成对样本的同时多参数检测；③流式细胞仪是完成检测的核心成员，由流动室和液流系统、激光源和光学系统、光电管和检测系统、计算机和分析系统 4 部分组成。在流式细胞仪中，经液流系统分散后高速直线流动的单细胞被激光束激发，检测系统捕捉发射的荧光进行分析。目前，经典流式细胞仪已经实现了最多 28 色荧光参数的同时检测，体现了流式细胞仪强大的多参数检测能力。

流式细胞术具有快速、多参数、高通量及精准的优点，不仅适用于从表型分析到细胞状态等各种细胞分析；也可以采用微珠（也称液相芯片）形式检测可溶物质如分泌的细胞因子、核酸等，甚至对单一样本定量检测出多种组分；还可以把特定的细胞分离出来用于进一步培养研究，也就是用于细胞分选。

流式细胞术因为强大的分析分离能力而得到多领域的应用，随之而来的多种新型流式细胞术也在应运而生，如质谱细胞术(mass cytometry)、光谱细胞术(spectra cytometry)等，加上新染料、新算法、新软件等各个方面不断出现的新技术，流式细胞术会有更广阔的应用前景。

第三节 生物质谱

质谱(mass spetrometry, MS)是指通过将样本转化为气态离子并按质荷比(m/z)大小进行分离记录的分析方法。利用质谱技术可以对样本中的无机物、有机物进行定性定量，结构分析，对样本中各组分间的同位素比测定、固体物表面的结构和组成分析等，具有灵敏、快速、特异性强、可计量的特点，是强有力的有机化学研究工具。随着后基因组时代开启了以蛋白质组学为代表的各种生命科学新领域的研究，生物质谱的应用越来越广泛。

因为生物分子的相对分子质量远大于无机或有机小分子，而早期的质谱仪只能将相对分子质量低的化合物完整地气相化，面对相对分子质量大、极性强的生物分子，气化的能量不足，无法用于生物大分子的分离分析。直到 20 世纪 80 年代，利用高压电场的电喷雾电离(ESI)技术和利用激光能量的基质辅助激光解吸附电离(MALDI)技术的出现，解决了大分子完整气化的难题，质谱在生命科学领域的应用进入了一个飞速发展的时代。

质谱分离系统由进样系统、离子源、质量分析器、检测器及数据系统组成。离子源和质量分析器是最关键的部分。生物质谱所用质量分析器主要有以下 5 种：四极杆质量分析器、飞行时间质量分析器、离子阱质量分析器和傅里叶变换离子回旋共振质量分析器、静电场轨道肼质量分析器；产生离子源的电离技术主要是 ESI 和 MALDI。现有的生物质谱仪可分为单级质谱仪和串联质谱系统，通过选用不同的质量分析器或多种质量分析器的组合方式，来满足不同生物分子的分离需求。ESI 与四极杆质量分析器的组合(ESI - MS)以及 MALDI 与飞行时间质量分析器的组合(MALDI - TOF - MS)是比较常用的两种生物质谱技术。

一、电喷雾质谱

电喷雾质谱采用了强静电场的电喷雾电离技术,在样本系统的毛细管出口处加上高电压造成高电场,以液相方式到达出口的待测物质借此雾化成带电液滴,随着挥发性溶剂的蒸发,液滴表面缩小,电荷密度逐渐增大,最终液滴崩解为大量带一个或多个电荷的离子并以此喷雾的形式进入气相。电喷雾离子化是典型的软电离方式,能够产生多电荷离子,对分子结构破坏少,可测定相对分子质量范围广,最高相对分子质量可达 150 000,适用于分析相对分子质量大,稳定性差的生物分子。

二、基质辅助激光解吸附飞行时间质谱

基质辅助激光解吸附电离(MALDI)引入了固相样本靶,将待测溶液与小分子基质液混合后点到样品靶上,在真空中快速干燥形成微细的共晶,当激光照射到样本靶上的共晶时,小分子基质吸收了激光的能力跃迁到激发态,将能量传到共晶内部,样本分子因而发生电离和汽化,产生的离子在加速电场的作用经过一个真空无电场飞行管道到达检测器,离子大小导致离子飞行到达检测器的时间不同,飞行时间与质荷比成正比。

MALDI 产生的离子多为单电荷离子,可检测分子的质量范围极广,适用于分析蛋白质水解的肽混合物,灵敏度高,可用于微量样本分析。

生物质谱越来越广泛地被使用与于蛋白质组学等科研领域和临床医学检验中,各种优化改良的生物质谱方法层出不穷,生物质谱的未来不可限量。

第四节　色谱在生物大分子分离纯化中的应用

一、色谱法概述

色谱法又称层析法(chromatography),是一种常用的分离制备方法,同

时也是生物科学实验中研究生物大分子必不可少的工具之一。它是利用各种物质在两相中具有不同的分配系数,当两相作相对运动时,这些物质在两相中进行多次反复的分配来达到分离的目的。

色谱法最早于 1903 年提出,由俄国植物科学家 M. Tswet 在利用 $CaCO_3$ 作为固定相,石油醚作为分离相来分离植物中的叶绿素时发现的。但作为真正的一种分离制备方法而被广泛应用是在 1931 年人们利用该方法分离复杂的有机化合物获得成功以后。色谱法除了分离有色物质以外,还可用于无色物质的分离,并出现了种类繁多的色谱法,已经没有颜色这个特殊的概念。许多气体、液体和固体样品都能找到合适的色谱法进行分离和分型。

色谱法的最大特点是分离的效率高,能分离各种性质非常相似的物质。既可被用作少量物质的分析鉴定,又可用作大量物质的分离制备。色谱法已广泛应用于许多领域,如石化、化工、医学、药学、生物、环境和农业等,成为十分重要的分离分析手段。

(一) 基本原理

色谱依据的主要原理是基于被分离物质的物理、化学及生物学特性的不同,被分离物质在某种物质的溶解度、吸附能力、立体化学特性及分子的大小,带电情况及在离子交换、亲和力的大小及特异的生物学等方面的差异。

(二) 分类

1. 按两相状态分类 可分为气相色谱和液相色谱。气体作为流动相的色谱称为气相色谱(GC),根据固定相是固体吸附剂还是固定液(附着在惰性载体上的一薄层有机化合物液体),又可分为气固色谱(GSC)和气液色谱(GLC)。液体作为流动相的色谱称液相色谱(LC),同理,液相色谱亦可分为液固色谱(LSC)和液液色谱(LLC)。超临界流体为流动相的色谱称为超临界流体色谱(SFC)。通过化学反应将固定液键合到载体表面,这种化学键合固定相的色谱又称化学键合相色谱(CBPC)。

2. 按分离机制分类 利用组分在吸附剂(固定相)上的吸附能力强弱不

同而得以分离的方法，称为吸附色谱法。利用组分在固定液（固定相）中溶解度不同而达到分离的方法称为分配色谱法。利用组分在离子交换剂（固定相）上的亲和力大小不同而达到分离的方法，称为离子交换色谱法。利用大小不同的分子在多孔固定相中的选择渗透而达到分离的方法，称为凝胶色谱法或分子排阻色谱法。利用不同组分与固定相（固定化分子）的特异性亲和力（酶与抑制剂、抗体与抗原、激素与受体、核酸互补链等），将配基连接在载体上作为固定相，而对配基特异性的生物大分子进行分离的技术称为亲和色谱法。常用于生物大分子的分离，具有很高的分辨率。

3. 按固定相的外形分类　固定相装于柱内的色谱法，称为柱色谱。柱色谱又可分为填充柱色谱和开管柱色谱。固定相呈平板状的色谱法，称为平板色谱，它又可分为薄层色谱和纸色谱。

在生物学领域里除了用得最多的液相色谱和气相色谱外，许多利用色谱原理研制的新型、高效色谱仪器也在不断诞生。诸如 HPLC、CE、FPLC 和蛋白质色谱工作站就是较为典型的代表。

色谱技术在分析化学中有较为详尽的介绍，本节仅介绍与生物大分子分离纯化相关度较高的亲和色谱和蛋白质色谱工作站。

二、亲和色谱

（一）基本原理

亲和色谱（affinity chromatography）是利用生物分子间专一的亲和力而进行分离的一种色谱技术。生物大分子亲和色谱就是建立在生物大分子与其配基的特异性结合的基础上的。在生物分子间存在很多特异性的相互作用，常见的有抗原-抗体、酶-底物（或抑制剂、激活剂）、激素-受体、调节蛋白与 DNA/RNA 特定二级结构的结合、核酸的互补链和多糖与蛋白质复合物等。它们之间都能够专一而可逆的结合，这种结合力就称为亲和力。简单地说，亲和色谱的分离原理就是通过将具有亲和力的两个分子中一个固定在不溶性载体上，利用分子间亲和力的特异性和可逆性，对另一个分子进行分离纯化。

被固定在载体上的分子称为配基。配基和载体是共价结合的,构成亲和色谱的固定相,称为亲和吸附剂。亲和色谱时首先选择与待分离的生物大分子有亲和力物质作为配基,用溴化氰等活化多糖凝胶而将配基通过共价结合在适当的不溶性载体上,常用的多糖凝胶有 Sepharose-4B 等。将已结合配基亲和吸附剂装柱和平衡,当样品溶液通过亲和色谱柱的时候,待分离的生物分子就与配基发生特异性的结合,从而留在固定相上;而其他杂质因不能与配基结合,仍在流动相中,随洗脱液流出,这样色谱柱中就只有待分离的生物分子。通过适当的洗脱液将其从配基上洗脱下来,就得到较纯的待分离物。

亲和色谱是利用生物分子所具有的特异的生物学性质——亲和力来进行分离纯化的。由于亲和力具有高度的专一性,使得亲和色谱的分辨率很高,是分离生物大分子的一种理想的色谱方法。亲和色谱的载体价格较贵,处理的样本量较少,不能用于大规模的制备。一般在纯化后期使用,可获得纯度很高的样品。

(二) 亲和色谱的载体与配基

选择并制备合适的亲和吸附剂是亲和色谱的关键步骤之一。它包括载体和配基的选择、载体的活化、配基与载体的偶联等。

1. 载体的基本性能 作为生物大分子亲和色谱的载体应该具备以下一些物理化学性质:①不溶于水,具有亲水性和中性骨架。②有良好的生物、力学、化学和热稳定性。在与配基偶联、色谱过程中,配基与待分离物结合,以及洗脱时的 pH、离子强度等条件下,载体的性质都没有明显的改变。③亲和色谱的载体应具有较多的化学活性基团,通过一定的化学处理能够与配基稳定地共价结合,并且结合后不改变载体和配基的基本性质。常用的衍生的化学基团有 $-OH$、$-NH_2$、$-COOH$ 及 $-CHO$ 等。④载体的结构多为均匀的多孔网状结构。以使被分离的生物分子能够均匀、稳定的通透,并充分与配基结合。载体的孔径应足够大,这样不会产生排阻效应,导致亲和色谱的吸附容量降低。一般来说,多选择较大孔径的载体,以使待分离物有充分的空间与配基结合。⑤载体不能与样品中的各个组分均发生非特异性吸附,不能影响配基与待分离物的结合。

常用的载体有纤维素以及交联葡聚糖、琼脂糖、聚丙烯酰胺及多孔玻璃珠等。它们既可用于凝胶排阻色谱也可用于亲和色谱，其中以琼脂糖凝胶应用最为广泛。纤维素价格低，活性基团较多，但对蛋白质等生物分子可能有明显的非特异性吸附作用。另外，它的稳定性和均一性也较差。交联葡聚糖和聚丙烯酰胺的物理化学稳定性较好，但它们的孔径相对比较小，而且孔径的稳定性不好，可能会在与配基偶联时有较大的降低，不利待分离物与配基充分结合，只有大孔径型号凝胶可以用于亲和色谱。多孔玻璃珠的特点是机械强度好，化学稳定性好。但它可利用的活性基团较少，对蛋白质等生物分子也有较强的吸附作用。琼脂糖凝胶则基本可以较好地满足上述4个条件，它具有非特异性吸附低、稳定性好、孔径均匀适当、宜于活化等优点，常用的琼脂糖凝胶载体有 Sepharose CL2B、Sepharose CL4B 与 Sepharose CL6B 等。

2. 载体的活化 配基和载体间的偶联，首先要进行载体的活化。载体的活化是指通过对载体进行一定的化学处理，使载体表面上的一些化学基团转变为易于和特定配基结合的活性基团。

(1) 多糖载体的活化：琼脂糖是一种常用的多糖载体，琼脂糖通常含有大量的羟基，通过一定的处理可以引入多种适宜的活性基团。琼脂糖的活化方法很多，下面介绍一些常用的活性基团及活化方法。

1) 溴化氰活化：溴化氰活化法是最常用的活化方法之一，溴化氰活化的载体可以在温和的条件下与配基结合，结合的配基量大。利用溴化氰活化的载体通过进一步处理还可以得到很多其他的衍生物。缺点是溴化氰活化处理的载体和配基偶联后生成的异脲衍生物中氨基的 pKa 为 10.4，通常会带一定的正电荷，从而使载体可能有阴离子交换作用，增大了非特异性吸附，影响亲和色谱的分辨率。另外，溴化氰活化的载体与配基结合不够稳定，尤其是当与小配基结合时，可能会出现配基脱落现象。另外，溴化氰有剧毒，易挥发，需注意操作的安全性。

2) 环氧乙烷基活化：这类方法活化后的载体都含有环氧乙烷基。如在含有 $NaBH_4$ 的碱性条件下，1,4-丁二醇-双缩水甘油醚的一个环氧乙烷基可以与羟基反应，而将另一个环氧乙烷基结合在载体上。另外，也可以用环氧氯丙烷活化，将环氧乙烷基结合在载体上。

由于活化后的载体都含有环氧乙基,可以结合含有伯氨基(- NH_2)、羟基(- OH)和巯基(- SH)等基团的配基。这种活化方法的优点是活化后不引入电荷基团,而且载体与配基形成的 N - C、O - C 和 S - C 键都很稳定,所以配基与载体结合紧密,亲和吸附剂使用寿命长,而且便于在亲和色谱中使用较强烈的洗脱手段,这种处理方法没有溴化氰的毒性。缺点是用环氧乙基活化的载体与配基偶联需要碱性条件,pH 为 9～13,温度为 20～40℃。这对于一些比较敏感的配基可能不适用。

(2) 聚丙烯酰胺的活化:聚丙烯酰胺通常用戊二醛活化。先活化聚丙烯酰胺凝胶或通过丙烯酰胺先偶联配基上氨基再与丙烯酰胺和 N,N′-亚甲基双丙烯酰胺共聚。

(3) 多孔玻璃珠的活化:对于多孔玻璃珠等无机凝胶的活化通常采用硅烷化试剂与玻璃反应生成烷基胺-玻璃,在多孔玻璃上引进氨基,再通过这些氨基进一步反应引入活性基团,与适当的配基偶联。

3. 间隔臂分子 在亲和色谱中,由于配基结合在载体上,它在与待分离的生物大分子结合时,很大程度上要受到载体和待分离的生物大分子间的空间位阻效应的影响。尤其是当配基较小或待分离的生物大分子较大时,由于直接结合在载体上的小分子配基非常靠近载体,而待分离的生物大分子由于受到载体的空间障碍,使得其与配基结合的部位无法接近配基,影响了待分离的生物大分子与配基的结合,造成吸附量的降低。通常可选用一个两端均带有官能基团的短脂肪烷烃链臂连接载体与配基——间隔臂,即加入一段有机分子,使载体上的配基离开载体骨架向外扩展伸长,由于蛋白质的配基结合位点往往是埋在分子的内部或接近表面的口袋内,利用间隔臂分子可以大大改善在载体上的配基结合能力,减少空间位阻效应,大大增加配基对待分离的生物大分子的吸附效率。加入手臂的长度要恰当,太短则效果不明显;太长则容易造成弯曲,反而降低吸附效率。常用的方法是将适当长度的氨基化合物 $NH_2(CH_2)_n$ R 共价结合到活化的载体上,R 通常是氨基或羧基,n 一般为 2～12。例如 Pharmacia 公司生产的 AH-Sepharose 4B 和 CH-Sepharose 4B 就是分别将 1,6 -乙二胺,6 -氨基乙酸与 CNBr 活化的琼脂糖反应引入间隔臂分子。两者的末端分别为氨基或羧基,通过碳二亚胺的缩合作用可以分别与含羧基或氨基的配基偶联。

4. 配基

(1) 配基的选择：亲和色谱是利用配基和待分离物质的亲和力而进行分离纯化的，选择配基应注意以下几方面：①配基与待分离的物质的亲和力应适中，以免导致吸附率降低或洗脱困难；②配基与待分离的物质之间的亲和力要有较高的特异性，其他组分没有特异性，以期获得较高的分辨率；③配基与载体能够形成稳定的共价结合，在洗脱过程中不易脱落，不影响其结构；④配基有较好的稳定性，在实验中能够耐受偶联以及洗脱时可能的较剧烈的条件，可以多次重复使用。

根据配基对待分离物质的亲和性的不同，可以将其分为两类：特异性配基(specific ligand)和通用性配基(general ligand)。特异性配基是指能与某些生物大分子特异性结合的配基。如生物素和亲和素、抗原和抗体、酶和它的抑制剂、激素-受体等，它们结合都具有很高的特异性，配基的特异性是保证亲和色谱高分辨率的重要因素。另一类通用性配基是指特异性不是很强，能和某一类的蛋白质等生物大分子结合的配基，如各种凝集素(lectine)可以结合各种糖蛋白。通用性配基对生物大分子的专一性虽然不如特异性配基，但通过选择合适的洗脱条件也可以得到很高的分辨率。而且这些配基还具有结构稳定、偶联率高、吸附容量高、易于洗脱及价格便宜等优点，所以在实验中得到了广泛的应用。

(2) 配基与载体的偶联：载体经活化处理后，这些载体上的活性基团可以在较温和的条件下与配基中所含氨基、羧基、醛基、酮基、羟基与巯基等进行反应，使配基偶联在载体上。另外也可通过碳二亚胺、戊二醛等双功能试剂的作用使配基与载体偶联。配基和载体偶联完毕后，应反复洗涤，以去除未偶联的配基。

在进行亲和色谱之前，还应采用适当的方法封闭载体中未偶联上配基的活性基团，也就是使载体失活，主要是避免引入带有正电荷的-NH_3^+ 或带负电荷的-COO^- 以防止产生离子交换作用。

影响配基结合量的因素很多，主要有载体和配基的性质、载体的活化方法及条件、载体和配基偶联反应的条件等。只有通过充分的实践，摸索最佳实验条件，才能获得较高的分辨率与得率。

现在许多活化的载体以及偶联各种配基的亲和吸附剂已经商品化了，

可以省去载体活化、配基偶联等复杂的步骤。使用方便、效果好。

(三) 亲和吸附剂的再生和保存

亲和吸附剂的再生就是指已使用过的亲和吸附剂,通过适当的方法去除吸附在其载体和配基(主要是配基)上的杂质,使亲和吸附剂恢复亲和吸附能力。首先采用大量的洗脱液或较高浓度的盐溶液洗涤柱子,再用平衡液重新平衡即可再次使用。但在某些情况下,亲和吸附剂可能会产生较严重的不可逆吸附,使亲和吸附剂的吸附效率明显下降。可使用一些高浓度的盐溶液、尿素等变性剂或加入适当的非专一性蛋白酶。亲和吸附剂的保存通常加入 0.02%的叠氮钠,也可以加入 0.5%的醋酸氯己定(醋酸洗必泰)或 0.05%的苯甲酸。保存应在 4℃以下,但不能低于零度。

(四) 亲和色谱的操作

亲和色谱的基本操作与其他色谱操作基本类似,这里仅列出一些在亲和色谱中应特别注意的事项。

1. 上样　亲和色谱的成功与否与上样时样品吸附的好坏密切有关。影响样品吸附的因素很多,主要有上样量、上样流速、缓冲液种类、pH、离子强度及温度等,最终目的就是使待分离的物质能够充分吸附在亲和色谱柱上。

上样的时候样品的浓度一般不宜过高,并且上样时的流速应尽可能慢,因为一般生物大分子和配基之间达到平衡需要很长的一段时间,以保证样品和亲和吸附剂有充分的接触时间进行吸附。特别是当配基和待分离的生物大分子的亲和力比较小或样品浓度较高、杂质较多时,可以在上样后停止流动,让样品在色谱柱中静止一段时间,这样可以增加吸附量。

另外,温度对亲和色谱中的样品吸附也有较大的影响,一般来说亲和力会随温度的升高而下降。故在实际操作中可以在上样时选择适当较低的温度,使样品与配基有较大的亲和力,结合充分;而在洗脱时可以适当提高温度,使样品与配基的亲和力下降,以利于将待分离的物质从配基上洗脱下来。除此之外,样品缓冲液的选择也是要使待分离的生物大分子与配基有较强的亲和力、样品缓冲液中有一定的离子强度,以减小载体、配基与样品其他组分之间的非特异性吸附。

待样品完全吸附后，第1步就是用平衡洗脱液洗去未吸附在亲和吸附剂上的杂质。洗脱的流速可稍快一些，但洗脱须充分。若待分离物质与配基结合较弱，平衡缓冲液的流速还可稍慢。如果吸附是较强的特异性吸附，可用适当较高离子强度的平衡缓冲液进行洗脱，应注意平衡缓冲液不应对待分离物质与配基的结合有明显影响，以免将待分离物质洗下。

2. 洗脱　洗脱的目的就是为了使特异性结合上去的样品被正确地洗脱下来，以期获得所需待分离样品。在此洗脱过程中的一个重要步骤就是要选择合适的条件，亲和色谱的洗脱方式通常有特异性洗脱和非特异性洗脱。

（1）特异性洗脱：特异性洗脱是指利用配基或洗脱液中的某些成分与待分离物质的亲和特性而将待分离物质从亲和吸附剂上洗脱下的方法。第1种是选择含有与配基有亲和力的成分的洗脱液进行洗脱，另一种是选择与待分离物质有亲和力的物质进行洗脱。前者在洗脱时加入的成分与待分离物质竞争对配基的结合，如这种成分与配基的亲和力强或浓度较大，配基就会与这种成分结合，使原来与配基结合的待分离物质被洗脱下来。后一种方法洗脱时，选择一种与待分离物质有较强亲和力的物质加入洗脱液，这种物质可以竞争性地与待分离物质结合，如这种物质与待分离物质的亲和力强或浓度较大，待分离物质就会基本被这种物质结合而脱离配基，从而被洗脱下来。

（2）非特异性洗脱：非特异性洗脱是指通过改变洗脱液pH、离子强度及温度等条件，降低待分离物质与配基的亲和力而将待分离物质洗脱下来。当待分离物质与配基亲和力较小时，一般通过连续大体积平衡缓冲液冲洗，在杂质洗去后将待分离物质洗脱下来。这种洗脱方式简单、条件温和，不会影响待分离物质的活性。但洗脱体积一般比较大，得到的待分离物质浓度较低，需通过浓缩或超滤等方法来提高样品的含量。当待分离物质和配基结合较强时，也可以通过选择适当的pH、离子强度等条件降低待分离物质与配基的亲和力，但选择洗脱液的pH值、离子强度时应注意尽量不影响待分离物质的活性，而且洗脱后应注意中和酸碱，透析去除离子，以免待分离物质失活。

特异性洗脱方法的优点是特异性强，可以进一步消除非特异性吸附的影响，从而得到较高的分辨率。另外，对于待分离物质与配基亲和力很强的情况,使用非特异性洗脱方法需要较强烈的洗脱条件,可能使生物大分子变性,有时甚至只能使待分离的生物大分子变性才能够洗脱下来,使用特异性洗脱则可以避免这种情况。由于亲和吸附达到平衡比较慢,所以特异性洗脱往往需要较长的时间和较高的洗脱条件,可以通过适当地改变其他条件,如选择亲和力强的物质洗脱、加大洗脱液浓度等,来缩小洗脱时间和体积。

三、蛋白质色谱工作站

蛋白质色谱工作站是较为先进的全自动的蛋白质分离纯化提取仪,其可快速分离纯化多种生物大分子。蛋白质、多糖、肽类、寡核苷酸、核苷酸疫苗、抗体药物、酶和天然产物等都可作为适合分离纯化的生物活性大分子。蛋白质色谱工作具有:启动简单、预编应用程序、自动缓冲液制备、全自动进样、编程、分离及样品收集。根据实验需求可预设多种缓冲液,多根层析柱、检测波长可自动切换和选择。可联结多种检测器,对实验结果做数据处理或联网与数据库对比等。蛋白纯化量可从微克级至百毫克级。

奥地利帝肯公司(Freedom EVO® &Atoll MediaScout® 蛋白质层析工作站)全自动液体处理工作站平台可实现蛋白质的全自动分离提取。自动完成缓冲液制备、色谱柱平衡、样本上柱,蛋白质洗脱、分离组分回收、检测,以及色谱柱再生等一系列手工操作步骤,在极短时间内全自动完成最大 96 个蛋白样本色谱分离,并可联接多种检测器。

中科森辉微球技术(苏州)有限公司生产的 Sino-IPEr 蛋白色谱工作站是国内第 1 套实现了计算机完全操作的蛋白质色谱系统,可进行离子交换色谱、疏水作用色谱、金属螯合色谱、反相色谱、亲和色谱等操作。蛋白质色谱系统,包括高压梯度色谱泵、进样阀、多波长紫外检测器等硬件。通过仪器控制、方法编辑、数据及用户管理的多界面智能化的计算机软件进行系统的运行、控制、检测信号的采集和整理,利用数据库对实验数据和仪器操作用户进行分级管理。可用于各类疫苗、抗体药物、酶、天然产物有效成分等的分离纯化,自动化程度高,精度和重复性好,操作简便。

第四章 细胞培养

细胞培养(cell culture)是细胞在体外的培养,而体外培养(*in vitro*)是指从体内取出组织、器官,模拟体内生理环境,在无菌、适当温度和一定营养条件下,使之生存和生长,并维持其结构和功能的方法。包括所有结构层次的培养,即器官培养、组织培养和细胞培养。本章主要讨论细胞培养的一般方法。

目前,细胞培养已经成为生命科学研究的一种常规操作技术。低温冷冻技术的发展,可以把已建立的细胞系和细胞株长期冻存起来,一些国家还建立了统一冻存细胞的细胞库或中心,如美国典型培养物保藏中心(American Tissue Culture Collection, ATCC),人类基因突变库(Human Genetic Mutant Repository, HGMR),细胞老化数据库(Cell Aging Repository, CAR)等,我国在上海和昆明等地也建立了储存细胞的细胞库。

细胞培养技术发展迅速,应用广泛,与细胞培养技术的优点密不可分:①能长时间直接观察活细胞的形态结构和生命活动,方便记录;②便于使用各种技术方法对细胞进行研究,如相差显微镜、荧光显微镜、电子显微镜、组织化学及同位素标记等,易于应用物理、化学和生物因素进行研究;③培养细胞携带有与体内细胞相同的基因组,是分子生物学和基因工程学的研究对象;④可以同时提供大量生物性状相似的实验对象,耗资少,比较经济。需要说明的是,目前,实验室条件下的细胞体内外生存环境仍存在很大差异,在利用体外培养的细胞作为实验对象时,要注意不能简单地将体外实验结果外推到体内而等同于整体实验,它们之间毕竟还是有着一定差异的。

第一节 细胞培养基本知识

一、细胞培养的特性及条件

体外培养的细胞没有抗感染能力,因而防止污染是细胞培养成功的关键因素。整个细胞培养过程中要始终贯彻无菌操作的要求,创造一个无菌的操作环境。操作者需要按外科手术要求彻底洗手和着装,使用无菌培养用液、玻璃器皿等。与细胞系培养相比,原代细胞培养需要进行取材,不同组织器官来源细胞的取材有不同要求,可参考相关书籍和文献。

二、细胞培养室的设施和要求

细胞培养室不同于其他实验室。其设计原则是防止微生物污染和有害因素的影响,要求工作环境清洁、空气清新、干燥和无尘烟。细胞培养工作包括无菌操作、温育(36.5℃)、培养液配制、洗刷、无菌处理、细胞和用品储存等。细胞培养室应包括操作间、缓冲间、更衣间,内设超净工作台、培养箱等细胞培养的必要设备,应具备紫外消毒、通风及温控设施。

1. **超净工作台** 是目前已普及的无菌操作装置,其原理是利用鼓风机驱动空气通过高效过滤器净化后,徐徐通过工作台,使工作环境构成无菌环境。

2. **CO_2 培养箱** 细胞培养和体内细胞一样,需要在恒定温度下才能生存,温差变化一般不应超过0.5℃。因此,培养箱应具有较高温度灵敏度。CO_2 培养箱的优点在于能恒定地供应一定量的 CO_2,一般5% CO_2 可维持培养液稳定pH,是细胞培养必备的设备之一。

3. **显微镜** 培养细胞经常需要显微镜观察以了解细胞生长状态及是否发生污染等,普通倒置显微镜即可适用这类观察。高配置显微镜可根据实验工作需要购置,如相差显微镜、荧光显微镜等。

4. 电热干燥箱　主要用于玻璃器皿的烘干和干热消毒。干热消毒时温度一般要达 160℃，而且细胞培养工作中需要烘干和消毒的玻璃器皿数量较大。因此，应选择大型规格的干燥箱。干热消毒后，要待温度降到 100℃以下才可以打开箱门，以免玻璃器皿突然遇冷炸裂。金属器皿、塑料制品及橡胶等不能干热消毒。

5. 冰箱　培养用液、消化液、血清等都要储存于 4℃或更低温度条件下，用于细胞培养的冰箱应特别注意清洁，最好是专用的冰箱，以防止发生交叉污染。

6. 水纯化装置　细胞培养对水的质量要求极高。各种培养用液都要用重蒸水装置经 3 次蒸馏的蒸馏水配制，至少也要用二蒸水。另外，也可以通过专用的细胞培养级的纯水装置直接制备纯水，临用前需做灭菌处理。

7. 离心机　培养细胞经常需要制备成细胞悬液，对细胞进行洗涤，调节细胞密度等，都要对细胞悬液进行离心处理。细胞的离心速度一般要求在 1 000 r/min 左右。

8. 抽滤装置　各种培养用液只能用过滤方法进行除菌消毒处理（滤膜的孔径一般为 0.22 μm）。抽滤消毒装置有一次性定型产品（有各种型号和规格）和反复使用的 Zeiss 滤过装置（有配套的微孔滤膜，已成为普遍用品）。

9. 细胞冷冻储存器　主要是液氮罐（温度达－196℃），常用液氮罐有 35 L 和 50 L 两种，一般每 2 周需要补加液氮 1 次。

10. 加样器　半自动化加样装置是一种非常适用于添加微量样品的实验工具，是生命科学实验室必不可少的用品。具体参考相关章节。

三、细胞培养用液

1. 培养液　培养液（又称培养基，medium）是维持细胞生存和生长所需的基本溶液。除培养液外，细胞培养工作中还经常用到其他相关溶液。培养用液主要分为 3 类：平衡盐溶液（balanced salt solution，BSS）、天然培养基（natural medium）和合成培养基（synthetic medium）。

（1）BSS 具有维持渗透压、调控酸碱平衡的作用，同时能供给细胞生存所需的能量和无机离子成分，用作洗涤细胞、配制各种培养用液的基础溶液。注意配制 BSS 的时候应避免 Ca^{2+}、Mg^{2+} 的沉淀，首先溶解钙盐再依次加入其他成分，应待前一种试剂完全溶解后再溶解下一个成分。表 4-1 列出一些常用 BSS 配方以供参考。

表 4-1　常用 BSS 配方

成　分	Ringer	PBS	Tyrode	Earle	Hanks	Dulbecco	D-Hanks	Eagle
$CaCl_2$(无水)	0.25	—	0.2	0.2	0.14	—	—	—
KCl	0.42	0.2	0.2	0.04	0.4	0.2	0.4	0.4
KH_2PO_4	—	0.2	—	—	0.06	0.2	0.06	—
$MgCl_2 \cdot 6H_2O$	—	—	0.1	—	0.10	—	—	—
$MgSO_4 \cdot 7H_2O$	—	—	—	0.2	0.10	—	—	0.2
NaCl	9.0	8.0	8.0	6.68	8.0	8.0	8.0	6.8
$NaHCO_3$	—	—	1.0	2.2	1.0	—	0.35	2.2
$Na_2HPO_4 \cdot 7H_2O$	—	1.56	—	—	—	2.16	0.06	—
$NaH_2PO_4 \cdot H_2O$	—	—	0.5	0.14	0.05	—	—	1.4
D-葡萄糖	—	—	1.0	1.0	1.0	—	—	1.0
酚红	—	—	—	0.02	—	—	0.02	0.01

(2) 天然培养基在细胞培养中使用最早，也最有效，主要来自动物体液或从组织中分离提取制备的成分，营养丰富，但成分复杂、个体差异大，在来源上也有一定限制。主要的天然培养基包括血清、组织提取液(如鸡血浆、鸡胎汁等)、水解乳蛋白及胶原等。最常使用的天然培养基是血清，因为血清中含有促细胞增殖的各种生长因子和利于细胞生存的物质，是细胞培养中不可缺少的天然培养基。细胞培养常用动物血清，以牛血清和马血清为好，而牛血清更为常用。牛血清分胎牛血清和小牛血清两种。胎牛血清质量好，但价格昂贵。小牛血清若是从刚出生尚未哺乳的小牛分离制备，其质量与胎牛血清相差并非很大。若小牛出生后已经哺乳，从这种小牛分离的血清可能还有较多生物活性物质，其质量与胎牛血清相差较大。

(3) 合成培养基的主要成分是氨基酸、维生素、糖、无机离子和一些其他辅助物质，是按人和动物体内细胞所需成分模拟合成、配方恒定的一种理想的培养基，由于减少了生物个体差异的影响，利于控制实验条件标准化，合成培养基得到广泛的应用，极大地促进了细胞培养技术的发展，已成为现今普遍使用的培养基。目前，国内外都普遍使用市售商品干粉合成培养基，只需按照说明书将干粉完全溶解在玻璃三蒸水中，消毒灭菌后即可使用。须注意的是，过滤除菌可能影响培养基 pH 值，必要时过滤之前先用稀的 HCl（或稀的 NaOH）将培养基 pH 调节到微偏酸（或微偏碱）。目前的合成培养基只能维持细胞不死，不能促进细胞增殖，使用时还需要添加天然培养基，主要是牛血清。

（4）虽然大多数动物细胞的体外培养在不同程度上都依赖血清才能生长，但血清的成分相当复杂，可能影响到实验结果。另外，血清中还含有一定量的有毒物质或抑制物和对细胞有去分化作用的成分，这些成分都能够影响细胞的功能。因此，在对细胞生长因子、单克隆抗体制备及细胞分泌产物的研究中，必须应用无血清培养基。当前的无血清培养基一般是在人工合成培养基的基础上添加一定的激素、生长因子等已知物质来支持细胞的生长和增殖，添加的成分主要有激素、生长因子、细胞附着蛋白、金属离子转移蛋白、细胞结合蛋白、脂蛋白、脂肪酸、酶抑制剂和微量元素等。

细胞培养基的选择是细胞培养成败的关键，特别是原代细胞的培养和建立细胞系时更加重要。在选择细胞培养基时，可参考其他实验室的经验或文献报道，也可以通过实验选择适当的培养基。

2. 其他相关常用溶液

（1）消化液：常用消化液是 0.25%或 0.125%的胰蛋白酶和 0.02%的二乙胺四乙酸二钠（EDTA·2Na）两种溶液，可以单独使用，也可以混合使用，要根据细胞的要求进行取舍。胰蛋白酶的最适消化条件是 pH 8.0，37℃。许多学者认为 Ca^{2+}、Mg^{2+} 和血清中蛋白质的存在会降低胰蛋白酶的活性，因而胰蛋白酶溶液的配制常用无 Ca^{2+}、Mg^{2+} 的缓冲液配制。在用胰蛋白酶消化细胞时，加入一些血清、含血清的培养基或胰蛋白酶抑制剂即可终止消化。

（2）pH 调整液：为了使培养基的营养成分稳定并延长培养基的储存时间，通常在配制培养基时都不预先加入 $NaHCO_3$，而是在临用前再添加。因而 $NaHCO_3$ 都是单独配制、消毒除菌。此外，若细胞生长对 pH 的要求比较高时，可以用 HEPES〔2-[4-(2-hydroxyethyl)-1-piperazinyl] ethanesulfonic acid〕，HEPES是一种非离子两性缓冲液，其在pH 7.2～7.4范围内具有较好的缓冲能力〕，作为添加剂，维持培养基恒定的pH。

1) $NaHCO_3$溶液：常用浓度有7.4%、5.6%和3.7%3种，用三蒸水溶解后，过滤除菌，4℃保存。在调节培养基pH时，$NaHCO_3$溶液要逐滴加入并搅拌均匀，以防过量。pH过高时，可用的10%醋酸或通入CO_2气体调节。

2) HEPES溶液：通常配制成1 mol/L，用NaOH调pH至7.5～8.0，过滤除菌，4℃保存。用时直接加入培养基中，再过滤除菌。HEPES是一种氢离子缓冲剂，具有较强的缓冲能力，能够在较长时间控制恒定的pH，其应用终浓度一般为10～50 mmol/L，也可以根据具体缓冲能力的要求而定。

(3) 抗生素液：培养基中加入适量的抗生素以预防由于操作不慎而产生的微生物污染。常用抗生素(表4-2)有青霉素、链霉素、卡那霉素和庆大霉素等，一般配制成100×或200×的储备液，分装冻存，用前直接加入培养液中。

表4-2 常用抗生素

抗生素	浓度(量、mL)		对象和效应	
	范围	实用	细菌	支原体
青霉素	10～1000 U	100 U/mL	+++	
链霉素	10～1000 μg	100 μg/mL	+++#	
庆大霉素	10～200 μg	50 μg/mL	+++#	
卡那霉素	10～1000 μg	100 μg/mL	++#	+
多粘菌素	10～1000 μg	50 μg/mL	++#	
四环素	5～50 μg	10 μg/mL	++	++
红霉素	10～100 μg	50 μg/mL	++	
两性霉素B	1～50 μg	3 μg/mL	++	
制霉菌素	1～500 U	50 U/mL	++	
4-氟-2-羟基喹啉		10 μg/mL		+++
截短侧耳素衍生物		10 μg/mL		+++
四环素衍生物		5 μg/mL		+++

注：#表示对革兰氏阴性菌有效。

第二节　细胞培养基本技术

一、培养室内的基本操作

为保证细胞培养成功，必须尽最大可能保证无菌。每一项工作都需要严格按照无菌操作规范有条不紊地进行。

1. 培养前的准备工作　培养工作开始之前先制定实验计划、操作程序及数据检测等。根据实验要求，准备各种所需器材和物品（包括培养用各种玻璃器皿、移液器、废液缸、污物盒、试管架等），清点无误后将其放置在培养室或直接放置在超净工作台内，然后对培养室和超净工作台进行消毒。细胞培养室的消毒：0.2%苯扎溴铵（新洁而灭）或2%～5%甲酚（来苏尔，Lysol的音译，消毒防腐药）拖洗地面（每天1次，拖布专用）后，紫外线照射消毒30～50 min。超净工作台的消毒：实验前用75%酒精擦洗台面，紫外线消毒30 min，然后通风15～30 min方可进行实验操作。需要注意的是细胞和细胞培养基不能在紫外线下照射。

2. 洗手和着装　原则上，进入无菌培养室须按照外科手术要求着装。进入无菌培养室后先用75%酒精或0.2%苯扎溴铵消毒手和前臂。实验过程中若接触到可能污染的物品或出入培养室都需要重新消毒。

3. 无菌操作　为保证做到无菌，除操作环境（细胞培养室）、实验用品（器皿、培养用液）以及操作者需要按照相应规则在实验开始之前进行消毒之外，在实验中还需要保持无菌操作。

实验开始之前先将超净工作台内的酒精灯或煤气灯点燃，实验过程中的一切操作（如：打开或封闭瓶口、安装滴头和/或移液管及洗耳球等）都应在火焰近处并须过火。不同实验用品过火要求不同：金属器械、有细胞生长的培养瓶口、橡胶制品等过火时间都不易过长。因为长时间高温会引起金属器械退火，也可能使得细胞被高温烧死。而橡胶制品烧焦会产生有毒气体从而危害到细胞的生长。吸过培养基和/或细胞悬液的移液管、滴管不能再过火,残留的培养基或细胞悬液烧焦后会产生有害物质黏附在管壁。过火后的金属器械、玻璃器皿待冷却后才能使用,否则都会影响到细胞培养的成败以及细胞实验的可靠性。

超净工作台上物品一般摆放位置为:酒精灯或煤气灯在正中,其他物品左手使用的放在左手边,右手使用的放在右手边。所有器皿、培养用液、细胞、组织等都应临用前打开,不要过早暴露在空气中;不同培养用液、细胞悬液要用不同滴管和/或移液管吸取,不能混用;转移液体时要注意滴管/移液管、注射器针头、移液器吸头不能触及瓶口。细胞培养工作要做到有条不紊,可大大降低污染概率。对于其他可能造成细菌污染、细胞交叉污染等的操作需要在实践中不断总结。

二、原代培养技术

人和动物体内大部分组织都可以在体外培养,首次取得组织细胞后的体外培养称为原代培养,也叫初代培养。原代培养是获得细胞并建立细胞系的重要手段,也是进行细胞水平研究应该掌握的基本技能。由于原代培养得到的细胞刚与组织分离,其生物学特征尚未发生明显改变,仍然呈现二倍体的遗传特性,与在体细胞的生长状态极为接近。因此,非常适合用于细胞分化、药物筛选及药效学评价等研究。

原代培养的难易程度与组织类型、分化程度、供体年龄、培养方法等有直接关系。组织块法和消化法是最基本和常用的原代培养方法,取材是原代细胞培养的第一步。

1. 取材

(1) 取材的基本要求:取材的组织最好尽快培养,不能及时培养时,可将组织浸泡于培养液中冰浴或4℃冰箱保存,24 h内进行细胞的原代培养。

取材时严格无菌,并且要避免紫外线照射和接触化学试剂如碘、汞等。为减少污染,可用含500～1 000 U/mL的青霉素、链霉素的平衡盐溶液(BSS)漂洗5～10 min,或用10%硝酸咪康唑注射液冲洗后浸泡10 min再作培养。

取材以及对组织材料进行分离时要用锋利的器械切碎组织,尽可能减少机械损伤。

原代培养所用培养基中最好添加胎牛血清，含量以10%～20%为宜。

为了便于鉴定原代细胞的组织来源、观察培养细胞与在体细胞之间的差异，取材时要同时保留组织学标本和电镜标本，对组织来源、部位、包括供体的一般情况都要详细记录，以便日后查询。

不同组织细胞的原代培养要求不同，对取材的要求不一而足，需要参考相关经验和文献报道，在实践中建立高成活率的取材方法。

(2) 取材的基本方法：可进行原代培养的细胞种类繁多，取材方法各有异同。本章节中仅以血液白细胞的取材为例加以说明。

血液白细胞的取材一般是从人体或实验动物静脉采血，通常以20 U/mL的肝素抗凝（若有特殊要求亦可用柠檬酸钠抗凝），抽血时严格无菌操作。血液中不同细胞其密度也不同，根据这一原理，在无菌条件下进行密度梯度离心即可分离所需血液白细胞。梯度材料有灭菌的明胶、蔗糖或淋巴细胞分离液等。梯度材料和铺设与所要分离的细胞密度相关，可参考文献，结合自身实验条件加以选择。

2. 首次传代　人和动物体内的组织大多包含多种细胞成分，即使是同一类型的细胞也存在较大的差异，如成纤维细胞或上皮样细胞。原代培养细胞具有不稳定的生物学特征，对于较为严格的实验研究，则需要进行短期的细胞传代后再用于实验研究。

原代培养后随着细胞的增殖和数量的增加，单层培养细胞相互汇合，培养瓶或培养皿的细胞生长面积逐渐被细胞占据，这时需要对培养细胞进行分离培养，否则细胞会因生长空间不足、密度过高、营养障碍等影响生长，这就是细胞的传代。分离后的培养为传一代。首次传代对于原代培养非常重要，也是建立细胞系的关键一步，决定着细胞在传代后能否继续增殖。

一般情况下，在细胞没有覆盖大部分生长面积之前不要急于传代。因为随着传代次数的增加，体外培养的细胞其各种生物学性状都会逐渐发生变化，传代次数越多，这些差异就越大。一方面，会降低体外细胞实验结果外推至整体的可靠性，另一方面，最终将导致细胞类型的改变。

原代培养细胞常常为多种细胞混杂生长，可利用不同细胞对胰蛋白酶耐受时间的不同来分离和纯化细胞。原代细胞的消化时间较细胞系细胞稍长,吹打时要轻柔以避免对细胞的损伤。

原代培养首次传代要注意细胞的接种数量,为了使细胞尽快生存和增殖,可以接种较多的细胞,甚至脱落的组织块也可一起传入培养液中。

三、传代培养技术

传代培养不仅是原代培养的重要环节,也是细胞系维持的重要内容,通过一系列无菌操作完成,包括换液、传代、再换液、再传代和细胞冻存。

不同细胞传代方法不同。贴壁生长细胞要采用消化法传代,而悬浮生长的细胞离心分离后传代。

消化法是指在细胞传代中使细胞脱离附着物,或在原代培养过程中分散组织或细胞。常用消化液是0.25%的胰蛋白酶溶液。

胰蛋白酶消化液的配制:0.1 mol/L pH 7.2 PBS,0.02% EDTA,0.25%胰蛋白酶,0.22 μm 滤膜过滤后存放与4℃冰箱。

1. 细胞传代方法

(1) 从 CO_2 培养箱从取出培养瓶,瓶口常规消毒。用吸管吸除或倒掉瓶内旧培养液。

(2) 加入少许消化液,以完全覆盖细胞生长面积为宜。轻轻晃动培养瓶,使消化液流遍所有细胞表面。

(3) 倾去消化液,再加入少许消化液进行消化。

(4) 消化最好是在37℃或25℃室温以上环境中进行,消化时间2~5 min不等(具体与细胞类型,培养时间有关)。以显微镜下观察结果为标准:胞质回缩、细胞间隙增大后立即加入含血清的培养基终止消化。

(5) 用滴管吸取培养瓶内培养液,反复轻轻吹打瓶壁上的细胞,使细胞从瓶壁上脱落,但要尽量避免吹打产生泡沫,这对细胞有损伤作用。

(6) 脱落下来的细胞形成细胞悬液,可以进行细胞计数,接种到新的培养瓶中或培养板中,以供体外细胞实验用。

悬浮细胞多采用离心方法传代,即将需要传代的细胞悬液转移至无菌离心管中,800~1 000 r/min,低速离心5 min,细胞沉淀在离心管底,除去上清液,加入新培养基至离心管,轻轻吹打成细胞悬液,即可传代接种。

2. 细胞的冻存和复苏　体外培养细胞的各种生物特性会随着环境改变、传代次数增加而逐渐发生变化，因此及时进行细胞冻存对于维持细胞系的稳定性是十分必要的。细胞一般储存在－196℃的液氮罐里。细胞的冻存和复苏的基本原则是“慢冻快融”，以最大限度保存细胞活力。

(1) 细胞的冻存：细胞在不加任何保护剂的情况下直接冷冻时，细胞内外的水分都会很快形成冰晶，导致细胞局部电解质浓度增高，pH 值改变。因此，细胞部分蛋白质会发生变性，引起细胞内部空间结构紊乱。而细胞内各重要细胞器(如溶酶体、线粒体及细胞核等)膜结构遭到破坏引起功能的丧失最终导致细胞的死亡。因而在细胞冻存时要尽可能均匀地减少细胞内水分，减少细胞内冰晶的形成。目前，多采用甘油或二甲基亚砜(DMSO)作保护剂，增大细胞各种膜结构对水的通透性，同时温度缓慢降低可以使细胞内水分渗出细胞外，在细胞外形成冰晶，减少细胞内冰晶的形成，从而减少由于冰晶形成造成的细胞损伤。具体操作如下。

1) 存活率最高的细胞是处于对数生长期的细胞，在冻存前 1 d 换液。

2) 按细胞传代方法，离心收集细胞，弃去旧培养基，将细胞重新悬浮于适量新鲜配制的细胞冻存液中(含有 10%～20%血清，10% DMSO 或甘油的完全培养基)，使细胞密度为 $5\times10^{6}\sim1\times10^{7}$/mL，分装到无菌细胞冻存管中，每管 1～1.5 mL 细胞悬液。

3) 冻存管口在酒精灯火焰稍做过火后封口，冻存管做好标记，标明细胞名称，并同时做好细胞系维持记录。

4) 冻存：冻存管先在－75℃的超级低温冰箱中冻存 1 d，第 2 天转移至液氮罐保存。

(2) 细胞的复苏：复苏细胞与冻存要求相反，应采用快速融化的手段，这样可以保证细胞外冰晶在很短时间内融化，避免由于缓慢融化使水分渗入细胞内形成细胞内冰晶造成细胞损伤。

1) 从液氮罐中取出冻存管直接投入 37℃温水中，并不时摇动使其尽快融化。

2) 从 37℃水浴中取出冻存管，按照无菌操作要求，在超净工作台内打开冻存管盖，将细胞悬液转移至离心管中，添加 10 倍以上体积的新鲜培养液，低速离心，弃去上清，收集细胞，再重复用新鲜培养液洗细胞 1 次。

3) 细胞重新悬浮于新鲜培养液中,细胞密度以 5×10^5/mL 为宜,接种至培养瓶,在 CO_2 培养箱中进行培养。

3. 细胞培养的污染与排除 培养细胞的污染不仅仅指微生物,而且包括所有混入培养环境中对细胞生存有害的成分和造成细胞不纯的异物,如:生物(真菌、细菌、病毒和支原体)、化学物质(影响细胞生存、非细胞所需的化学成分)及细胞(非同一种的其他细胞)。其中以微生物污染最为常见。

(1) 微生物污染的发生可以通过多种途径。

1) 空气:是微生物传播的最主要途径,减少工作环境的空气流动是降低空气途径污染的重要环节,如培养设施不能设在通风场所,经常更换超净工作台空气过滤器滤膜,操作时注意戴口罩、避免面对操作台大声讲话、咳嗽等。

2) 器材:各种培养器皿及器械清洗不彻底有污物残留或培养用品(器械、器皿、各种培养用液)灭菌消毒不彻底,都可以引入有害物质。另外,CO_2 培养箱由于相对湿度大、温度适宜,在操作过程中若不慎将培养液漏出,易使细菌、真菌在培养箱内滋生,如果不定期消毒可造成污染。

3) 操作:无菌操作不规范不仅造成细胞的微生物污染,同时培养 2 种以上细胞时还会有细胞交叉污染的发生。

4) 血清:品质没有保证的血清在生产时就已经被支原体或病毒污染,细胞培养液中添加这种血清,即可造成污染。

5)取材:取材时操作不当会导致微生物污染,而外科手术时使用碘伏消毒,也有可能使碘混入样本,影响细胞生长。

(2) 细胞培养发生污染后的排除:由于体外培养细胞自身没有抵抗污染的能力,而培养基中添加的抗生素抗污染能力(作用强度和作用对象)有限,因而培养细胞一旦发生污染多数无法挽救。污染早期若能及时处理并去除污染物,部分细胞或有可能恢复,但当污染物持续存在培养环境中,轻者细胞生长缓慢,重者细胞增殖停止,变圆或崩解,贴壁细胞可从瓶壁上脱落。污染的细胞如果不是具有重要价值,一般发现污染后应尽快抛弃,防止污染扩大。若是有价值的细胞在操作中更应注意严格无菌,防止污染的发生,已经明确污染原因,应及时设法抢救。

一般来说,细菌和真菌污染多发生在传代、换液、加样等开放性操作之后，48 h 内就有十分明显的表现。

真菌污染后多数在培养液中形成肉眼可见的白色或浅黄色漂浮物，短期内培养液多不混浊；细菌污染较常见的是大肠埃希菌，污染后多数情况下培养液在短期内变黄并出现混浊，显微镜下可见细胞表面和周围有大量细菌存在。一般情况下，在细胞培养液中添加抗生素并严格按照无菌要求规范操作可以防止细菌和真菌的污染，但已经发生污染的细胞再使用抗生素常常难以根除。因此，建议在培养贵重细胞时，培养液中不加抗生素，当污染发生可用抗生素进行抢救：用常用量的 5～10 倍抗生素做冲击疗法，用药后 24～48 h 更换常规培养基，这种方法在污染早期可能奏效。

支原体污染是细胞培养中常见而又棘手的问题。支原体污染后，细胞培养基可不发生混浊，多数情况下细胞病理变化轻微易被忽视，个别严重情况细胞增殖缓慢甚至脱落。支原体污染的检测较为复杂，可交由专门的细胞实验室检测，如中科院上海细胞库。根据支原体对热敏感的特点，将受支原体污染的细胞放置在 41℃作用 5～10 h，最长不超过 18 h，可以杀灭支原体。但 41℃对于细胞的生长也有很大影响，因而在实验前先用少量细胞做试验以找出最适时间和温度，既能保证杀灭支原体，又使细胞不致受到太大损伤。此外，也可将受支原体污染的细胞接种到同种动物皮下或腹腔，借助动物体内免疫系统消灭支原体。一定时间后取出细胞重新做原代培养。总之，支原体污染的排除方法都较为繁琐且效果不尽如人意，唯有切实做到严格无菌操作，防患于未然才是上策。

四、细胞系、细胞株和细胞库

1. 细胞系的来源与分类　细胞系（cell line）是指原代培养后获得的细胞经首次传代后得到的细胞群体，这些成功传代的细胞具有生长增殖的能力，能够连续传代培养。依据体外培养的期限可分为有限期细胞系（finite cell line）和无限期细胞系（infinite cell line）。有限期细胞系是指具有一定的生长增殖时期，但只能有限期传代，往往不超过 50 代。在体外具有无限生长和增殖能力，可以无限传代的细胞系称为无限期细胞系，也叫永生化细胞系（continuous cell line）。是否具有无限分裂和生长能力是两类细胞系的主要区别。

来源于正常组织的细胞系大多属于有限细胞系，少数的有分裂能力的细胞也可建立成无限期细胞系，比如具有无限自我更新能力的干细胞(stem cell)。除此之外，如果发生自我转化或被外界的致突变因素及致癌物所诱导，正常细胞也可转化为永生化细胞。转化后的细胞不仅获得永生，细胞的遗传性状也会随之发生改变，进入动物体内后一部分细胞呈侵袭式生长而诱发肿瘤发生，称为恶性转化细胞系；一部分则不会形成侵袭式生长称为一般转化细胞系。来源于恶性肿瘤组织的细胞系是永生化细胞系，属于恶性转化细胞系范畴。永生化细胞系不仅可以反复使用，而且保留了来源组织的细胞类型和性质，因此被广泛应用于正常细胞过程及各种疾病状态的研究工作中。

2. 细胞株 细胞株与细胞系是两个不同的概念。对于原代培养物或细胞系经过选择或克隆化筛选出具有特殊性质或标志物的细胞群体，称为细胞株(cell strain)。由于细胞株是单细胞增殖形成的，因此，在整个培养期间细胞株的特殊性质或标志物始终存在。与细胞系一样，细胞株有限期和永生化两种类型。稳转细胞株构建的常见技术方法有：基因过表达稳定细胞株、*RNAi* 基因敲减稳定细胞株和 *CRISPR* 基因敲除稳定细胞株。

3. 细胞系维持的注意事项

(1) 细胞系档案要记录好，如组织来源、生物学特性、培养液要求、传代、换液时间和规律、细胞遗传学标志、生长形态、常规病理染色标本等。这些记录对于保证细胞正常生长，保持细胞的一致、观察长期体外培养后细胞特性的改变都有十分重要的意义。

(2) 细胞系的传代、换液一般都有自身规律，因而在维持传代时要特别注意保持其稳定的规律性，这样可以减少由于传代时细胞密度的频繁增减或换液时间不规律而导致的细胞生长特性的改变，避免给以后实验带来影响。

(3) 多种细胞系维持传代，要严格操作程序，以防细胞之间的交叉污染。传代时所用器械都要编号或做好标记，严禁交叉使用。

(4) 每一种细胞系都应该有充足的冻存储备，防止由于培养细胞污染等因素造成细胞系的绝种。另外，二倍体细胞等有限细胞系如果暂时不用最好冻存以免传代太多，造成细胞衰老或发生改变。

4. 细胞库　为了长期保存多种细胞系和细胞株，人们建立了细胞库，旨在为生命科学和生物技术领域的研究工作和产业化提供标准化的、质量相同、持续稳定的细胞系和细胞株。

美国典型培养物保藏中心（ATCC）是世界上最大的生物资源中心，成立于1925年，位于美国的马里兰州。ATCC是一家私营的、非营利的全球生物资源中心和标准组织，以世界上最大、最多样化的人类和动物细胞产品系列以及分子基因组工具、微生物产品和生物材料为科学界提供支持。目前，可以提供各种动植物细胞、标准品、菌株达数万种，其中3400多种细胞系、18000多种细菌菌株、3000多种人类和动物病毒、7600多种真菌和酵母、1000多种基因组和合成核酸及500多种质量控制参考菌株。同时，ATCC还提供一系列的相关服务，包括细胞和微生物培养和鉴定、控制和衍生物的开发和生产、能力验证和生物材料保藏服务。此外，国外的细胞库常用的还有德国国家菌种保藏中心（DSMZ）、英国国立标准菌种收藏中心（NCTC）等。

我国规模较大的细胞库是中国科学院典型培养物保藏委员会细胞库。为了顺应我国生命科学技术发展的需要，“七五”期间中国科学院在上海细胞生物学研究所筹建中国科学院细胞库，并于1991年经中国科学院验收后正式启用。1996年，中国科学院典型培养物保藏委员会成立，细胞库为其成员之一。2000年，该库参加世界培养物保藏联合会，成为其登记成员之一。2002年，挂靠在中国科学院上海生科院，名称为中国科学院上海生命科学研究院细胞资源中心。2013年，中国科学院细胞库回归中国科学院生物化学细胞所。细胞库原有各类细胞300多种，面向全国常年提供各类细胞系。

依托中国科学院生物化学细胞所，于2007年1月成立了中国科学院干细胞库，迄今已收集保存了100多种各类ES细胞、iPS细胞、成体干细胞、间充质干细胞和其他细胞系，总库容达8000余株。2014年年底，中国科学院细胞库与干细胞库整合后形成新的细胞资源库，隶属于中国科学院生物化学细胞所，下属细胞库和干细胞库两个部门。2019年，以细胞库和干细胞库为主体，组建“国家模式与特色实验细胞资源库”获批。目前，中国科学院细胞库已完成所有细胞资源的规范化和数字化整理，有400多种细胞系（株）可对外提供资源共享服务,是全国范围内细胞种类最全、供应量最大的资源中心之一。除此之外,目前国内还有一批专注于细胞、微生物、菌株和分子生物资源开发、生物医学科研一站式服务的高新技术企业,同时也代理 ATCC 原装进口细胞及菌株。

第三节 细胞培养及功能常用研究方法

一、常规研究方法

1. 活细胞观察 在细胞培养工作中,无论是细胞形态学研究还是功能研究,对活细胞的观察都是最基本的内容。倒置显微镜是培养室的必需设备,利用倒置显微镜可以清晰地观察细胞结构。首先需要进行显微镜的调整,这项工作应该由生产厂家完成。显微镜调整的关键是调正光轴,光应落在视野中央,并且视野内呈均匀照明强度,目的物图像达到最大限度反差为止。利用相差显微镜观察活细胞除对显微镜有一定要求之外,对于细胞的培养器皿要求也较高,最好使用标准化生产的培养器皿(即一次性商品),可以得到良好的成像效果。观察活细胞也应有无菌观念,手不要接触瓶口区域以防污染,每次观察时间不能太长,以免温度过低影响细胞生长或长时间暴露在培养箱外造成污染。活细胞观察可以通过照相、拍摄培养细胞动态电影等方式记录,并且标明细胞种类、代数、观察内容、放大倍数、时间等相关数据。

2. 细胞计数 细胞计数是细胞实验中一项常规的基本技术。通过细胞计数可以了解在细胞培养过程中,细胞的生长状态,测定培养基、血清、药物等生物活性物质的生物作用效果。常用的细胞计数设备有血细胞计数板和电子细胞计数仪。现以血细胞计数板为例简单介绍细胞的计数方法。

(1) 图 4-1 是血细胞计数板的基本结构,细胞计数之前用酒精清洁计数板和盖玻片,然后用擦镜纸轻轻擦拭干净。

(2) 按照细胞传代的操作方法制备单细胞悬液,血细胞计数板细胞计数要求细胞密度不低于 1×10^4/mL。

(3) 将盖玻片盖到计数板中央的圆形部位，取少许细胞悬液，在盖玻片的一侧加微量细胞悬液(一般 2～5 μL)，加样量以不溢出盖玻片、不带气泡为宜。

(4) 用显微镜下，用 10×物镜观察计数板四大方格中的细胞数。细胞压中线时，只计数左侧和上方者，不计右侧和下方者。

(5) 计数公式：细胞数 /mL＝(4 大格细胞数之和 /4) $\times10^4$。

细胞计数要求细胞悬液分散良好，呈单细胞悬液，所以在细胞消化过程中应格外留心观察，使细胞得以充分消化，并在加样前充分混匀细胞悬液，在显微镜下计数细胞时，遇见 2 个以上细胞组成的细胞团，应按单个细胞计算。如细胞团占 10%以上说明消化不充分；反之，若细胞数少于 200 个/10 mm^2(2×10^5/mL)或多于 500 个/10 mm^2(5×10^5/mL)，说明细胞稀释比例不当，需要重新制备细胞悬液，重新开始计数。

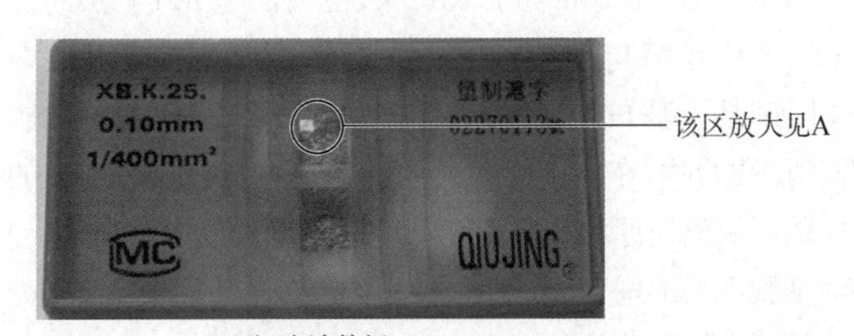

血细胞计数板

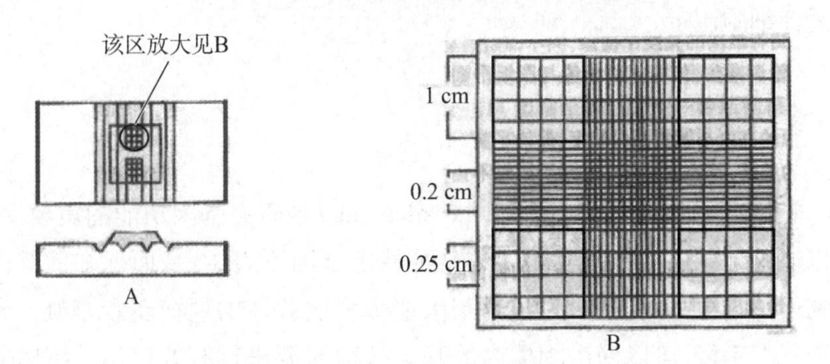

图 4－1　血细胞计数板及计数示意图

3. 细胞活力检测 细胞活力检测反映细胞存活和生长的情况。检测方法主要有：染料排除法(台盼蓝排斥试验、伊红 Y 排斥试验等)、克隆(集落)形成试验(平板克隆形成试验和软琼脂克隆形成试验)、噻唑蓝(MTT)比色试验、三磷酸腺苷发光试验、细胞蛋白质含量测定法和细胞蛋白质合成测定法等等。其中 MTT 法是一种简单易行的检测方法，目前被各实验室广泛应用。

MTT 法检测细胞活力的原理是：活细胞线粒体中琥珀酸脱氢酶脱下的质子将 MTT 还原成难溶的蓝紫色甲瓒结晶(formazan)沉积在细胞中，而死细胞无此功能。formazan 可溶于二甲亚砜(DMSO)或酸性异丙醇，在 570 nm 有最大吸收。用酶标仪检测细胞在 570 nm 的光吸收值，可以间接反映存活细胞数量。在一定数量的细胞范围内，甲瓒结晶的量与细胞数目成正比。因此，实验过程中要求细胞必须处于指数生长期才能保证细胞浓度处于吸光度的线性范围内。

CCK－8(cell counting Kit－8)检测法是 MTT 法的升级，采用化合物 WST－8 代替 MTT。WST－8 的化学名为：2－(2－甲氧基－4－硝基苯基)－3－(4－硝基苯基)－5－(2，4－二磺酸苯)－2H－四唑单钠盐，是一种类似于 MTT 的化合物，在电子耦合试剂(活细胞内具有的)存在的情况下，被线粒体中的脱氢酶还原为具有高度水溶性的橙黄色甲瓒产物。其颜色的深浅与存活细胞数目的增殖成正比。使用酶标仪在 450 nm 波长处测定 *OD* 值，可以间接反映活细胞的数量。由于产生的甲瓒产物是水溶性的，无须换液，适合悬浮细胞测定。

二、基因沉默、敲除和敲减

1. 基因沉默 基因沉默(gene silencing)是研究基因功能的重要手段，可以通过外源性干预使生物体内某种特定基因不表达，从而探知此基因在生物体基因组中的功能，为阐明基因遗传表达调控的规律奠定基础。利用基因沉默手段，可以使生物体内的基因按照需要进行有效表达。沉默基因可以来自外源性转移基因，也可以是入侵的病毒或宿主的内源性基因。对有害基因表达的抑制能够实现疾病的预防和治疗。比如，通过抑制某代谢过程中的关键酶基因表达，影响该代谢循环而使相应代谢产物的生成发生改变，从而获得高产量的特定代谢产物，最终实现对机体生理或病理活动的调控。

基因沉默可发生在转录和转录后两种水平上。转录前水平主要包括DNA甲基化、异染色质化及位置效应等因素引起的基因沉默；转录后水平是指通过特异性降解靶标RNA而导致的基因失活。这两种基因沉默方式均依赖于基因的同源性。目前，RNA干扰（RNA interference, RNAi）是转录后基因沉默的主要技术。通过人工诱导将与内源性mRNA编码区同源的双链RNA（double stranded RNA, dsRNA）导入细胞中，使得该mRNA发生降解，最终使其相应的特定基因沉默，获得功能丧失或降低突变。当外源性dsRNA进入宿主细胞后，胞质中的核酸内切酶Dicer将dsRNA切割成多个具有特定长度和结构的小片段RNA（21～23 bp），即小分子干扰RNA（small interfering RNA, siRNA）。siRNA的反义链和多种核酸酶形成了沉默复合物（RNA-induced silencing complex, RISC），RISC具有结合和切割mRNA的作用而介导RNA干扰的过程。RNAi具有特异性和高效性。

RNAi常用的研究方法有化学合成siRNA、shRNA载体和shRNA病毒3种。siRNA法是指直接合成针对靶基因的siRNA（合成的是RNA，不是DNA），通过转染的方法使之进入细胞内，参与到RNAi途径，发挥使靶基因沉默的效应。shRNA载体是构建shRNA的质粒表达载体，转染细胞，在细胞内转录生成shRNA，利用细胞内的Dicer酶，生成相应的siRNA，发挥RNAi作用。shRNA病毒法是指构建shRNA的病毒表达载体，常用的病毒载体有腺病毒载体、腺相关病毒载体及慢病毒载体等，机制与质粒载体相似，利用了病毒感染细胞效率比较高的特点，解决了用质粒载体转染效率低的缺陷。

2. 基因敲除 同源的外源基因被导入靶细胞基因组中后，将与序列相同或相近的基因进行同源重组，定点整合到靶细胞的基因组中，从而完成精确的基因突变，或者对机体基因突变的纠正。这一技术称为基因敲除（knock out）。基因的定点修饰改造避免了随机整合的盲目性和偶然性，是较为理想的修饰及改造遗传物质的方法。目前，除了同源重组外，基因的插入突变和干扰RNA也可以实现基因敲除。

基因敲除常常用于建立特定基因缺失的细胞及动物模型,从而研究此基因的性质及对机体功能的影响。这对于揭示疾病发生发展的分子机制、寻找药物及基因治疗的靶点具有重要的意义。然而,随着基因敲除技术的广泛应用,人们发现了一个难以克服的问题:敲除某一个特定基因后获知的该基因功能并非完全正确。由于许多基因的功能是冗余的,当敲除功能冗余的基因时,其同家族的其他成员也能够提供同样的功能,导致不能形成易识别的表型而出现假阴性结果。此外,有些基因表达蛋白是细胞生长必需的,当敲除后会引起致死性的损伤。因此,对这些基因的功能研究并不适用。

3. 基因敲减 与基因敲除相比,基因敲减(knock down)可以实现靶基因部分功能丧失或表达的降低,而不是永久性功能缺失。因此,能够在生物体的不同时期有选择、有目的地进行基因表达的调控。这一优势更适用于探究靶基因影响生理及病理过程的信息,有助于深入开展基因功能的研究。基因敲减可在细胞和动物水平上进行,对发现新的药物靶位及确定靶位点具有重要的应有价值,尤其是抗病毒和抗肿瘤药物的研发。通过基因敲减技术能够高效特异地阻断靶基因的表达,对于研究信号转导通路及生长过程具有重要的意义。

实现基因敲减的方法主要包括反义寡核苷酸技术和RNAi技术,是基于反向遗传学的手段。反义寡核苷酸是指经人工修饰、合成的短链核酸,通常含有15~25个核苷酸。进入细胞后的反义寡核苷酸能够与靶标基因或mRNA某一段序列互补而形成双链结构。这一结合物的形成可通过各种不同机制影响靶标基因的表达。RNAi技术是实现基因敲减的主要和重要手段,具有快速、高效、经济等特点,广泛应用于基因敲减。

三、基因过表达

在研究基因功能及其在信号通路中调控作用时,仅通过基因敲减或敲除常常并不能完全反映该基因表型的变化,导致基因功能认知的不确定性。这是因为基因低表达水平的不同,其表型改变也可能不同,甚至看不到表型变化。例如,一个基因表达水平在80%时看不到任何变化,但敲减到90%时就能观察到表型改变。而有时即使完全敲除一个基因也看不到任何表型改变，此时轻易给出“靶基因与该表型无关”的结论不严谨，还需要对感兴趣的基因进行过表达(overexpression)，反向确认靶基因的功能。因此，一个高质量的实验可以这样设计：将靶基因敲减或敲除后观察其表型变化，然后再过表达该基因确认表型的变化是否与预期的结果一致，最终给出可靠的结论。

基因过表达就是把基因上调表达，基本原理是通过人工构建的方式在目的基因上游加入调控元件，使基因可以在人为控制的条件下实现大量转录和翻译，从而实现基因产物高于正常的表达量。目前，基因过表达的方式主要有 3 种，即构建外源基因过表达、CRISPR SAM (synergistic activation mediator)和 saRNA(small activating RNA)。其中构建外源基因过表达是较为常用的方法，通过外源构建目的基因编码序列(coding sequence, CDS)，使用外源启动子表达外源构建的目的基因。实验的步骤为：首选通过 NCBI 数据库获得过表达基因的 CDS，接着进行引物设计及合成、质粒载体的选择及构建、转染细胞，最后进行过表达的效果检测。这种方法具有效率高、可融合荧光和标签检测、可表达突变基因等优势，但是由于此技术使用载体容量的限制，导致目的基因的大小受到限制，一般质粒＜10 kb，病毒＜4 kb。

CRISPR SAM 技术是激活内源性基因表达的工具，通过增强目的基因启动子的转录而实现基因的过表达，可以不受基因大小的限制。CRISPR SAM 系统由 3 部分组成：第 1 部分是 dCas9 与 VP64 融合蛋白；第 2 部分是含 2 个 MS2 RNA adapter 的 sgRNA(small guide RNA)；第 3 个是 MS2 - P65 - HSF1 激活辅助蛋白。CRISPR - SAM 系统借助 dCas9 - sgRNA 的识别能力，通过 MS2 与 MS2 adapter 的结合作用，将 P65/HSF1/VP64 等转录激活因子拉拢到目的基因的启动子区域，成为一种强效的选择性基因活化剂，模拟细胞内转录激活，从而达到增强基因表达的作用。CRISPR SAM 技术的优势在于如果要同时激活相关联的数个基因，只需要同时导入特异性的多个 sgRNA 即可实现。这对研究需要多个基因协同发挥作用的信号通路研究、转录功能研究，以及由多个亚基构成的大蛋白功能研究尤其有用。

saRNA 也是激活内源性基因表达的工具。saRNA 是由 21 个核苷酸组成的小分子非编码 RNA，其结构和化学成分与 siRNA 相同，但作用机制完全相反，是通过靶向基因启动子区域，引发染色质构象的改变或者改变组蛋白及DNA甲基化修饰水平，从而引发转录激活作用。saRNA可借助载体构建的策略，稳定构建于质粒及病毒载体中，以实现直接化学合成无法达到的长期高效地表达，且周期短、成本低。saRNA也有其弊端，如需要筛靶、只能激活细胞本底表型及无法表达突变型等。

第五章 分子生物学技术

第一节 分子生物学技术概论

自 1944 年 Avery 等将遗传物质锁定为 DNA 后，1953 年，Watson 和 Crick 阐明 DNA 的双螺旋结构，预示了 DNA 的复制和遗传信息传递的规律，标志着分子生物学的诞生。随着遗传密码子的破译，质粒、限制性核酸内切酶等工具酶的发现和应用，1973 年，Cohen 和 Boyer 等发明了一种能将遗传信息从一种生物转移到另一种生物的重组 DNA 技术。传统生物技术与重组 DNA 技术的结合产生了一门前景广阔且充满活力的学科，称为分子生物技术。分子生物技术汇集了分子生物学、微生物学、生物化学、免疫学、遗传学、生物工程学及细胞生物学等许多学科的理论，自诞生之日起其技术策略及实验基础迅速发展，在很短的时间内许多方法被不同的新方法所取代，时至今日已创造出涵盖农作物、药物、疫苗、诊断、牲畜和科研试剂等众多领域的商品。

基因工程是分子生物技术中发展速度最快、创造成果最多、应用前景最广的一门核心技术。它的显著特点是能够跨越生物种属之间不可逾越的鸿沟，打破常规育种难以突破的物种界限，开辟在短时间内改造生物遗传特性的新领域。基因工程使得原核生物和真核生物之间、动物与植物之间以及人和其他生物之间的遗传信息可以进行重组和转移。因而基因工程称为当今生命科学领域中最具生命力，最引人注目的学科之一。

基因工程是指采用类似于工程设计的方法,根据人们事先设计的蓝图,人为地在体外将外源目的基因插入质粒、病毒或其他载体中,构建重组载体DNA分子,并将重组载体分子转移到原先没有这类目的基因的受体细胞中扩增和表达,从而使受体或受体细胞获得新的遗传特性,或形成新的基因产物。通常把基因工程的基本流程分为如下6个环节:①目的基因的分离、获取与制备;②目的基因与载体连接构建成重组DNA分子;③重组DNA分子导入受体细胞;④外源目的基因阳性克隆的鉴定和筛选;⑤外源目的基因的表达;⑥表达产物的分离和纯化。

除了创造商品外,分子生物技术也广泛应用于基因功能研究。利用聚合酶链式反应、人工合成DNA、化学试剂或射线辐射等方式引入基因突变,再利用DNA重组技术构建成适当载体,引入宿主细胞让基因表达,可在细胞水平研究突变基因的功能。通过建立不同类型的基因敲除动物,还可在动物整体水平研究基因功能。此外,分子生物技术还可以用于法医鉴定、遗传缺陷或病原体的诊断、疾病治疗等。

本章主要介绍基因工程、基因功能研究、疾病的诊断和治疗中常用的分子生物技术的基本原理。

第二节 聚合酶链反应

聚合酶链反应(polymerase chain reaction, PCR)是一项革命性的技术,具有不可估量的价值。PCR可用于检测生物样品中特定的核苷酸序列,获取大量特定的DNA序列用于克隆,双脱氧核苷酸末端终止法进行DNA测序,也可以用于组装合成基因,或人工引入基因突变。反转录和实时荧光定量PCR结合,可用于基因表达在RNA水平的分析。

一、聚合酶链反应的基本原理

PCR是一种体外扩增DNA片段的方法,是在模板DNA、引物和4种dNTP存在的条件下依赖DNA聚合酶的DNA酶促合成反应。

在 PCR 中，需要设计两段寡核苷酸片段作为反应的引物，这两段寡核苷酸分别与模板 DNA 两条链上的各一段序列互补。这两段与引物互补的模板序列分别位于待扩增 DNA 区段的两侧。PCR 的主要产物就是这两段引物 5′末端之间的双链 DNA 片段。

PCR 扩增目的 DNA 片段的原理示意如图 5－1。

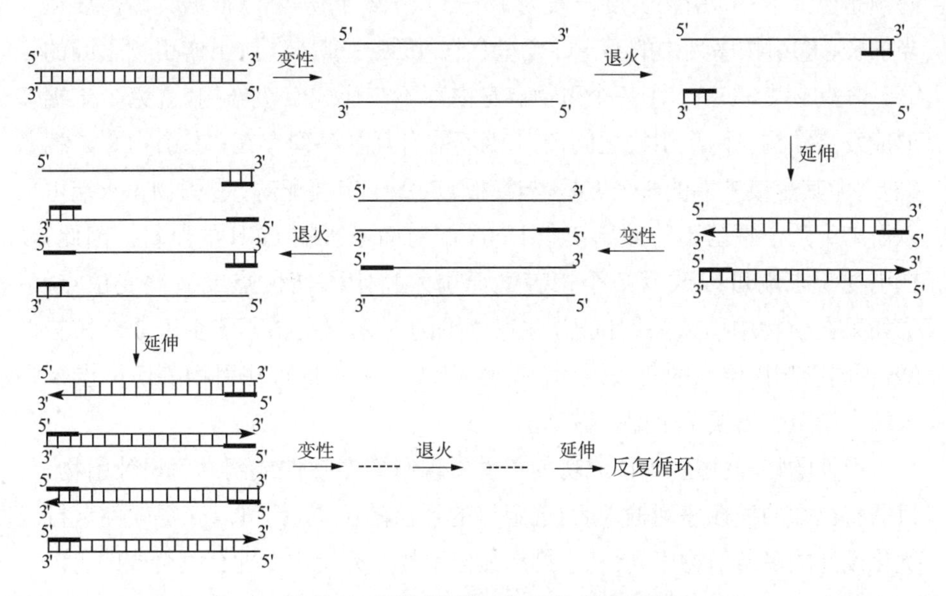

图 5－1　PCR 扩增目的 DNA 片段原理

PCR 的反应体系由 DNA 聚合酶、模板 DNA、过量的引物、过量的 4 种 dNTP、适当的 Mg^{2+}、K^{+} 浓度以及适当的 pH 组成。PCR 本身是 3 步反应的有序组合和反复循环：①变性(denaturation)：通过加热使模板 DNA 双螺旋的氢键断裂，双链解开形成单链 DNA；②退火(annealling)：将反应混合液迅速冷却至某一温度(这一温度称为“退火温度”)，模板 DNA 分子结构复杂而不易复性，但引物分子小而结构简单，在过量浓度下迅速与模板 DNA 在局部形成杂交链；③延伸(extension)：在 4 种 dNTP 及合适浓度的镁离子条件下，耐热的 DNA 聚合酶催化以引物为起始点的 DNA 新链按 5′→3′方向进行延伸反应。以上 3 步为一个循环，如此反复进行变性、退火、延伸循环，每一轮扩增的产物又充当下一轮扩增的模板，从而使 PCR 主要产物以指数级方式迅速得以扩增。几十轮反应仅需数小时,介于两个引物之间的特异性 DNA 片段可得到大量复制,数量可达到 $2\times(10^6\sim10^7)$拷贝。

在 PCR 中用到的引物有两段,分别对应于目的片段的上下两端,称为 5′端引物或上游引物和 3′末端引物或下游引物。引物序列按照模板 DNA 的序列人为设计。一般来说,引物设计的基本原则是:①扩增片段两侧的序列必须是已知的;②引物长度一般为 15～30 个核苷酸,可以根据具体需要适当加长;③引物序列中的 G+C 含量宜在 45%～55%,上、下游引物之间的 Tm 相差应在 5℃内;④每个引物自身内部不应形成二级结构,避免 3′末端形成发夹结构。两个引物之间,3′末端不能有互补序列存在;⑤引物 3′末端碱基,尤其是最末端的 3 个碱基,与模板 DNA 一定要配对;⑥引物 5′末端可以游离十几个碱基不与原始模版 DNA 配对而不影响 PCR 的进行。因此,在引物 5′末端可以改变几个核苷酸而引入特定酶切位点或者突变位点;⑦如果在引物中引入酶切位点,注意位点的 5′末端上游不能少于 3 个核苷酸,否则影响该位点的切割效率。有些酶(如 Hind Ⅲ),在引物酶切位点 5′末端上游至少需要 7 个保护碱基。

引物的特异性是 PCR 成功的关键。现有许多软件或网站可设计引物,只需将已知的模板序列输入后,选定目的片段的位置,就可以获得软件自行优化设计的多条引物序列,从中挑选最佳引物序列交由专业公司合成即可。

PCR 中,变性温度一般为 94～95℃,延伸温度为 DNA 聚合酶的最适温度,一般为 72℃。不同的 PCR,变性温度和延伸温度一般变化不大,退火温度由设计的引物 T_m 值决定。一般在 55～68℃,在保证特异性目的条带能被扩增的情况下,提高退火温度能减少非特异性条带的产生。也可以先进行梯度 PCR,即在所有其他反应条件相同的情况下,退火温度一般以 0.5℃的梯度递增,从而确定最佳退火温度。

PCR 中因存在 90℃以上的高温,需用到耐热 DNA 聚合酶,常用的有 Taq 酶、pFU 酶等,不同的酶需要的最佳反应条件不同,目前许多生物技术公司都开发有 PCR 试剂盒,DNA 聚合酶、4 种 dNTP、Mg^{2+} 浓度和 K^+ 浓度以及 pH 值都已调整至最适条件并且混合好,实验人员只需要往反应体系中加入适量的模板 DNA 和特异性引物,用去离子蒸馏水调整至反应终体积,即可进行反应。

二、反转录聚合酶链反应

反转录 PCR(reverse transcription PCR)又称为 RT－PCR。该过程由两个独立的部分组成，即反转录反应(将 RNA 反转录为 cDNA)和 PCR。反转录反应是以总 RNA(包括 rRNA、tRNA 和 mRNA 等)或分离纯化的 mRNA 为模板在反转录酶催化下合成 cDNA。随后的 PCR 即是以 cDNA 为模板进行 DNA 的扩增反应。

反转录反应体系包含有 RNA 模板、RNase 抑制剂、反转录酶、引物、4 种 dNTP 及相关的离子浓度和 pH。

RNA 模板的质量和纯度对于 RT－PCR 能否成功至关重要。对于编码蛋白质的结构基因而言，总 RNA 中的有效模板仍然是 mRNA，完整的 mRNA 是保证 RT 反应能否扩增出完整目的基因的前提。纯化的 mRNA 提高了 mRNA 的浓度，并减少了其他干扰物质的影响，在保证 mRNA 完整的前提下，有助提高实验的成功率。

常用的反转录酶有 Moloney 鼠白血病病毒(MMLV)反转录酶和禽白血病病毒(AMV)反转录酶。MMLV 反转录酶最适温度为 37℃，AMV 最适温度为 42℃。此外，*Thermus thermophilus*、*Thermus flavus* 等嗜热微生物的热稳定性反转录酶，在 Mn^{2+} 存在下，允许高温反转录 RNA，以消除 RNA 模板的二级结构。MMLV 反转录酶的 RNase H 突变体，商品名为 Superscript 和 SuperScriptⅡ，能将更大部分的 RNA 转换成 cDNA，这一特性允许从含二级结构的、低温反转录很困难的 mRNA 模板合成较长 cDNA。

反转录反应的引物可以是 oligo dT，这是利用了真核生物 mRNA 3′末端都带有 poly A 尾的特点，oligo dT 可以与 poly A 结合而作为 cDNA 扩增的引物。用 oligo dT 作为引物理论上可以扩增出与所有 mRNA 对应的 cDNA。有些 mRNA 3′末端形成二级结构而阻碍反转录酶的进一步转录，这种 mRNA 为模板就无法得到全长的 cDNA。这时可以采用随机六聚体引物，用此种方法时，体系中所有 RNA 分子全部充当了 cDNA 第一链模板，如果是以总 RNA 作为模板，通常用此引物合成的 cDNA 中 96％来源于 rRNA。在以 mRNA 为模板的扩增产物中，大部分 cDNA 并不包含全长目的基因,含有全长目的基因的 cDNA 也只占很小一部分。所以如果用随机引物扩增出目的基因全序列,所使用的模板最好是纯化的 mRNA。以上两种引物,对于目的基因而言都是非特异性引物,反转录最特异的引发方法是用含目标 RNA 的互补序列的寡核苷酸作为引物,若 PCR 用 2 种特异性引物,第 1 条链的合成可由与 mRNA 3′末端最靠近的配对引物起始。用此类引物仅产生所需要的 cDNA,导致更为特异的 PCR 扩增。

获得 cDNA 后,以 cDNA 为模板再次组建 PCR 体系,其原理即前述变性、退火、延伸反应的循环。反转录 PCR 主要有两个应用。一是从 mRNA 出发获取目的基因,二是研究目的基因的表达情况。在一定的浓度范围内,模板浓度与 PCR 产物的产率成正比。因此,根据 PCR 产物的浓度可以估算起始 mRNA 模板的浓度,而 mRNA 模板的浓度就代表了在特定组织中目的基因表达量的高低。含大量模板分子的样品得到的 PCR 产物浓度远远高于含少量模板分子的样品扩增产物。因此,以同一对目的基因的引物分别以某组织中 mRNA(或对应的 cDNA)及不同浓度梯度的标准 DNA 作为模板,分别进行 PCR 扩增,然后在同一凝胶上进行 PCR 产物电泳,比较 mRNA/cDNA 扩增产物的带与哪一个浓度梯度的基因组 DNA 扩增的带亮度相同,就可以估算出该组织中目的基因表达的 mRNA 的量的多少。这就是反转录半定量 PCR 的原理。

三、实时荧光定量聚合酶链反应

实时荧光定量 PCR(quantitative real-time PCR, qPCR)是在反转录半定量 PCR 的基础上发展起来的。反转录半定量 PCR 的局限性表现在两点上,一是通过比较凝胶上产物电泳带的亮度来推算产物的浓度误差比较大,二是在 PCR 扩增过程中不可能每一轮反应的扩增效率都是 100%,在任何一个循环中扩增效率的细微差异都可能导致最终扩增产物累积的差异。通过特定设计的 PCR 仪器来实时检测 PCR 扩增过程每一轮循环产物的累积数量,可以比较精确地推算模板的起始浓度。

荧光定量 PCR 就是通过荧光染料或荧光标记的特异性的探针,对 PCR 产物进行标记跟踪,实时在线监控反应过程,结合相应的软件可以对每一轮 PCR 产物进行分析，从而精确定量计算待测样品的初始模板量的方法。

通过一定方式的荧光标记，其荧光强度可以反映 PCR 产物的数量或特定 PCR 产物的数量。荧光标记方式有多种，这里主要以应用最为广泛的 SYBR 荧光染料和 TaqMan 探针为例讲述荧光定量 PCR 的原理。

SYBR 荧光染料（SYBR Green 1）可以与双链 DNA 结合后才发荧光，不掺入链中的 SYBR 染料分子不会发射荧光信号。因此，通过荧光强度的变化，可探测产物增长的数量。该荧光染料的最大吸收波长约为 497 nm，最大发射波长约为 520 nm。SYBR 荧光染料在核酸的实时检测方面有很多优点，如通用性好、灵敏度很高、价格相对便宜。但由于对 DNA 模板没有选择性，因此特异性不强，无法区分双链是特异性扩增形成的，还是由引物二聚体形成的。加上荧光染料本身存在本底背景，使得荧光染料标记的荧光定量 PCR 应用受到限制。因此，要想得到比较好的定量结果，对引物设计的特异性和 PCR 的质量要求比较高。SYBR 荧光染料的作用原理见图 5 - 2A。

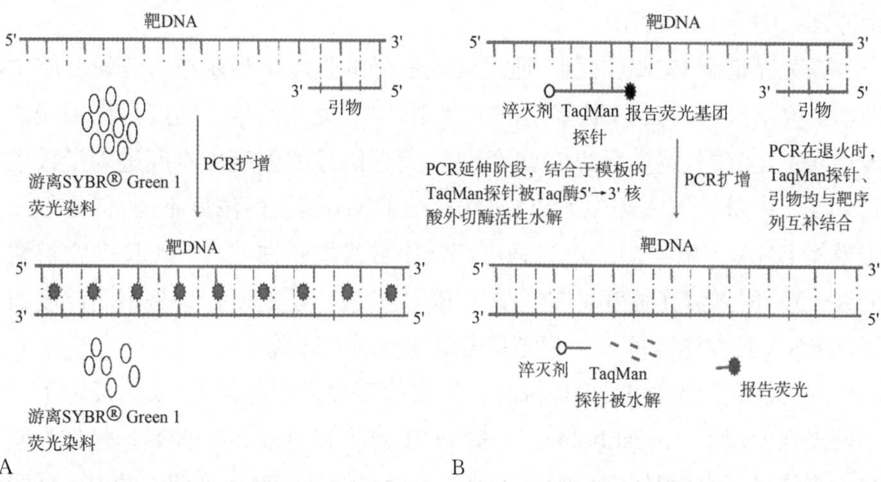

图 5 - 2　双链 DNA 交联荧光染料 SYBR® Green 1（A）和 TaqMan 探针（B）实时荧光定量 PCR 原理

TaqMan 探针又称为水解探针，是一种寡核苷酸探针，其序列对应于待扩增的目的 DNA 内部的序列。在其 5′末端连接一个荧光报告基团

(reporter, R),而在 3′末端则连接一个荧光淬灭剂(quencher, Q)。当完整的探针处于游离或与目的序列配对时,荧光报告基团与淬灭剂接近,发射的荧光被淬灭剂吸收,荧光强度很低。但在进行 PCR 的延伸反应时,PCR 的一对引物与模板链复性,同时探针也与模板链复性结合。在子链延伸阶段,当延伸到探针结合的位置时,Taq 酶一方面发挥 5′→3′聚合酶活性延伸子链,另一方面发挥 5′→3′核酸外切酶的活性,将探针分子的核苷酸从 5′末端逐个切断,释放荧光报告基团。荧光报告基团 R 从探针分子的 5′末端切离后,脱离了 3′末端的淬灭剂,从而发出荧光。随着 PCR 循环数的增多,子链合成越来越多,释放的荧光报告基团也越来越多,荧光越来越强,因而荧光强度能反映 PCR 产物的数量。不仅如此,因为探针序列与引物序列都是与目的基因的特异序列互补的,这种双重特异性,保障了荧光的产生一定是特异性扩增产生的,从而增加了荧光定量 PCR 检测的精确性和特异性。TaqMan 探针工作方式可应用于定量起始模板浓度、基因型分析、产物鉴定以及单核苷酸多态性分析。一种 TaqMan 探针只适用于一个特定的目标基因,且不能进行溶解曲线分析,适合于临床诊断中应用。TaqMan 探针的作用原理如图 5-2B 所示。

在荧光定量 PCR 过程中,通过荧光信号的强度来显示在每一轮反应中新增产物的数量。在 PCR 扩增的前期循环中,荧光信号的强度呈现平缓的波动状态,经过一定数量的扩增循环后,荧光信号的强度由本底进入指数增长阶段。由图 5-3A 可以看出,虽然标准 DNA 模板的浓度不同,但是每一个模板 DNA 扩增产生的荧光强度都是指数级增长曲线,与 PCR 产物扩增曲线一致,所以荧光强度真实反映了 PCR 扩增产物的量。只是不同浓度的标准 DNA 扩增达到同一个荧光强度所需要的循环数不同。

为了探究荧光强度、模板浓度和扩增循环数之间的关系,人为设定了一个荧光强度阈值(threshhold)。一般 PCR 的前 15 个循环的荧光信号作为荧光本底信号,荧光阈值定义为基线范围内荧光信号强度标准偏差的 10 倍(图 5-3B)。基线范围是指从第 3 个循环起到 Ct 值(cycle of threshhold)前 3 个循环止,其终点要根据每次实验的具体数据调整,一般取第 3～15 个循环之间。通常阈值对应的是荧光信号由本底进入指数增长阶段的拐点时的荧光强度值。Ct 值是指荧光信号达到阈值所对应的循环次数。在指数扩增的开始阶段，样品间的细小误差尚未放大，因此 Ct 值具有极好的重复性。Ct 值取决于阈值，阈值取决于基线，基线取决于实验的质量，Ct 值是一个完全客观的参数。正常的 Ct 值范围在 18～30，过大或过小都将影响实验数据的精度。Ct 值与起始模板拷贝数（浓度）的对数成线性关系。起始拷贝数越多，Ct 值越小。

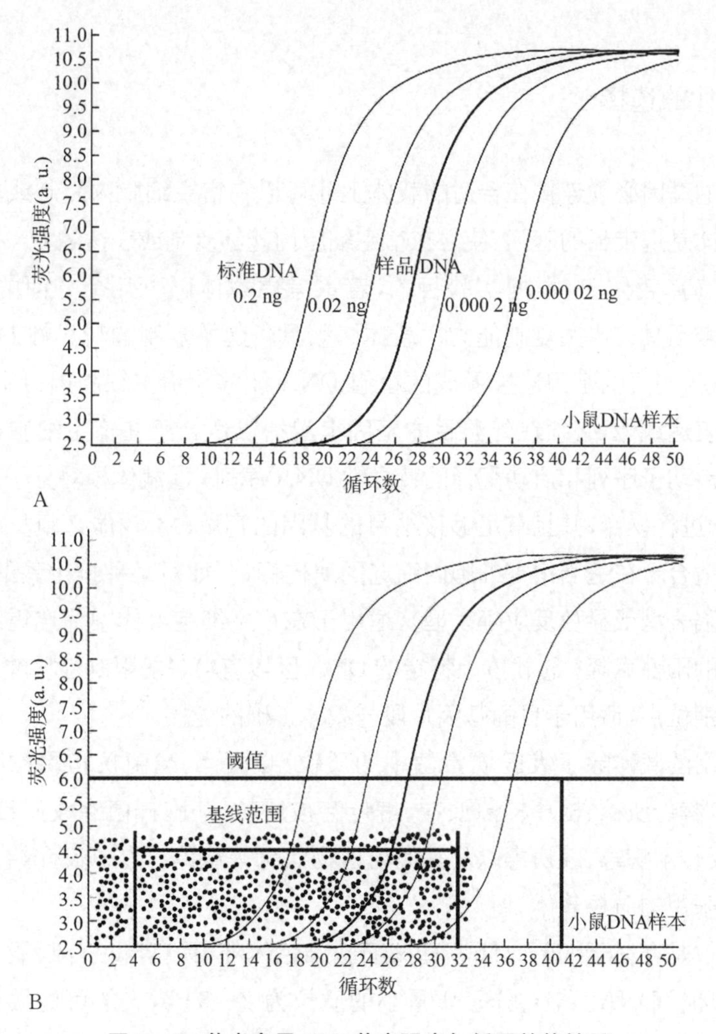

图 5－3　荧光定量 PCR 荧光强度与循环数的关系

由于荧光定量 PCR 实时在线监控 PCR 过程,无需凝胶电泳分析,直接用荧光强度精确计算模板浓度,操作简便快捷,特异性强,是目前从 mRNA 水平快速检测基因表达量最方便、最可靠的方法之一。

第三节 外源基因与载体的连接

一、载体的选择

目的基因必须连接在合适的载体上才可以在宿主细胞内复制或转录表达。载体是携带目的基因、使之在宿主细胞内能够复制或表达的 DNA。

在选择载体时,根据实验目的,着重考虑载体以下几个方面的性质:①载体必须具有自主复制能力。载体必须具备起始复制的特异性 DNA 序列,使载体与目的基因连接形成的重组 DNA 能够在宿主细胞内自主复制;②对于表达载体,必须在外源目的基因上游提供适合于在宿主细胞内启动转录的启动子序列和启动翻译的特异性 DNA 序列;③载体相对分子质量较小,易于进行操作,并且有足够接纳目的基因的容量;④载体必须具有一个或多个适合于在适当宿主细胞内筛选的遗传标记(如对某种抗生素的抗性、营养缺陷表型或显色反应等表型),适用于在宿主细胞群体中筛选重组和转化成功的阳性克隆;⑤载体上特定的 DNA 区段有较多的限制性核酸内切酶单一识别位点,适用于目的基因片段与载体正确的连接。

常用的载体除了大肠埃希菌中的质粒、噬菌体、噬菌粒和黏粒四大类外,还有酵母质粒、枯草杆菌质粒、酵母穿梭质粒、芽胞杆菌穿梭质粒、穿梭黏粒、反转录病毒、腺病毒以及其他动植物病毒等载体。本节仅介绍本书实验中所采用的质粒载体。

质粒是存在于细菌或低等真核细胞染色体外、具有自主复制能力的共价闭合环状 DNA。相对分子质量小的质粒为 2～3 kb,大的可达数百千碱基。质粒分子能在宿主细胞内独立自主地进行复制,并在细胞分裂时恒定地传给子代细胞。按复制机制,质粒分为两类:严紧控制型质粒和松弛控制型质粒。严紧控制型质粒的复制受宿主细胞的严格控制，在每个细胞仅含有1个或几个拷贝；松弛控制型质粒的复制不受宿主细胞的严格控制，每个细胞中可含10～200个拷贝，而且当宿主细胞蛋白质合成受到抑制时，这种质粒的拷贝数可增至1000～3000个之多，该性质对DNA重组技术十分有利。质粒带有某些遗传信息，所以质粒在细菌内的存在会赋予宿主细胞一些新的遗传性状，如对某些抗生素或重金属的抗性等。根据质粒赋予细菌的表型可识别质粒的存在，这是筛选转化子细菌的依据。质粒分为天然质粒与人工改造质粒，DNA重组技术都是使用人工改造质粒作为载体。质粒一般只能接受小于15 K的外源DNA插入片段，插入片段过大，会导致重组子扩增速度减慢，甚至使插入片段丢失。

重组后的质粒载体需要进入特定的宿主细胞中进行扩增表达，常用的大肠埃希菌质粒的宿主细胞是大肠埃希菌，如DH5α、Top10、Jm109及BL21等。37℃下，大肠埃希菌生长在含有氨基酸、维生素、盐、微量元素和碳源的复合培养基中，对数生长期的传代时间约为22 min。实验室常常在烧瓶中用液体培养基培养细菌。这种条件下的氧气量足以供细胞增殖，而不一定适合重组蛋白的产生。细菌生长和蛋白质合成的程度取决于培养基中溶解的O_2浓度而不是碳源或氮源。利用微生物进行工业生产重组蛋白时，细胞的供氧量是非常关键的因素，有特定的发酵罐和供氧系统来优化重组蛋白的大量生产。

二、限制性核酸内切酶的应用

目的基因DNA片段与载体的重组，需利用限制性核酸内切酶将它们分别切开，然后利用凝胶电泳把酶切后不同的DNA片段分离开来，从凝胶中回收所需的目的基因片段和载体DNA的线性片段并加以纯化，最后再将它们连接成重组体。

1. 限制性核酸内切酶运用的设计　能够识别和切割双链DNA分子内特定核苷酸序列的一类内切酶称为限制性核酸内切酶，简称限制酶。

限制性核酸内切酶存在于细菌体内，多与细菌内的甲基化酶相伴存在，两者共同构成了细菌的限制修饰体系，限制外源DNA、保护自身DNA，对细菌遗传性状的稳定遗传具有重要意义。目前发现的限制性核酸内切酶约有 2 000 种。根据酶的组成、所需因子及裂解 DNA 方式的不同,可将限制性核酸内切酶分为Ⅰ型、Ⅱ型和Ⅲ型。重组 DNA 技术中常用的限制性核酸内切酶主要为Ⅱ型酶。Ⅱ型限制性核酸内切酶的命名一般是以其发现的微生物属名的第 1 个字母和种名的前两个字母组成,第 4 个字母表示菌株(品系)。例如,Bam HⅠ的 Bam H 即表示是从细菌 Bacillus amylolique faciens H 中提取的限制性内切酶,在同一品系细菌中得到的识别不同碱基顺序的几种不同特异性的酶,可以编成不同的号,如 Bam HⅠ、Bam HⅡ等。

大部分Ⅱ型酶识别 DNA 位点的核苷酸序列都是回文结构,即同一条单链以中心轴对折可形成互补的双链。不同限制性核酸内切酶识别的序列不同,切割后产生的 DNA 片段的末端序列以及排列形式也不同,如果切割后产生了互补的两个单片段称为黏性末端,如果产生的是平齐末端则称为平头末端。下面为 Bam HⅠ的识别序列,箭头处为其切割位点,Bam HⅠ产生的是 5′突出的黏性末端。

5′—G↓GATC C—3′ → 5′—G GATCC—3′

3′—C CTAG↑G—5′ → 3′—CCTAG G—5′

还有一些限制性内切酶能够产生具有 3′突出的黏性末端,如 SacⅠ

5′—G AGCT↓C—3′

3′—C↑TCGA G—5′

而另一些限制酶性内切酶切割 DNA 后产生平头末端,如 SmaⅠ:

5′—CCC↓GGG—3′

3′—GGG↑CCC—5′

限制性核酸内切酶识别 DNA 中核苷酸序列长度大多为 4～6 bp,最长约为 8 bp。识别相同的核苷酸序列的不同来源的限制性核酸内切酶称为同裂酶或异源同工酶,同裂酶切割后可产生相同的 DNA 末端。另有一类限制性内切酶,它们来源各异,识别序列也各不相同,但切割后可产生相同的黏性末端,被称为同尾酶。

构建体外重组 DNA 分子,必须清楚地了解目的基因和载体的酶切图谱。所选用的限制性核酸内切酶只能在目的基因的两端有酶切位点,而在目的基因内部不能有该酶的切割位点。这样用一种或两种限制性核酸内切酶就能切割得到完整的目的DNA基因，且所选用的酶在使用的载体上也只能有单一的酶切位点。如果这些位点又正好是在载体的抗生素抗性基因上面，则可利用其插入失活的特性，为后面的筛选工作带来极大的便利。

构建体外重组DNA分子时，较好的方式就是对合适的载体用两种不同的限制性核酸内切酶进行酶解（双酶切方式），产生两种不同的黏性末端或是一个黏性末端、一个平末端。由于两个末端的碱基不能相互匹配，所以载体自身不能环化。同时用限制性核酸内切酶对目的基因DNA进行酶切，也产生同样的末端，当目的基因与载体相连接时，只有当目的基因的末端分别与载体上相应的末端匹配时，才能相互连接。由于目的基因片段只能以一个方向插入重组体中，所以这种方式又称作为定向克隆。定向克隆正确重组的效率高，载体自我环化形成的假阳性背景低，易于筛选出正确的重组子。

一些常用限制性核酸内切酶有：BamH Ⅰ、Bcl Ⅰ、Bgl Ⅱ、EcoR Ⅰ、Hind Ⅲ、Kmp Ⅰ、Pst Ⅰ、Sal Ⅰ和Xba Ⅰ等。

2. 各种限制性核酸内切酶使用时的注意事项

(1) 反应条件，如温度、pH、盐离子强度等。不同的限制酶，具有不同的最适条件，在反应条件不恰当时，某些限制性核酸内切酶会出现“星号”活性，即它不再严格遵循从识别序列酶解DNA，而会在其他的序列中切断DNA。因此，要注意使用限制性核酸内切酶的商品化配套反应缓冲液。

(2) 在适当反应条件下（包括温度、pH、离子强度等），1 h内完全酶解1 μg λ噬菌体DNA中所有特定识别切点所需要的限制性核酸内切酶的量，定义为1个活性单位。所以理论上计算酶水解靶DNA所需的某种限制性核酸内切酶的活性单位时，可以根据它在λ DNA上的酶切位点数进行推算。而在实际应用时，由于影响限制性核酸内切酶反应的因素很多，通常使用理论计算值的3～5倍，采用较长的反应时间（2～3 h，有时甚至消化过夜，12～16 h），以保证切割完全。

(3) 商品化的限制性核酸内切酶为避免酶蛋白的反复冻融，多保存于50%的甘油缓冲液中，−20℃存放是很稳定的，限制酶的体积不能超过反应总体积的1/10，否则酶活性会因为甘油浓度太大而受到抑制或出现星号活性。

3. 限制性核酸内切酶的酶切 限制性核酸内切酶保存的缓冲液中一般含有 10 mmol/L Tris-HCl(pH 7.4),50～100 mmol/L NaCl 或 KCl(盐离子),1 mmol/L DTT(还原性,保持酶的活性),100～200 μg/mL BSA(保持蛋白浓度,使酶稳定),50%甘油(保存于-20℃不结冰,反复冻融将会使酶蛋白失活)。使用时要特别注意酶活力的保存,防止污染。商品化限制性核酸内切酶都配套有指定的酶切反应缓冲液,在采用双酶切方式时要注意两种酶适用的缓冲液是否一致,一致时在同一体系内加 2 种酶同时酶切。不一致时可先用一种酶切,提取回收 DNA 片段后再用另一种酶切。对于单酶切质粒,为了减少在连接反应时的自我环化现象,可采用碱性磷酸酶对 5′末端进行去磷酸化处理。

绝大多数酶的反应温度在 37℃,极个别酶要求特殊温度。酶切反应时间通常为 1～3 h,有时甚至过夜(12～16 h)。终止酶切反应时,多数酶在 65℃水浴中保温 10 min 就被不可逆灭活。少数较耐温的酶,可加入终浓度为 10 mmol/L 的 EDTA,EDTA 螯合了反应系统中必须的 Mg^{2+},便终止了酶切反应。有时采用酚与氯仿重新抽提、乙醇沉淀 DNA 的方式终止反应。这种方法 DNA 损失较大,但 DNA 纯度高,连接效果好。

通常酶切 0.2～5.0 μg 的 DNA 时,控制反应体积为 15～20 μL。可根据酶解 DNA 的数量,按比例适当放大体积。限制性内切酶一般保存在 50%甘油的缓冲液中,要注意使酶切反应混合物中甘油的浓度不能超过 5%,否则将会抑制酶的活性。

(三) 外源基因与载体的连接

DNA 连接酶(DNA ligase)可使两段 DNA 的 3′羟基末端和 5′磷酸末端形成 3′,5′-磷酸二酯键,把两个 DNA 片段连接成一个共价结合的 DNA 片段,本质上是一个酶促生化反应过程。最常使用的 DNA 连接酶是 T4 DNA 连接酶,来自 T4 噬菌体,有很高的连接效率,既可用于黏性末端的连接,也可用于平末端的连接。连接反应的温度是影响连接效率的最重要的因数之一,虽然 T4 DNA 连接酶的最佳反应温度是 37℃,但由于在这个温度下,黏性末端之间氢键的结合不够稳定,通常采用在低温 4～26℃,较长的反应时间(十几小时至几天)进行连接反应。通常情况下,片段越小,末端黏性越强，连接反应则可使用较高的温度。对于平末端的连接效率则低得多，一般在10～20℃进行，且需要较高的末端浓度和T4 DNA连接酶的浓度。另一种常用的DNA连接酶是大肠埃希菌DNA连接酶，一般只用于黏性末端的连接。

目的基因与载体DNA的连接主要分为黏性末端连接法和平头末端连接法。前者是指由两段互补的黏性末端进行的连接，效率较高，应用广泛。后者适用范围广，但连接效率低，非重组背景高，应用受到限制。应用时往往是先把平末端改造成恰当的互补黏性末端，然后按黏性末端的方式进行连接。改造的方式有利用DNA末端转移酶（TDT）把互补的多聚核苷酸（polyA与polyT或polyC与polyG）分别接到两个DNA片段的末端；另外是使用人工接头（1inker）法，在要连接的外源基因与载体DNA的末端，先接上一段互补的人工接头，这个接头通常就是内切酶的识别位点（已有多种人工接头商品出售，如BamH Ⅰ接头、EcoR Ⅰ接头、Pst Ⅰ接头等）。对于非互补的黏性末端，可采用绿豆核酸酶、Klenow聚合酶等对其单链突出处进行削平或补齐，使之变成平末端，然后进行连接，或改造成互补的黏性末端后再进行连接。

连接反应通常采用较低温度，较长时间的条件来进行。经常使用的条件是12～16℃、12～16 h，有时会使用到7～8℃、2～3 d。连接反应要求有高质量的连接酶和高纯度的DNA样品。

第四节　重组DNA的筛选鉴定

一、重组DNA导入宿主细胞

体外连接的DNA重组分子必须导入合适的受体细胞才能进行增殖和表达。受体细胞又称为宿主细胞，分为原核细胞和真核细胞两类。前者主要是大肠埃希菌、链霉及枯草杆菌等，后者包括酵母及哺乳动物细胞。

以质粒为载体构建的重组体导入宿主细胞的过程称为转化，以噬菌体载体构建的重组体导入宿主细胞的过程称为转染，以病毒载体构建的重组体导入宿主细胞的过程称为感染。

影响转化效率的因素很多，最主要的因素是要建立一个合适的载体、受体系统。在微生物领域中，现有的载体受体系统有：大肠埃希菌系统、酵母系统及枯草杆菌系统等。正在研究的有棒状杆菌、高温菌、芽胞杆菌及放线菌等系统。目前，在DNA重组技术中应用最普遍的是大肠埃希菌系统，本节以质粒DNA转化大肠埃希菌为例来介绍转化技术。外源重组DNA导入细胞的方法，因宿主细胞不同而有所不同。对于大肠埃希菌来说，主要有氯化钙转化法和电穿孔转化法2种。

受体细菌基因组上不应存在载体的筛选标记基因，两者组成一对互补系统。如质粒pBR322以amp^r和tet^r基因作筛选标记，受体细菌则用amp^s和tet^s的大肠埃希菌HB101；pUC18、pUC19和M13用*Lac*Z基因作筛选标记，则需用Lac^-的大肠埃希菌JMl03等作受体细菌。

1. 热休克法转化大肠埃希菌　细菌处于容易接受外源DNA的状态叫感受态，重组DNA转化细菌技术的关键就是通过物理或化学的方法，人工诱导细菌细胞成为敏感的感受态细胞(competent cell)，以便外源重组DNA进入细菌内。

处于对数生长期早、中期的大肠埃希菌细胞，经冰冷的$CaCl_2$处理后，使其成为感受态细胞。将感受态细胞与重组体质粒DNA在冰浴中孵育，突然经短暂热休克(42℃ 1～2 min)冲击处理，则更有利于细胞对DNA复合物的摄取，外源DNA分子通过吸附、转入、自稳而进入细胞内，并开始进行复制和表达。

2. 电脉冲穿孔法转化大肠埃希菌　电脉冲穿孔法不需要预先诱导细菌的感受态，依靠短暂的高压电脉冲，促使DNA进入细菌。因其操作简单，受到人们的欢迎，最初用于将DNA导入真核细胞，现已用于大肠埃希菌及其他细菌的转化。电脉冲穿孔转化细菌时，电压高，脉冲时间长，转化率越高，但导致细胞死亡率增高。一般使用的电击条件在导致细胞死亡率为50%～75%时，转化率能高达10^9～10^{10}转化子/μg闭环DNA，远高于$CaCl_2$法的转化率(10^5～10^8转化子/μg闭环DNA)。但过大的样品体积、较高的盐离子浓度(应小于1 mmol/L)和转化温度均会降低转化效率。

采用高压电脉冲穿孔法进行转化需购置电转化仪，利用电转化仪调节电压操作。

二、重组DNA的筛选

筛选重组DNA克隆的方法主要依据载体、目的基因、宿主细菌三者不同的遗传学特性与分子生物学特性来进行选择与设计。常用的方法可分为两大类。一类是利用宿主细胞遗传学表型的改变直接进行筛选；另一类是分析重组子的结构特征进行鉴定。前者常用于筛选的遗传表型有：抗药性、营养缺陷型、显色反应、噬菌斑形成能力等。此法简便快速，可以在大量群体中进行筛选，但由于插入重组分子的方向，多聚体假阳性等因素的影响，结果的可靠性较差。后者是根据目的基因的分子大小、核苷酸序列、基因表达产物的分子生物学特性来进行鉴定。例如，根据重组子酶切片段相对分子质量的大小、利用特定探针进行杂交筛选、核苷酸序列分析、放射免疫分析等。这些方法条件要求高、难度大、费时费钱，但是灵敏度好，结果可靠性强，通常是在第1类方法初筛的基础上用此法最后鉴定。

以下简单介绍常用的抗生素类型筛选和酶切鉴定重组DNA。

抗生素筛选：大多数克隆载体均带有抗生素抗性基因，常见的有抗四环素基因（tet^{r}）、抗氨苄西林基因（amp^{r}）等。如果外源DNA片段插入载体的位点在抗药性基因之外，不导致抗药性基因的插入失活，仍能编码抗药性蛋白，含有这样重组子的转化细胞，能够在含有相应抗生素的琼脂平皿上生长成菌落。但是除阳性重组子以外，自身环化的载体，未酶解完全的载体以及非目的基因插入载体形成的重组子均能转化细胞并形成菌落，只有未转化的宿主细胞不能生长，故本法假阳性较多，需进一步对重组子进行鉴定。

限制性核酸内切酶酶切电泳分析：将初筛阳性的一些菌落，小量培养后快速分离出重组质粒或重组噬菌体，根据阳性重组DNA的酶切位点特征选用特定的限制性核酸内切酶酶切，经琼脂糖电泳后，观察酶切产物DNA片段大小是否符合预期。

也可以从阳性克隆中分离出重组DNA进行序列测定或PCR鉴定，证实克隆的基因与目的基因的一致性。

第五节 重组 DNA 的表达

利用基因工程技术生产的蛋白质产品,是通过将外源基因与表达载体构成的 DNA 重组体导入受体细胞中进行高效表达来实现的。外源基因的表达系统有两大类:原核表达系统和真核表达系统。在不同的表达系统中,其表达方式不尽相同。本节介绍的原核表达系统以外源基因在大肠埃希菌中表达为例;真核表达系统以外源基因在哺乳动物细胞中表达为例。

一、大肠埃希菌表达系统

表达载体(expressing vector)是用来在受体细胞中表达(转录和翻译)外源基因的载体,是外源基因在大肠埃希菌中表达所不可缺少的重要工具。表达载体除具有克隆载体所具有的性质以外,还带有表达元件—转录和翻译所必需的 DNA 序列。

大肠埃希菌表达载体的表达元件包括:启动子(常用的有 tac 启动子、P_L 启动子以及 T7 噬菌体启动子)、核糖体结合位点以及转录终止子。

在大肠埃希菌中表达外源基因时,由于载体上所带的序列不同,一些载体可用于表达融合型蛋白,一些载体可用于表达非融合型蛋白,还有一些载体可用于表达分泌型蛋白。

除了表达载体以外,受体菌株也是构成原核表达系统的重要组成部分之一。因此,合理地选择使用受体菌株对于外源基因是否能够表达和表达效率的高低起到决定性的作用。选择使用受体菌株的原则主要是根据启动子受何种阻抑物的调节来决定的。诱导条件也要根据启动子类型和特定的蛋白质而定。为了提高外源基因的表达水平,常用的方法是将受体菌的生长和外源基因的表达分开。

带有 tac 启动子的载体,受控于 Lac 阻抑物。因此,应选择能表达 Lac 阻抑物的 Lac Iq 大肠埃希菌作为受体菌株。将该菌株置 37℃培养时,能高效表达 Lac 阻抑物，使 tac 启动子受到抑制，外源基因不能表达。此时，受体菌得到大量生长；当加入 IPTG 后，Lac 阻抑物不能与操纵基因结合，外源基因大量转录并高效表达。带有 tac 启动子的载体能选用的受体菌有 JM109、XL-1-blue、RB791 等。

带有 P_L 启动子的载体，要求宿主菌能表达 cIts857 阻抑物。将含有 P_L 启动子载体的 M5219 菌株置 30℃ 培养时，该受体菌可以高水平地表达 cIts857 阻抑物，使载体上的 P_L 启动子受到抑制，外源基因不能表达，此时，受体菌不断地增殖，同时载体也得到大量地扩增。然后，再将该受体菌置 42℃继续培养。在 42℃培养条件下，cIts857 阻抑物不能表达，P_L 启动子解除阻遏，外源基因得以高水平表达。

带有 T7 启动子的载体，则需要宿主菌带有 T7 噬菌体 RNA 聚合酶基因，该基因受 lacUV5 启动子的调控。受体菌在 37℃进行培养，细菌大量地扩增。加入 IPTG 后可诱导 T7 噬菌体 RNA 聚合酶基因的表达，表达的 T7 噬菌体 RNA 聚合酶可识别载体上的 T7 启动子，使其下游基因表达。

另外，对于一个特定的蛋白质来说，并不是所有的菌株都能获得相同的表达效率，有时需要试几种菌株，选择最好的一种。

大肠埃希菌表达体系是一种成熟的原核表达系统。大肠埃希菌增殖速度很快，培养条件简单，能够制备出大量的表达产物。因此，除有些必须要进行翻译后加工才具有生物学活性的真核蛋白外，大多数蛋白质都可以利用此种原核表达系统进行表达。而欲最大限度地提高外源基因的表达水平，还应考虑采取以下措施。

1. 提高翻译水平

（1）增加 mRNA 的稳定性：外源基因 mRNA 的半衰期很短，容易被降解，以致影响外源基因的表达水平。可考虑在外源基因下游插入“重复性基因外回文”（repetitive extragenic palindrome，REP）顺序。该顺序能防止 $3' \rightarrow 5'$外切酶的攻击，具有稳定 mRNA，提高表达水平的作用。

（2）调整 SD 序列与 AUG 之间的距离：mRNA 链中 SD 序列和起始密码子 AUG 之间的距离是影响基因表达水平的一个重要因素，距离过长、过短都不利于基因表达。对于不同的基因以及不同的启动子，最适距离是不一样的,一般为5～9个碱基。增加一个碱基或减少一个碱基,表达效率可以降低几倍乃至几百倍。SD序列与AUG之间的距离可采用基因工程的方法进行调整。

(3) 用点突变的方法改变某些碱基:有资料证明,起始密码子下游的几个密码子如果采用不同的核苷酸组成,可使基因的表达效率相差15～20倍。这主要是改变了翻译的起始和mRNA的二级结构。利用密码子的简并性,采用化学合成的方法,合成一组合适的密码子,可以提高翻译效率。

2. 使细菌的生长与外源基因的表达分开 在特定条件下,培养含重组DNA表达载体的受体菌,由于细菌的生长大约20 min繁殖一代。此时受体菌不断增殖,同时也使转化到受体菌中的重组DNA得到大量地扩增。当细菌生长到所需浓度时,在培养液中加入诱导剂或改变培养温度,此时,细菌生长速度减慢,主要是以外源基因的表达为主。如前所述,含tac启动子、P_L噬菌体启动子和T7噬菌体启动子的重组DNA分别导入大肠埃希菌进行表达时,都是采取将细菌的生长与外源基因表达分开的方法。这样,可较大程度地减轻宿主细胞代谢负荷,提高外源基因的表达水平。

3. 提高表达蛋白的稳定性 在大肠埃希菌中表达的外源蛋白常常被菌内蛋白酶降解,导致外源基因的表达水平大为降低。为了提高表达蛋白的稳定性,防止细菌蛋白酶的降解可采取的措施有以下。

(1) 表达融合蛋白:融合蛋白较稳定,不易被细菌蛋白酶水解。

(2) 采用某种突变株:可采用大肠埃希菌蛋白酶缺陷型菌株作受体菌(如lon-缺陷型菌株),使大肠埃希菌蛋白酶合成受阻,从而使蛋白质得到保护,不被降解。也可以将编码细菌蛋白酶抑制剂的基因(如T4噬菌体的*Pin*基因)克隆到质粒中,将此质粒转化到受体菌中,其产物可使细菌的蛋白酶受到抑制,使表达蛋白受到保护。

(3) 表达分泌蛋白:表达分泌蛋白的载体,在起始密码子后有一段编码信号肽的序列,所产生的融合蛋白N末端的序列即为信号肽。此表达蛋白可从胞质跨过内膜进入周间质,防止了宿主菌对表达蛋白的降解,同时也减轻了宿主菌代谢负荷,并有利于表达产物恢复天然构象。

二、哺乳动物细胞表达系统

在哺乳动物系统中表达目的蛋白对研究蛋白的功能极其重要。哺乳动物细胞培养环境和蛋白自然表达环境相似，所以能使蛋白更易于保持其天然构象和翻译后的修饰。这些修饰包括多肽链的折叠、半胱氨酸的转化和二硫键的形成、脱甲酰基、蛋白酶的加工和切割、磷酸化及糖基化等。而原核细胞不能进行翻译后的加工。经翻译后加工的蛋白质在免疫原性和生物活性及稳定性方面显示出非常重要的生物学作用。有些蛋白质必须经过修饰以后才具有生物学活性。因此，构建哺乳动物细胞载体势在必行。

1. 真核表达载体　为了将外源基因在哺乳动物细胞内高效表达，首先要将其构建在一个高效表达载体中。目前，一般使用的有两类。一类是质粒载体，另一类是病毒载体。下面简单介绍这两大类载体。

(1) 质粒载体(plasmid vector)：哺乳动物细胞表达载体是从克隆载体上发展起来的。因而载体上含有原核基因序列，包括大肠埃希菌的复制起始位点和便于在大肠埃希菌中筛选的抗性基因(如 amp^r)。另外，也含有真核细胞选择标记，如酶、抗生素等，大多数载体都带有 *neo* 基因，以便用于阳性细胞的筛选。有的载体还带有真核细胞复制的元件，有的载体则不带。除此以外，真核表达载体中还含有一套真核表达元件：启动子/增强子-克隆位点-终止信号和加 poly(A)信号。

真核表达载体中常用的启动子和增强子有：SV40 早期基因增强子(SV40)、Rouse 肉瘤病毒基因组长末端重复顺序(RSV)、人类巨细胞病毒(CMV)等。这些启动子和增强子是来源于一些病毒的启动子和增强子，宿主范围较广，在多种细胞中都有一定的活性，是真核表达载体所必需的。

真核表达载体同时必须带有 poly(A)位点下游序列，以保证新转录的 mRNA 能够有效地加上 poly(A)。

如 pcDNA3.1 载体是最常用的真核表达载体(图 5-4)。该载体含有一个高效表达的 CMV 启动子，用于目的基因插入的多克隆位点，原核细胞的复制起始位点，用于原核细胞筛选的抗性基因(amp^r)和用于真核细胞筛选的抗性基因[neo^r 以及小牛生长激素的 poly(A)]。

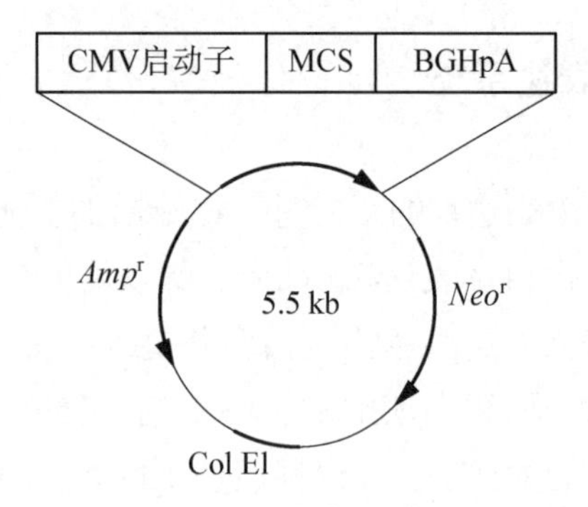

图 5-4　pcDNA3.1 质粒

(2) 病毒载体(viral vector)：由于病毒在进化上获得了适应机体的完备机制,加之高转染效率和良好的靶向性使得通过改造后的病毒成了一类很有价值的载体。目前常用的病毒载体有：反转录病毒载体、腺病毒载体、腺相关病毒载体、SV40 载体和慢病毒载体等。

2. 目的基因　插入真核表达载体的目的基因可以是真核基因,也可以是原核基因。真核基因也必须是 cDNA。无论是真核基因,还是原核基因都必须带有 5′末端的非编码序列和 3′末端的非编码序列。目的基因的两侧应带有与载体相同的酶切位点,以便与载体连接,形成重组体。

3. 外源基因导入哺乳动物细胞的方法

(1) 磷酸钙共沉淀法(calcium phosphate coprecipitation)：该方法是将溶解的 DNA 加在 Na_2HPO_4 溶液内,再逐渐加入 $CaCl_2$,当 Na_2HPO_4 和 $CaCl_2$ 形成磷酸钙沉淀时,DNA 被包裹在沉淀中,形成 DNA-磷酸钙共沉淀物。当沉淀物与细胞表面接触时,细胞则通过吞噬作用而将 DNA 导入其中,转染后的细胞于 37℃、5% CO_2 中培养 24 h。收集细胞,提取 DNA、RNA 或蛋白质进行分析研究。若要得到稳定的转化细胞(即外源基因整合到宿主细胞基因组),可将细胞在选择培养基中传代培养,一般需要 2 周左右才能得到稳定的转化细胞。该方法的优点是方法简单,而且可以进行共转化,即将不含选择标记的 DNA 和含选择标记的 DNA 放在一起形成混合的共沉淀物,一起导入细胞。该方法的不足是不太适合悬浮细胞的转染。但近来也有成功的报道。最初磷酸钙共沉淀法的转染效率很低(从 $1/10^6$ ～

$1/10^4$)，后来经过多次改造，其稳定转染效率已超过1%。

(2) 脂质体法(liposome encapsulation)：脂质体是利用人工方法将磷脂在水溶液中形成一种脂质双层包围水溶液的脂质微球，脂质微球形成的同时，可将生物大分子(如酶、抗体、核酸等)或小分子药物包入脂质微球中。因此，可作为一种运载工具，通过脂质体膜与体细胞的相互作用(包括膜融合、被吞噬等)，把含有特殊功能的生物大分子及小分子药物导入细胞中。

脂质体制备程序比较简单，也有商品化的脂质体转染试剂盒出售，可参考实验要求的不同而购买使用。

(3) 电穿孔(electroporation)法：电穿孔法是利用脉冲电场将DNA导入细胞的一种技术。其方法是将外源基因与宿主细胞混合于电穿孔杯，根据不同种类的细胞设置特定的电击电压。细胞受到电击后，在高频电流的作用下，产生许多孔洞，使外源DNA能进入宿主细胞，并整合至宿主细胞基因组中。

(4) 基因枪(gene gun)法：微粒轰击又叫基因枪技术、生物发射技术或高速微粒发射技术。它是借高速运动的金属微粒，将附着于其表面的核酸分子引入受体细胞的技术，适用于动物细胞、尤其是植物细胞的基因转染。

(5) 病毒感染(infection of virus)法：包括RNA病毒(反转录病毒)感染和DNA病毒(如腺病毒)感染。当携带外源基因的重组病毒载体进入包装细胞后，可以形成完整的病毒颗粒，并释放到培养上清液中。通过离心收集病毒颗粒，再利用病毒本身高效感染细胞的特点将外源基因导入靶细胞中。

4. 哺乳动物基因转移的筛选标记　利用上述外源基因导入哺乳动物细胞的方法，无论是质粒载体导入哺乳动物细胞，或反转录病毒载体导入包装细胞，都只有少部分细胞能成为稳定的转染细胞。如何从成百万个细胞群体中，检测出为数极少的转化细胞，以及怎样鉴定已导入受体细胞中的外源DNA呢？这是基因表达技术中的一个关键问题。在哺乳动物细胞表达载体中(包括质粒载体和病毒载体)都带有某种抗生素抗性基因，将带有抗性标记的载体导入哺乳动物细胞时，该细胞在含有相应抗生素的培养基中仍能生长，通过此种方法可以将转染细胞和非转染细胞筛选出来。哺乳动物细胞表达载体常用的筛选标记有两类：一类仅适用于密切相关的突变细胞株，如采用标记基因 *hgprt*、*tk* 和 *aprt* 等基因，它们只分别适用于 $hgprt^-$、 *tk*$^-$和 *aprt*$^-$等基因缺失的细胞株。另一类是显性作用基因,如 *neo*、*hyg*、*act* 基因等。受体细胞一旦获得该基因,就会使原来对某种抗生素敏感的细胞变得不敏感,并能在含有该抗生素的培养基中存活。大多数真核表达载体都带有 *neo*^{r} 基因,这段基因编码氨基糖磷酸转移酶(APH),该酶能使新霉素的一种类似物 G418(geneticin)失活。所以,导入含 *neo* 基因载体的细胞可以在含有 G418 的选择培养基中存活,这种选择系统适用于所有的细胞类型。有的载体带有 *hyg*^{r} 基因,该基因编码潮霉素 B 磷酸转移酶,使潮霉素 B(hygromycin B)失活。还有些质粒载体带有其他的抗性基因。根据所用的载体可以确定采用何种药物来筛选转染细胞。

5. 外源基因在哺乳细胞的表达和基因表达产物的检测 转染后的细胞在含有相应抗生素的培养基中持续培养,可在细胞或培养上清液中得到表达产物蛋白质。

外源基因在哺乳动物细胞的表达是一个多步骤,多环节的复杂过程,并不是每次实验都能得到理想的结果。需要通过一定的方法检测目的基因在宿主细胞中的表达情况。检测 mRNA 的表达水平常用反转录结合实时定量 PCR 的方法。对于蛋白水平的检测,常用的方法包括:免疫荧光抗体法、免疫沉淀法以及 Western 印迹术等。

第六节 表达产物的分离纯化

基因的表达产物包括 RNA 和蛋白质,其中蛋白质是基因工程最常用的表达产物。本节主要概述基因工程表达蛋白质的分离和纯化。

通过基因工程表达的蛋白,有的存在于宿主细胞内,成为细胞内蛋白;有的被分泌到细胞外,成为细胞外蛋白。一般来说,细胞内蛋白成分复杂,分离纯化目标蛋白难度较大。而细胞外蛋白成分相对简单一些,分离纯化目标蛋白就相对容易一些。所以,在基因工程上游设计工作时,应该尽可能地考虑将目标蛋白设计成一种分泌型表达方式,这会给下游分离纯化工作带来很大便利。

蛋白质是生物大分子,其生物学活性依赖于正确的空间构象,所以在分离基因工程表达蛋白时，要尽可能避免使蛋白变性的因素，如加热、剧烈震荡、长时间高功率超声、长时间高温（室温）环境下与有机溶剂接触、X 线、重金属盐、强酸、强碱及生物碱试剂等。基因工程表达蛋白的分离纯化一般先将细胞破碎，然后经过粗分，最后精制备。蛋白质的分离和纯化技术请参阅本书第一章。

第七节 基因敲除、敲入和过表达小鼠模型的建立

随着人类基因组计划的顺利进行，越来越多的新基因被发现，基因功能研究成为生命科学领域中的重大课题。想要研究某个基因在体内的功能，通常的做法是将基因在细胞或个体中敲除，或者将基因在细胞或个体中敲入，从中观察细胞生物学行为变化或者个体表型遗传性状的变化，鉴定基因的功能。

一、基因编辑技术

胚胎干细胞（embryonic stem cell, ES 细胞）打靶、*CRISPR* 基因编辑和转基因是建立基因敲除、敲入或过表达小鼠模型常用的 3 种基因编辑技术。

1. ES 细胞打靶 ES 细胞打靶是建立在 DNA 同源重组与胚胎干细胞等基础上的传统基因编辑技术。同源重组是指当外源 DNA 片段与宿主基因组片段同源性高时，同源 DNA 区部分可与宿主 DNA 的相应片段发生交换。ES 细胞打靶就是通过同源重组技术将外源基因定点整合入靶细胞基因组上某一确定的位点，以达到定点修饰改造染色体上某一基因的目的。经过遗传修饰的 ES 细胞仍然保持分化的全能性，可以发育为嵌合体动物的生殖细胞，使得经过修饰的遗传信息经生殖系遗传，最终获得基因修饰小鼠模型，包括基因敲除、条件性基因敲除、KO first、基因敲入、点突变、条件性点突变、定点基因过表达及基因人源化小鼠模型。

2. *CRISPR* 基因编辑 *CRISPR*/Cas9 核酸酶系统需要 2 个组分：用于切割靶序列的 Cas 酶和与 20 个碱基对（bp）的靶序列结合的指导 RNA (sgRNA)。利用靶点特异性的 sgRNA 指导 Cas9 核酸酶在基因组上的特定靶点进行 DNA 双链剪切。通过非同源末端连接(NHEJ)可导致移码突变,实现基因敲除(KO);通过同源重组修复(HR)可将外源片段整合到基因组指定位点(KI)。与传统的 ES 细胞打靶方法相比,大大地缩短了研发周期;打破对小鼠遗传品系的限制,能够实现不同遗传背景或在已有基因修饰小鼠模型基础上的基因编辑。

3. 转基因 将一段外源基因整合到动物基因组中获得过量表达,并能遗传给后代的技术称为转基因。原核显微注射是较为常用的方法,即将设计好的外源基因(或多基因)注射到受精卵的原核内,并随机整合到小鼠基因组中,获得随机插入的转基因小鼠,并稳定遗传给后代。此外,还可以利用 DNA 转座子系统提高转基因的表达阳性率。比如,piggyBac、SleepingBeauty (SBll)和 Tol2 系统。其中 piggyBac 转座子系统较为高效,将外源基因的片段克隆至 piggyBac 转座子质粒中,再将转座子质粒与 piggyBac 转座酶共同注射到小鼠受精卵中,在转座酶作用下,目的片段会被从质粒中切离下来整合到基因组上的 TTAA 位点处,更高效地获得转基因小鼠模型。利用转基因技术可获得过表达转基因小鼠、RNAi 转基因小鼠、microRNA 转基因小鼠、可诱导性/组织特异性转基因小鼠、BAC 转基因小鼠(bacterial artificial chromosomes, BACs)。

二、基因敲除小鼠模型

基因研究中,敲除基因是研究该基因功能是最常用的手段。基因敲除又可分为完全性基因敲除和条件性基因敲除。

1. 完全性基因敲除 完全性基因敲除(conventional knockout, KO)是通过基因敲除技术,把需要敲除目的基因的所有外显子或几个重要的外显子或者功能区域敲除掉,获得全身所有的组织和细胞中都不表达该基因的小鼠模型。此模型一般用于研究靶基因或蛋白功能(要求该基因非胚胎致死性基因)对全身生理或病理的影响。此模型可采用 *CRISPR*/Cas9 和 ES 细胞打靶技术完成。

通过 *CRISPR* 基因编辑技术,构建一个完全性基因敲除小鼠模型一般需要 4～6 个月。根据基因序列设计合成 sgRNA 与 Cas9 mRNA 共同注射到小鼠受精卵，Cas9 核酸酶、sgRNA、基因组靶序列结合并切割双链 DNA，通过非同源性末端接合（NHEJ）修复途径造成靶基因的移码突变或片段敲除，从而实现基因敲除。NHEJ 修复是随机的，可能在同一小鼠体内不同细胞造成的修复结果不同，F_0 小鼠需要繁殖一代，获得稳定遗传的敲除杂合子小鼠。

通过 ES 细胞打靶技术，构建一个常规基因敲除小鼠模型一般需要 7～12 个月。构建以筛选基因新霉素（neomycin，Neo）取代靶基因的一个或多个外显子的重组载体，转入 ES 细胞，获得正确发生同源重组的 ES 克隆。ES 细胞进行囊胚注射，获得部分 ES 细胞来源的嵌合鼠，嵌合鼠与野生型小鼠交配，最终获得来源于重组 ES 细胞的杂合子小鼠。杂合子小鼠一条染色体上的靶基因指定外显子被 *Neo* 基因所取代，杂合子交配获得靶基因失活的纯合子小鼠。

2. 条件性基因敲除　条件性基因敲除（conditional knockout，CKO）就是通过时间或组织特异性敲除靶基因，实现更精准的基因敲除，进行更有针对性的研究。条件性基因敲除主要是通过染色体位点特异性重组酶系统 Cre－LoxP（cyclization recombinase-loxP）、FLP－Frt 和 Dre－Rox 来实现的。其中最为常用的是 Cre－LoxP 系统，通过把两个 LoxP 位点插入目的基因的一个或几个重要外显子的两端以制备出 flox（flanked by loxP）小鼠。该 flox 小鼠在与表达 Cre 重组酶小鼠杂交之前，该基因表达正常；当 flox 小鼠与组织特异性表达 Cre 酶的小鼠进行杂交后，可实现在特定的组织或细胞中敲除该基因，而在其他组织或细胞中该基因表达正常。这样的 flox 小鼠避免了全身敲除小鼠可能出现的胚胎或新生致死，并且与不同的 Cre 工具鼠组合，可以使目的基因的表达或缺失发生在实验动物发育的任一阶段或组织器官。

此外，若与控制 Cre 表达的其他诱导系统相结合，还可以对某一基因同时实现时间和空间两方面的调控，即为诱导性条件性基因敲除。如上所述，通过选择组织特异性表达的启动子调控 Cre 重组酶的表达，就可以实现相应部位特定基因的敲除。然而，有些启动子（即诱导型启动子）也可以被某些外源性化学物质诱导调控，因而可以通过控制给予诱导剂的时间来实现人为操控基因敲除的发生。这种外源性调控的基因敲除可以避免在胚胎发育早期由于基因功能的异常所产生的不良反应。这种时间特异性基因敲除由诱导型 Cre - loxP 系统介导。常见的诱导型 Cre 有：①启动子激活型，即通过诱导剂来调节驱动 Cre 重组酶的启动子活性。例如，四环素诱导型(tetO - Cre)、干扰素诱导型(Mx1 - Cre)；②配体诱导型，即通过将 Cre 重组酶与激素受体的配体结合域(ligand-binding domain, LBD)相融合，形成定位于胞质的融合蛋白，只有在激素诱导后，融合的 Cre 蛋白才会通过构象变化从锚定蛋白 HSP90 上解离下来，进入细胞核，识别 loxP 位点并发生重组。例如，雌激素诱导型(Cre - ER)。其中最频繁使用的是四环素系统(Tet-Off system/Tet-On system)和他莫昔芬系统(tamoxifen system)。

四环素诱导的 Cre - loxP 系统包含两个互补系统，tTA 依赖(tetracycline-controlled transactivator protein dependent)和 rtTA 依赖(reverse tetracycline-controlled transactivator protein dependent)的基因敲除系统，又称为 Tet - Off 系统和 Tet - On 系统。在这两个系统中，四环素(tetracycline)或其衍生物多西环素(Dox)控制转录激活子 tTA 或 rtTA 与启动子 Ptet 结合，从而调控下游基因的表达。采用 Tet - Off 系统进行条件性基因敲除时，需要两种小鼠品系，一个是将受特异性启动子调控的 tTA 的表达载体和受 Ptet 启动子调控的 Cre 重组酶的表达载体转入小鼠体内的转基因小鼠，一个是靶向目的基因的 flox 小鼠，将两种小鼠进行交配繁殖产生的子代小鼠中会在特定组织细胞中表达 tTA，tTA 再与 Ptet 结合后激活下游的 Cre 重组酶的表达，可实现特定基因在特定组织细胞中的敲除。如果在子代小鼠出生时就给予四环素，并且一直维持下去，特定基因的敲除就不会发生，只有在停止四环素的应用后才会发生该基因在特定部位的丢失。采用 Tet - On 系统与上述情况正好相反，在不用四环素时基因敲除不发生，只有给予四环素时才会导致特定基因在特定部位的敲除。因此，可以使用该系统对靶位点进行时空上的调控。

他莫昔芬诱导的 Cre - loxP 系统不像四环素系统调控基因的转录，其是在蛋白水平上调控基因的功能。该系统中，雌激素受体(ER)的配体结合域的突变形式与 Cre 重组酶融合，形成 Cre - ERT(tamoxifen)。Cre - ERT 不再与它的天然配体 17β 雌二醇结合，而与合成配体他莫昔芬结合。与四环素诱导的系统一样，采用他莫昔芬诱导的 Cre - loxP 系统进行条件性敲除时也需要 2 种小鼠品系，一个是 flox 小鼠，另一个是 Cre 工具小鼠。Cre - ERT 位于广谱型启动子或组织特异性启动子下游，他莫昔芬可以在蛋白水平激活它。将 Cre - ERT 小鼠与 flox 小鼠进行交配繁殖，再使用他莫昔芬便可以实现特定时间的基因敲除。

3. KO first　KO first(conditional ready)是一种多用途的模型，与条件敲除策略类似，在目的片段的两侧分别放置方向相同的 LoxP 位点，同时还在靶片段 5′末端内含子中放置一个两侧带有 FRT 位点的 SA - IRES - reporter 片段[含有 splice acceptor (SA)，核糖体结合位点 IRES，报告基因 lacZ 和抗性筛选标记 Neo]，形成 FRT - SA - IRES - reporter - FRT - loxp 结构。其基因转录会在 SA 的作用下改变，转录出 lacZ 的部分，并在 poly (A)处终止。因此，其最初是一个不表达的状态。这类小鼠模型主要有两方面用途：①与 Cre 工具鼠交配可去除 *Neo* 基因及 Flox 区域，形成报告基因(*reporter*)敲入和目的基因敲除小鼠，用目的基因的启动子表达 *reporter* 基因，通过检测 *reporter* 基因的表达即可跟踪靶基因的表达情况；②与 Flp (识别 FRT 位点的重组酶)工具鼠交配可去除 SA - IRES - reporter 片段，还原已敲除基因，得到常规的 Flox 小鼠。而 Flox 小鼠与各种组织特异的 Cre 工具鼠交配即可得到各种条件型敲除模型。

在与 Flpe 品系交配之前，KO first 模型的 flox 小鼠与 CKO 模型的 flox 小鼠不同，CKO 中的 flox 小鼠表型正常，但 KO first 却是 KO 表型。与 Flpe 品系交配之后，两种策略的 flox 小鼠相同，都表现正常。一般来说，CKO 带有 *Neo* 基因的小鼠可以直接用 cre 品系交配获得条件型敲除的鼠，但是，KO first 必须先与 Flpe 品系交配后再与 Cre 品系交配。因此，在时间上会多一代时间。

三、基因敲入小鼠模型

基因敲入(knockin, KI)是将目的基因导入细胞或个体中，使其获得新的或更高水平的表达，通过细胞或个体生物性状的变化来研究基因的功能。通常的方法有：①常规基因敲入，外源基因替代小鼠内源基因表达策略(即敲入同时敲除)；②点突变(constitutive mutation)，将点突变(人类致病候选点突变)引入小鼠同源基因对应位置，形成全身性的基因突变；③条件性点突变(conditional mutation)，将点突变与 Cre - LoxP 系统结合，引入小鼠同源基因对应位置，实现组织特异性点突变；④共表达(co-expression)，敲入基因和内源性基因同时表达；⑤人源化(humanization)，将动物基因部分或全部换成人源基因，构建用于疾病、免疫、生理学研究，以及抗体药物筛选及药效评价的人源化基因工程小鼠模型。

基因敲入模型可应用于药物筛选相关研究、信号通路的研究、示踪的相关研究。通过 *CRISPR* 基因编辑技术，构建一个基因敲入小鼠模型一般需要 6～9 个月。通过 ES 细胞打靶技术，构建一个基因敲入小鼠模型一般需要 9～12 个月。

四、基因过表达小鼠模型

通过构建广泛性/组织特异性/诱导性等不同的启动子，利用转基因、ESC 打靶和 *CRISPR*/Cas9 技术实现目的基因在小鼠组织广泛性/特异性/特定条件下的过表达，达到对目的基因功能的研究目的。根据基因整合位点的确定性，可分为：定点条件性基因过表达(site-specific knockin)和随机整合转基因(random transgenesis)。

1. 定点条件性基因过表达 利用 Cre - LoxP 系统对目的基因进行可诱导表达调控。构建 Rosa26 -(SA/pCAG)- loxp - Stop - loxp - cDNA - pA 重组载体，将条件性过表达结构插入 *Rosa*26 基因 intron1 中。*Rosa*26 位于小鼠 6 号染色体，是一个非编码基因，已被证明在大部分组织和细胞中都有表达。表达比较活跃的基因区域因为需要转录因子的进入而基因组结构不会被异染色质化。因此，在这个区域定点插入外源 DNA，在各组织中表达的可能性都非常高。所以，*Rosa*26 被广泛用来作为外源基因表达的安全位点，是目前最为常用的定点整合位点之一。该类型 knockin 小鼠可与各类表达 Cre 重组酶的工具鼠杂交，获得组织特异性表达外源基因的条件性过表达小鼠模型。

2. 随机整合转基因 利用传统的转基因法或高效 PiggyBAC 转座子系

统将外源基因随机整合到动物基因组，实现目的基因的过表达。其中PiggyBAC转座子系统可以将外源基因整合到动物基因组的转座酶识别位点，精确地剪切和插入不留下印迹，并且在随机插入基因组的过程中，更倾向于插入有活跃转录的位置，故而能够大幅提高转基因小鼠外源基因的表达阳性率。

第八节　生物药物前沿研究

生物药物，也称为生物医学产品，是在生物来源中制造、提取或半合成的任何药物产品。与完全合成的药物不同，它们包括疫苗、血液成分、细胞因子、免疫细胞、体细胞、基因疗法、病毒疗法、组织、重组治疗性蛋白质和用于细胞疗法的活性药物。生物制剂可以由糖、蛋白质、核酸或这些物质的复杂组合组成，也可以是活细胞或组织。它们与人类、动物、植物、真菌或微生物等生物来源不同。它们可用于人类和动物医学。

一、嵌合抗原受体T细胞免疫疗法

嵌合抗原受体(CAR)是一种模块化的融合蛋白，包括细胞外靶结合区-通常来源于抗体的单链可变片段(scFv)、间隔域、跨膜结构域和胞内信号转导区(由信号分子的部分组成)，与零或一两个共刺激分子相连，比如CD28、CD137和CD134等。通过基因转移技术设计表达CAR的T细胞能够通过scFv结合域特异性地识别其靶抗原，从而导致T细胞以不依赖于主要组织相容性复合体(MHC)的方式激活。第1次CAR-T细胞治疗KYMRIAH(tisagenlecleucel)是在2017年8月美国食品药品监督管理局(FDA)批准的儿童患者和年轻人(25岁以下)合并B细胞急性淋巴细胞白血病(B-ALL)的初步结果的基础上，第2阶段多中心ELIANA试验。但是，治疗相关的毒性频发，73%的患者经历严重(3级或更高)不良事件(AES)，包括47%的进行性严重细胞因子释放综合征(CRS)。CAR-T细胞治疗往往导致独特和潜在的严重毒性，最显著的是CRS和神经毒性[或“CAR-T细胞相关脑病综合征”(CRES)]。CRS类似于全身炎症反应综合征(SIRS),可表现为发热、血流动力学不稳定、缺氧和终末器官功能障碍等。严重程度可能与CAR-T细胞输注剂量、体内细胞扩张程度和肿瘤负担量有关。

提高CAR-T细胞治疗效果,目前主要的策略是旨在进一步提高应答率和缓解时间,针对新的疾病亚型,并减少许多标准设计经常经历的实质性毒性。CAR-T细胞失效的潜在机制包括免疫抑制肿瘤微环境、肿瘤抗原逃逸(如CD19丢失)、CAR-T细胞衰竭和持久性降低。为此,新的CAR设计最近已经从临床前的研究转变为早期的非注册临床研究。因此,一些研究双特异性CAR-T细胞的试验目前正在进行中。事实上,Hossain等在2018年美国血液学学会上报告了第1阶段剂量上升研究的初步数据,研究了抗CD19和抗CD22双特异性CAR设计。虽然患者人数较少,但本研究证明了双特异性CAR的有效性和安全性。通用型CAR-T细胞是目前研究的热点。通过*CRISPR*/Cas9技术可以编辑和删除同种异体T细胞的原始*TCR*基因,避免同种异体T细胞输注引起的移植物抗宿主病(GVHD),从而完善同种异体CAR-T细胞治疗。

免疫抑制的肿瘤微环境对CAR-T细胞治疗在许多肿瘤类型中的疗效提出了重大挑战。因此,需要开发下一代“armored 嵌合抗原受体(CARS)”。“armored CARs”的例子包括组成性表达CD40配体、可分泌细胞因子IL-18或可分泌PD-1阻断单链可变片段(scFvs)的例子。

二、基因治疗

基因治疗是生物治疗的一种方法。载体将外源核酸引入靶细胞,改变基因表达,纠正或补偿因遗传缺陷和异常引起的疾病。截至2017年11月,共有2597个基因治疗项目在38个国家进行,其中2/3作用于各种恶性肿瘤的临床试验。安全、有效、可控的基因传递系统是基因治疗的关键步骤。两种主要类型的载体是病毒载体和非病毒载体。可用作载体的病毒包括反转录病毒、慢病毒、腺病毒和腺相关病毒。非病毒载体可携带较高的遗传负荷,具有较高的安全性,诱导较低的免疫应答。然而,由于缺乏细胞靶向能力和体内基因转染率低,目前大多数用于体外操作。癌症的发展始于细胞增殖和凋亡、细胞分化和抑制、免疫和免疫逃逸、血管生成和抑制以及转移和抑制转移平衡的破坏。这是一个涉及癌基因、抑癌基因和其他基因改变的过程。

癌症的基因治疗的方法有许多种，如抑癌基因治疗、基因沉默治疗及基因免疫治疗等。以基因沉默治疗为例，通过 RNA 干扰对基因转录或表达的抑制。它被临床用于治疗恶性肿瘤，其中 RNA 干扰(RNAi)是最常用的技术。到目前为止，已经有超过 10 种基于 RNAi 的癌症治疗方法进入临床试验，研究人员可以特异性地沉默与肿瘤发生、转移、细胞凋亡、有丝分裂和癌细胞中某些信号通路相关的基因。例如，下调 CK2 的表达是抗癌治疗的一个很有前途的靶点，它对正常细胞没有危害，与 TBG 纳米胶囊结合具有较高的稳定性。其他基因，如 *LMP*-1、K-*ras*V12、h*TERT* 和 *KMT2*C，也已在临床试验中获得批准。

三、病毒治疗

溶瘤病毒(oncolytic virus, OV)是一种有治疗作用的病毒，可选择性地感染和损害癌组织，而不会对正常组织造成损害。溶瘤病毒利用减毒病毒感染肿瘤细胞，产生新的或增强先前存在的天然免疫应答。大多数可用的溶瘤病毒都是转基因的，以增强肿瘤的取向性，降低对非肿瘤性宿主细胞的毒力。OV 有两个主要的机制来发挥抗肿瘤作用。第 1 种，入侵肿瘤细胞后，OV 通过在肿瘤细胞内利用能量和原料广泛复制；一方面阻断肿瘤细胞生长；另一方面，越来越多的后代病毒会使细胞破裂，导致细胞裂解，被释放后感染邻近的肿瘤细胞。这可能导致病毒在整个肿瘤肿块中反复感染，最终所有病毒都被免疫系统靶向和消除。第 2 种，它们可以通过增强抗原的释放/识别和随后的免疫激活来刺激促炎环境，以抵消恶性肿瘤细胞的免疫逃逸。溶瘤病毒可以通过多种不同的方式杀死受感染的癌细胞，包括从病毒直接介导的细胞毒性到各种细胞毒性免疫效应机制等。除了杀死受感染的细胞外，OV 还可以通过间接机制，如破坏肿瘤血管、扩增特异性抗癌免疫应答或通过工程病毒表达的转基因编码蛋白的特定活性，介导未受感染的癌细胞的杀伤。

目前,FDA 唯一批准的 OV 治疗是 talimogene laherparepvec(T - Vec 或 Imlygic),用于转移性黑色素瘤,尽管还有许多其他病毒正在临床前和临床上开发。据报道,截至 2016 年,第 1 阶段至少有 8 种 OV,第 2 阶段有 9 种,第 3 阶段有 2 种处于临床试验阶段。值得注意的是,OV 的潜力远不止于黑色素瘤治疗,目前的研究至少在胰腺癌和肝细胞癌中正在进行。到目前为止,已经测试了 60 多个 OV、3 个 OV - T - VEC、Ad - H101 和 RIGVIR 已经获得批准。

四、细胞因子

细胞因子基因治疗的策略是诱导局部细胞因子通过肿瘤细胞本身或体外发挥抗肿瘤作用。细胞因子是可溶性小多肽或糖蛋白,具有多向性和冗余性,促进正常细胞的生长、分化和活化。肿瘤微环境由肿瘤细胞、内皮细胞和浸润的白细胞组成,如巨噬细胞、T 淋巴细胞、自然杀伤(NK)细胞、B 淋巴细胞和抗原呈递细胞(APC)。细胞因子在调节肿瘤微环境中起着深远的作用,细胞因子上调或下调抗炎和免疫抑制活性取决于肿瘤的微环境。微环境由异质肿瘤细胞、免疫细胞和细胞外基质组成。肿瘤微环境的调节对肿瘤的生长和进展至关重要。细胞因子的产生是肿瘤微环境中的一种通信手段。已发表的癌症患者临床研究,研究了白细胞介素(IL)2、IL - 6、IL - 8、IL - 10、IL - 12、IL - 18、肿瘤坏死因子 α(TNFα)、转化生长因子 β(TGFβ)、干扰素(IFN)- γ、人类白细胞抗原- DR(HLA - DR)、巨噬细胞迁移抑制因子(MIF)和 C - X - C 基序趋化因子受体 4(CXCR4)。

该疗法有效克服了全身或局部注射重组细胞因子的一些不良反应,如严重的全身毒性。到目前为止,已经进行了临床前试验,目的是产生白细胞介素(IL - 2、IL - 4、IL - 6、IL - 27、IL - 1 和 IL - 24)、干扰素(IFN - α/β/γ)、TNF - α/β 和集落刺激因子(GM - CSF)等,其中大多数具有阳性结果,具有一定的抗肿瘤作用。例如,*IL - 12* 基因转移治疗已被证明治疗犬乳细胞肿瘤是安全和可行的。

第二篇

实验篇

第六章 基础性实验

实验一 蛋白质定性实验

一、蛋白质的胶体性质—蛋白质的透析

【目的】

了解蛋白质的胶体性质,并熟悉透析的原理及操作。

【原理】

透析就是利用小分子晶体物质能透过半透膜,而大分子胶体颗粒不能透过半透膜的原理,以分离大分子胶体和小分子物。故利用透析法可使蛋白质得到纯化和浓缩。

【操作】

(1) 火棉胶囊的制作:取小烧杯1只,倒入少量火棉胶沿烧杯壁旋转一圈,使烧杯内壁涂上薄薄一层火棉胶。放置待乙醚挥发尽后,火棉胶膜即会脱开,轻轻取出,置蒸馏水中待用(本实验有示教)。

本实验也可用市售透析袋替代火棉胶囊进行蛋白质透析。

(2) 注入2.5 mL蛋白质溶液及2 mL饱和氯化钠溶液于火棉胶囊中,并将火棉胶囊的开口处用线扎住,放入盛有蒸馏水的烧杯中透析,其开口端应位于液面之上。

(3) 透析 30 min 后自烧杯中取出 1～2 mL 水溶液,置于一试管中,加入硝酸银溶液 1 滴,检查有无氯离子存在。

(4) 考马斯亮蓝法检测蛋白质:取小试管 2 只,分别加入烧杯中溶液及火棉胶囊中溶液各 10 滴,然后在 2 管中均加入考马斯亮蓝 G250 溶液 2 滴,摇匀,观察试管中颜色变化,并解释现象。

二、蛋白质的沉淀、变性、凝固

【目的】

观察蛋白质的沉淀、变性、凝固反应,进一步了解蛋白质的亲水性胶体,两性电离、变性凝固等物理化学性质。

【原理】

蛋白质沉淀反应虽然极多,但可划分两类。第一类是可逆的沉淀反应,包括蛋白质的盐析;低温下用乙醇或丙酮短时间作用于蛋白质而使沉淀等反应。此时,蛋白质分子基本上保持原来的天然性质,未发生显著的变性。第二类是不可逆的沉淀反应,包括重金属盐类、生物碱沉淀剂以及加热凝固等沉淀反应。此类反应中蛋白质分子结构发生重大改变,不再溶解于原来的溶媒中,蛋白质发生了变性。

蛋白质沉淀的原因不外乎胶体稳定因素被破坏,加入试剂与蛋白质生成了不溶性化合物;或其他因素使蛋白质分子结构发生根本改变,下列各实验将分别予以讨论。

盐析不同种类的蛋白质可以用不同浓度的同一盐类,这就是混合蛋白质之所以能用盐析法分段分离的原理。例如,饱和硫酸铵溶液几乎能从中性溶液中析出所有的蛋白质,其中某些蛋白质(例如,球蛋白)在半饱和硫酸铵溶液中就能析出。

本实验将用$(NH_4)_2SO_4$分离血浆白蛋白、球蛋白。

【操作】

1. 盐析

(1) 取 3 mL 血浆加入等量的饱和$(NH_4)_2SO_4$溶液,混匀后,观察是否有蛋白沉淀现象。

(2) 将蛋白质沉淀用滤纸过滤，并取沉淀少许，加入蒸馏水，观察沉淀能否重新溶解。

(3) 向滤液中加入过量的固体 $(NH_4)_2SO_4$ 并不断搅拌，直到不再溶解为止，观察有何变化。

(4) 再取沉淀少许加入蒸馏水，观察沉淀能否溶解。

2. 有机溶剂沉淀蛋白质

(1) 取 2 支小试管，各加入蛋白质溶液 20 滴。再于其中一管内加入固体 NaCl 少许，强烈震荡片刻。

(2) 在上述 2 支小试管中各加入 2 mL 95%乙醇并强烈震荡。比较二试管蛋白质沉淀产生情况。

3. 生物碱沉淀剂沉淀蛋白质　取小试管 1 支，加蛋白质溶液 10 滴，加入 10%三氯醋酸(生物碱沉淀剂)5 滴，观察沉淀的生成。

4. 重金属盐类沉淀蛋白质　取小试管 1 支，加蛋白质溶液 10 滴，再加 3%硝酸银溶液 2 滴，观察沉淀生成。

5. 加热沉淀蛋白质

(1) 取 3 支小试管，作好标记，各加入蛋白质约 20 滴。

(2) 于第 1 支试管中加入 1%醋酸 1 滴，此时蛋白质处于等电点的环境中，观察蛋白质沉淀的产生。

(3) 于第 2 支试管中，加入 10%醋酸 15 滴，并加热，观察是否有蛋白质沉淀产生。

(4) 于第 3 支试管中，加入 10% NaOH 15 滴，并加热，观察是否有蛋白质沉淀产生。

请用课堂已学到的理论知识简明扼要解释以上 5 个实验所观察到的现象。

【试剂】

(1) 蛋白质溶液：取新鲜鸡蛋蛋白于量筒中，然后以 1∶8 浓度用蒸馏水稀释。

(2) 火棉胶(6%)：称取硝化纤维素(火棉胶)6 g 溶于 100 mL(1∶3＝无水乙醇∶无水乙醚)混合液中(如火棉胶放置时间太长，试剂浓度可适当增大到 6%～7%)。

(3) 3%硝酸银：称 3 g 硝酸银溶于 100 mL 蒸馏水中。

(4) 10% NaOH：称 10 g NaOH 溶于 100 mL H_2O 中。

(5) 10%三氯醋酸：称 10 g 三氯醋酸溶于 100 mL 蒸馏水中(加微热溶解)。

(6) 1%醋酸：吸冰醋酸 1 mL 稀释至 100 mL 蒸馏水中。

(7) 10%醋酸：吸冰醋酸 10 mL 稀释至 100 mL 蒸馏水中。

(8) 固体 NaCl。

(9) 95%乙醇。

(10) 考马斯亮蓝液：50 mg 考马斯亮蓝 G250、95%乙醇 25 mL、85%磷酸 50 mL 混合均匀后，加蒸馏水到 500 mL。

【注意事项】

1. 蛋白质透析

(1) 取干燥洁净的小烧杯。

(2) 于烧杯内壁薄薄地涂上一层火棉胶，涂的厚薄要均匀，将适量的火棉液加入烧杯中迅速旋转一圈倒出，待干后再轻轻剥离取出(加热可使溶剂挥发加快，天气潮湿不易干时，可先做其他实验以节约时间)。

(3) 往火棉胶囊中加溶液时不要加到胶囊的外边，若外边沾有溶液可用蒸馏水冲洗，同理取烧杯和火棉胶囊中溶液所用的滴管不可混用。

(4) 勿用明火加热(火棉胶囊溶液用乙醚配制)。

2. 蛋白质的沉淀、变性和凝固　每个实验均要求按实验讲义的要求，严格操作。试剂量不要随意增减，否则会影响实验的结果。

实验二　改良 Lowry 比色法（Hartree 法）定量蛋白质

【目的】

掌握 Hartree 法测定蛋白质和标准曲线的制备方法

【原理】

Hartree 法是基于 Lowry 测定蛋白质的改良法。它由两部分试剂组成。试剂甲(这里是 A、B 试剂)相当于双缩脲试剂。在碱性条件下，可与蛋白质中的烯醇化的肽键反应，形成蛋白质- Cu^{2+} 复合物，这有利于电子转移到反应式Ⅱ生成的混合酸上，从而大大地加强后一反应的敏感性(见图 6-1)。

反应式Ⅰ：

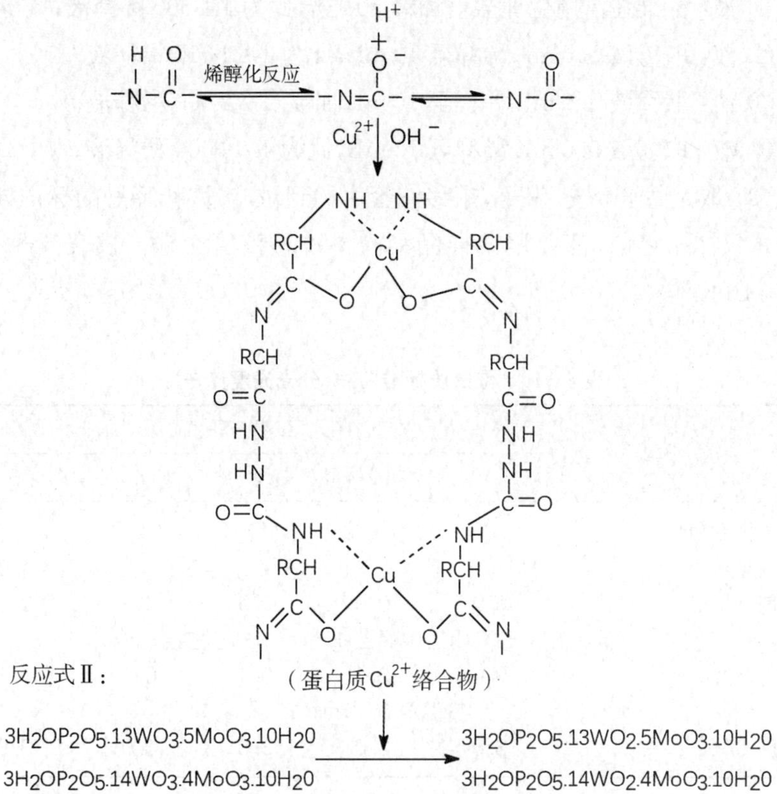

$$-\overset{H}{N}-\overset{O}{\underset{}{C}}- \xrightleftharpoons{\text{烯醇化反应}} -N=\overset{\overset{H^+}{O^-}}{C}- \rightleftharpoons -N-\overset{O}{C}-$$

$$\downarrow Cu^{2+}\ \ OH^-$$

(蛋白质 Cu^{2+} 络合物)

反应式Ⅱ：

$$\begin{matrix} 3H_2OP_2O_5.13WO_3.5MoO_3.10H_2O \\ 3H_2OP_2O_5.14WO_3.4MoO_3.10H_2O \end{matrix} \longrightarrow \begin{matrix} 3H_2OP_2O_5.13WO_2.5MoO_3.10H_2O \\ 3H_2OP_2O_5.14WO_2.4MoO_3.10H_2O \end{matrix}$$

图 6-1　Hartree 法定量蛋白质化学反应原理

试剂乙(磷钨酸-磷钼酸)在碱性条件下极不稳定，易被上述蛋白质-Cu^{2+}复合物中半胱氨酸，酪氨酸和组氨酸还原成含多种还原型的混合酸。并且有特殊的蓝颜色(反应式Ⅱ)。由于本法颜色深浅与蛋白质含量成正比，故利用比色法就可测定蛋白质的含量。

【操作】

1. 标准曲线的制备(须做复管)

(1) 准确量取一定量血清，以凯氏定氮法(或紫外分光光度法)测出其中蛋白质的实际含量。

(2) 取上述已测定蛋白质含量的血清(或标准牛血清白蛋白)用生理盐水配制一系列不同浓度的蛋白质标准溶液。

① 液：标准血清用生理盐水稀释 500 倍,此为 1∶500 稀释液；

② 液：取①液 5.0 mL 稀释至 10 mL,此为 1∶1 000 稀释液；

③ 液：取②液 5.0 mL 稀释至 10 mL,此为 1∶2 000 稀释液；

④ 液：取③液 5.0 mL 稀释至 10 mL,此为 1∶4 000 稀释液。

(3) 取大试管 5 支,编号,用移液管由稀到浓,吸取稀释好的标准样品,每吸 1 只样品之前,都要用该样品溶液淋洗移液管 1 遍。按表 6－1a 或表 6－1b 操作：

表 6－1a 蛋白质标准曲线(分光光度计法)

试 剂	编 号				
	1	2	3	4	5
标准样品/mL	1.0④	1.0③	1.0②	1.0①	
生理盐水/mL					1.0
试剂 A/mL	0.9	0.9	0.9	0.9	0.9
混匀后在 50℃水浴中保温 10 min、冷却至室温					
试剂 B/mL	0.1	0.1	0.1	0.1	0.1
室温放置 10 min					
试剂 C/mL	3.0	3.0	3.0	3.0	3.0

表 6－1b 蛋白质标准曲线(酶标仪法)

试 剂	编 号				
	1	2	3	4	5
标准样品/μL	40④	40③	40②	40①	
生理盐水/μL					40
试剂 A/μL	36	36	36	36	36
混匀后在 50℃水浴中保温 10 min、冷却至室温					
试剂 B/μL	4	4	4	4	4
室温放置 10 min					
试剂 C/μL	120	120	120	120	120

立即混匀，置50℃水浴箱中保温10 min，冷却后比色。

(4) 以第5管为空白管，在波长650 nm分光光度计上，读取各管的光密度。以各标准样品的浓度(g/100 mL)为横坐标，各管的光密度为纵坐标作图，制作标准曲线。

(5) 酶标仪法直接在96孔培养板中做，利用水浴或烘箱保温均可。在波长650 nm酶标仪上检测，读取各孔数据，拍照留存。制作标准曲线时应扣除空白管光密度。

标准曲线制备：须从零点出发，成一直线。

注明：所用仪器、型号及编号、所用波长、测定方法、名称及制作日期。

2. 血清蛋白样品的测定

(1) 取试管2支，按表6-2a或表6-2b操作。

表6-2a　蛋白质样品的测定(分光光度计法)

试　剂	测定管	空白管
1∶1000稀释液/mL	1.0	—
生理盐水/mL		1.0
试剂A/mL	0.9	0.9
	混匀后在50℃水浴中保温10 min、冷却至室温	
试剂B/mL	0.1	0.1
	室温放置10 min	
试剂C/mL	3.0	3.0

表6-2b　蛋白质样品的测定(酶标仪法)

试　剂	测定管	空白管
1∶1000稀释液/μL	40	—
生理盐水(μL)		40
试剂A/μL	36	36
	混匀后在50℃水浴中保温10 min、冷却至室温	
试剂B/μL	4	4
	室温放置10 min	
试剂C/μL	120	120

(2) 立即混匀,置50℃水浴箱中保温10 min,冷却后,在分光光度计波长650 nm比色,读取各管的光密度。查标准曲线,根据标准曲线计算血清样品的蛋白含量,以g/100 mL为单位。

(3) 酶标仪法直接在96孔培养板中做,利用水浴或烘箱保温均可。在波长650 nm酶标仪上检测,读取各孔数据。按(2)求得蛋白质浓度。应扣除空白管光密度。

注意:①测定蛋白质的含量最好在15~110 μg;②各管加酚试剂必须快速,并迅速摇匀,不应出现混浊。

【试剂】

(1) 试剂A:2 g酒石酸钾钠及100 g Na_2CO_3 溶于500 mL 1 mol/L NaOH中用水稀释至1 000 mL。

(2) 试剂B:2 g酒石酸钾钠及1 g $CuSO_4 \cdot 5H_2O$ 分别溶解于少量水中,然后加水至90 mL,再加10 mL 1 mol/L NaOH即成。

(3) 试剂C:

1) 市售的酚试剂按1∶15稀释,最后浓度为0.15~0.18 mol/L(用标准NaOH滴定)。

2) 或称取100 g $Na_2WO_4 \cdot 2H_2O$ 及25 g $Na_2MnO_4 \cdot 2H_2O$ 溶于蒸馏水700 mL中,加入85% H_3PO_4 50 mL、浓HCl 100 mL,混合后置圆底烧瓶中回流10 h,加入硫酸锂($Li_2SO_4 \cdot H_2O$)150 g、水50 mL及溴水数滴,继续沸腾15 min以除余溴。冷却后稀释至1 000 mL过滤溶液应为金黄色,置棕色瓶中保存,应用时稀释。

(4) 0.9% NaCl。

(5) 人血清标准样品(制备标准曲线用)。

Ⅰ液(1∶500):2 mL血清用生理盐水稀释至1 000 mL容量瓶中。

Ⅱ液(1∶1 000):取Ⅰ液500 mL用生理盐水稀释至1 000 mL容量瓶中。

Ⅲ液(1∶2 000):取Ⅱ液500 mL用生理盐水稀释至1 000 mL容量瓶中。

Ⅳ液(1∶4 000):取Ⅲ液500 mL用生理盐水稀释至1 000 mL容量瓶中。

(6) 血清稀释液(未知液)(1∶1 000 浓度)：取正常血清 1 mL 用生理盐水稀释至 1 000 mL。

(7) 1 mol/L NaOH：40 g NaOH 溶于 1 000 mL 蒸馏水中。

(8) 标准品：取牛血清白蛋白 5 mg 溶于 100 mL 生理盐水中。

实验三　紫外分光光度法定量蛋白质

【目的】

掌握紫外分光光度法测定蛋白质浓度的原理、操作及计算公式。

【原理】

蛋白质组成中常含有酪氨酸等芳香族氨基酸，在紫外光 280 nm 波长处有其最大吸收峰，故可用 280 nm 波长光密度的大小来测定蛋白质的含量。由于核酸在 280 nm 波长处也有光吸收，对蛋白质的测定有干扰作用，但核酸的最大吸收峰在 260 nm 处。如增加测定 260 nm 的光吸收，通过计算可以消除其对蛋白质测定的影响。因此，溶液中存在核酸时必须同时测定 280 nm 及 260 nm 光密度，通过计算测得溶液中蛋白质的真实浓度。

【操作】

1. 稀释血清(或其他蛋白质溶液)　准确吸取 0.1 mL 血清，置于 50 mL 容量瓶中，用生理盐水稀释至刻度(即 500 倍)。

2. 测定光密度　在紫外分光光度计上，将稀释的蛋白质溶液小心地盛于石英比色皿中，以生理盐水为对照，测定 280 nm 及 260 nm 两波长处的光密度。

【计算】

把 280 nm 及 260 nm 波长处测得的光密度按下列公式计算蛋白质浓度。

1. Lowry-Kalchar 公式　蛋白质浓度(mg/mL)$=1.45D_{280}+0.74D_{260}$

2. Warburg-Christian 公式　蛋白质浓度(mg/mL)$=1.55D_{280}-0.75D_{260}$

【注意事项】

(1) 不同的蛋白质及核酸的光吸收率不完全恒定不变，所以可能产生误差,另一方面像嘌呤核苷、嘧啶核苷一类物质在波长 260 nm 和 280 nm 时也有吸收作用。

(2) 本法对微量蛋白的测定既快又方便,还适用于混有硫酸铵或其他盐类的情况,这时用其他方法测定往往比较困难或准确性不高。

(3) 也可选用酶标仪比色,但须选用适合紫外检测的 96 孔板和带紫外的酶标仪,用量为 200 μL。如有微量酶标仪和微量检测板,最小体积可达 1～2 μL。

实验四 二喹啉甲酸法定量蛋白质

【目的】

掌握二喹啉甲酸(BCA)法定量蛋白质和标准曲线的制备方法。

【原理】

BCA 法定量蛋白质是基于实验二相同的原理(双缩脲反应),即在碱性溶液中蛋白质将 Cu^{2+} 还原成 Cu^{1+}。检测溶液中 Cu^{1+} 浓度,即可检测反应体系中对应的蛋白含量。BCA 是一种显色剂,其可螯合被还原的铜离子,生成的紫色复合物在 562 nm 有强烈吸收。根据体系的体积不同,可用分光光度计或酶标仪来检测。

BCA 法具有检测简便、稳定性高、灵敏度高和兼容性高等特点。最小检测量可达 0.5 μg,检测范围在 50～2 000 μg 内有良好的线性关系。最低可检测到 25 μg。

BCA 法抗干扰较强,不受大部分样品中化学物质的影响。当样品含 5%的 SDS、5%的 Triton X-100、5%Tween20、60、80 对实验结果的准确性影响不大。但某些螯合剂和还原剂如乙二胺四乙酸及其二钠盐(EDTA)须低于 10 mmol/L、无乙二醇二乙醚二胺四乙酸(EGTA)和二硫苏糖醇(DTT)低于 1 mmol/L、β-巯基乙醇(β-mercaptoethanol)低于 0.01%,不然会影响实验结果的准确性。

【操作】

1. 标准曲线的制备(须做复管)　利用1 mg/mL 标准蛋白液，在1.5 mL离心管中制备系列稀释液，浓度分别为0.1 mg/mL(a)、0.2 mg/mL(b)、0.4 mg/mL(c)、0.6 mg/mL(d)、0.8 mg/mL(e)和1 mg/mL(f)。

(1) 分光光度计法：取10 mL 玻璃试管13个，按表6-3a操作。

表6-3a　蛋白质标准曲线(分光光度计法)

试　剂	编　号						
	1	2	3	4	5	6	空白
标准样品/mL	0.1(a)	0.1(b)	0.1(c)	0.1(d)	0.1(e)	0.1(f)	/
生理盐水/mL	/	/	/	/	/	/	0.1
BCA 工作液/mL	5	5	5	5	5	5	5
用充分混匀,60℃水浴保温30 min							

用空白管做对照管，可见光分光光度计在562 nm处检测各管光密度。

(2) 取96孔板一块，按表6-3b操作(标准曲线须做复管)。

表6-3b　蛋白质标准曲线(酶标仪法)

试　剂	编　号						
	1	2	3	4	5	6	空白
标准样品/μL	4(a)	4(b)	4(c)	4(d)	4(e)	4(f)	/
生理盐水/μL	/	/	/	/	/	/	4
BCA 工作液/μL	200	200	200	200	200	200	200
充分混匀,60℃保温30 min(水浴或烘箱保温,注意安全)							

酶标仪在562 nm波长下检测各孔光吸收值，应扣除空白管光密度。

2. 样品浓度测定　如蛋白样品范围未知，可事先用缓冲液或生理盐水按一定比例稀释，以保证蛋白浓度落在BCA法所检测范围内。取玻璃试管或96孔板，按表6-4a分光光度法或表6-4b酶标仪法操作。

表 6-4a　不同稀释比例蛋白质样品浓度测定(分光光度计法)

试　剂	编　号						
	1	2	3	4	5	6	空白
不同稀释比例样品/mL	0.1(a)	0.1(b)	0.1(c)	0.1(d)	0.1(e)	0.1(f)	/
生理盐水/mL	/	/	/	/	/	/	0.1
BCA 工作液/mL	5	5	5	5	5	5	5
充分混匀,60℃水浴保温 30 min							

注:括号内 a、b、c…分别表示不同未知浓度蛋白样品,为了确保实验的准确性应做复管。用空白管做对照管,可见光分光光度计在 562 nm 处检测各管光密度。

表 6-4b　不同稀释比例蛋白质样品浓度测定(酶标仪法)

试　剂	编　号						
	1	2	3	4	5	6	空白
不同稀释比例样品/μL	4(a)	4(b)	4(c)	4(d)	4(e)	4(f)	/
生理盐水/μL	/	/	/	/	/	/	4
BCA 工作液/μL	200	200	200	200	200	200	200
充分混匀,60℃保温 30 min(水浴或烘箱保温,注意安全)							

注:括号内 a、b、c…分别表示不同未知浓度蛋白样品,为了确保实验的准确性应做复管。酶标仪在 562 nm 波长下检测各孔光吸收值,应扣除空白管光密度。

【试剂】

1. 试剂 A　1%BCA 二钠盐,2%无水碳酸钠,0.16%酒石酸钠,0.4%氢氧化钠与 0.95%碳酸氢钠混合,调 pH 值至 11.25。

2. 试剂 B　4%硫酸铜。

3. BCA 工作液　试剂 A:试剂 B 按 50∶1 稀释,充分混匀。24 h 稳定。

实验五　考马斯亮蓝法定量蛋白质

【目的】

了解考马斯亮蓝(Coomassie brilliant blue)结合法(又称 Bradford 法)

测定蛋白质含量的原理，掌握定量实验和标准曲线的制备方法。

【原理】

考马斯亮蓝结合法是经典的蛋白质测定法，具有操作简单、快速、干扰少等特点。

考马斯亮蓝 G_{250} 能与蛋白质的疏水区相结合，这种结合具有敏感性。考马斯亮蓝 G_{250} 的最大光吸收峰在 405 nm，当它与蛋白质结合形成复合物时，其最大光吸收峰变为 595 nm。考马斯亮蓝 G_{250} -蛋白质复合物的高消光效应导致了蛋白质定量测定的高敏感度。在一定的范围内，考马斯亮蓝 G_{250} -蛋白质复合物呈色后，在 595 nm 下，光密度与蛋白质含量呈线性关系，故可以用于蛋白质含量的测定。

【仪器】

(1) 试管 10 支。

(2) 吸管 10 mL、5 mL、1 mL、0.1 mL 各 1 支或各规格可调式移液器若干。

(3) 722 分光光度计及普通比色杯 4 只或全波长酶标仪。

【操作】(常量法)

1. 标准曲线制备(须做复管)　配制 1 mg/mL 的标准蛋白溶液，制备系列稀释液，浓度分别为 500 μg/mL、250 μg/mL、125 μg/mL、62.5 μg/mL。

(1) 分光光度计法：按表 6-5a 操作。先摇匀，室温静置 3 min。以第 5 管为对照管，在 722 型分光光度计 595 nm 波长处比色，读取光密度。以各管光密度为纵坐标，各标准样品浓度(μg/mL)为横坐标作图得标准曲线。

表 6-5a　蛋白质标准曲线(分光光度计法)

试　剂	编　号				
	1	2	3	4	5
蛋白含量/(μg/mL)	500	250	125	62.5	0
标准样品/mL	0.1	0.1	0.1	0.1	/
生理盐水/mL	/	/	/	/	0.1
染液/mL	3.0	3.0	3.0	3.0	3.0

(2) 酶标仪法：按表 6－5b 操作。直接用 96 孔板反应与检测，用移液器反复吸取，混匀。于 595 nm 比色，读取各孔光密度。其余同上。制作标准曲线时应扣除空白管光密度。

表 6－5b 蛋白质标准曲线(酶标仪法)

试 剂	编 号				
	1	2	3	4	5
蛋白含量/(μg/mL)	500	250	125	62.5	0
标准样品/μL	6	6	6	6	/
生理盐水/μL	/	/	/	/	6
染液/μL	194	194	194	194	194

2. **未知样品测定** 取血清 0.25 mL 直接置于 50 mL 容量瓶中，加生理盐水至刻度，摇匀(此时样品稀释 200 倍)。

(1) 分光光度计法：按表 6－6a 操作。先摇匀，静置 3 min，在 722 型分光光度计上波长 595 nm 比色，读取光密度，查标准曲线，求得稀释样品蛋白质浓度。

表 6－6a 蛋白质样品的测定(分光光度计法)

试 剂	测定管	对照管
稀释样品/mL	0.1	/
生理盐水/mL	/	0.1
染液/mL	3.0	3.0

(2) 酶标仪法：按表 6－6b 操作。直接用 96 孔板反应与检测，用移液器反复吸取，混匀。于 595 nm 比色，读取各孔光密度。应扣除空白管光密度。

未知样品蛋白质浓度(μg/mL)＝稀释样品浓度×稀释倍数

表 6－6b 蛋白质样品的测定(酶标法)

试 剂	测定管	对照管
稀释样品/μL	6	/
生理盐水/μL	/	6
染液/μL	194	194

【试剂】

(1) 0.9% NaCl。

(2) 待测血清。

(3) 标准蛋白：1 mg/mL 牛血清白蛋白。

(4) 染液：0.01%考马斯亮蓝 G_{250} 0.1 g 溶于 50 mL 95%乙醇，再加入 100 mL 85%磷酸(v/v)，然后加蒸馏水定容到 1000 mL。通过磁力搅拌可增加溶解度，不溶部分可过滤除去。常温可保存 1～2 个月。

【注意事项】

(1) 操作简单、快速、检测灵敏、重复性好。

(2) 显色迅速，约于 2 min 内完成染料与蛋白质的结合，所显颜色至少在 1 h 内是稳定的。

(3) 与改良 Lowry 氏法相比，干扰物质较少。

(4) 当样品中存在较多的十二烷基磺酸钠(SDS)、Triton X－100 等去垢剂时，显色反应会受到干扰。如样品缓冲液呈强碱性时也会影响显色，故必须预先处理样品。

(5) 考马斯亮蓝 G_{250} 染液不宜久贮，以 1～2 个月为宜。

(6) 微量法测定蛋白含量范围为 1～10 μg；常量法则以检测范围 10～100 μg 为宜。

实验六　肝脏丙氨酸氨基转移酶活性测定

【目的】

掌握丙氨酸氨基转移酶(ALT)，又称谷丙转氨酶(GPT)测定的原理及操作，了解临床意义。

【原理】

转氨基作用是氨基酸代谢中的一个重要反应，在转氨酶作用下，将氨基酸的氨基转移到 α-酮酸上，每种氨基酸反应时均由专一的转氨酶催化，转氨酶广泛分布于机体各器官、组织，体内广泛存在的谷丙转氨酶，催化下列转氨基作用。

$$CH_3CH(NH_2)COOH + HOOC{-}CH_2{-}CH_2{-}CO{-}COOH \xrightleftharpoons{ALT} CH_3{-}CO{-}COOH + HOOC{-}CH_2{-}CH_2{-}CH(NH_2){-}COOH$$

丙氨酸　α-酮戊二酸　丙酮酸　谷氨酸

在肝脏ALT的催化作用下,丙氨酸和α-酮戊二酸作用生成丙酮酸和谷氨酸,丙酮酸能与2,4-二硝基苯肼结合,生成丙酮酸二硝基苯腙,后者在碱性溶液中呈现棕色,可借此比色测定。

$$CH_3{-}CO{-}COOH + H_2N{-}NH{-}C_6H_3(NO_2)_2 \xrightarrow[-H_2O]{\text{碱性}} CH_3{-}C(COOH){=}N{-}NH{-}C_6H_3(NO_2)_2$$

丙酮酸　2,4-二硝基苯肼　丙酮酸二硝基苯腙

α-酮戊二酸虽也能与2,4-二硝基苯肼结合成相应苯腙,但后者在碱性溶液中吸收光谱与丙酮酸二硝基苯腙不同。在520 nm比色时,α-酮戊二酸二硝基苯腙的吸收光谱远较丙酮酸二硝基苯腙为低。反应后,α-酮戊二酸减少而丙酮酸增加,故520 nm处光密度增加程度与反应体系中丙酮酸与α-酮戊二酸的摩尔比成线性关系。

【操作】

1. 标准曲线的制备

(1) 分光光度计法:按表6-7a操作。先混匀后,静置10 min,于520 nm波长进行比色测定。以蒸馏水作空白管,以各管中丙酮酸含量(2.5～15 μg)为横座标,光密度为纵座标,绘制标准曲线。

(2) 酶标仪法:按表6-7b操作。直接用96孔板反应与检测,用移液器反复吸取,混匀。于520 nm比色,读取各孔光密度。其余同上,制作标准曲线时应扣除蒸馏水管光密度。

表 6-7a　丙酮酸标准曲线制备(分光光度计法)

试　剂	编　号					
	1	2	3	4	5	6
丙酮酸浓度/(μg/mL)	0	25	50	75	100	150
标准丙酮酸体积/mL	/	0.1	0.1	0.1	0.1	0.1
蒸馏水/mL	0.1	/	/	/	/	/
37℃准确保温 30 min						
ALT 基质液/mL	0.5	0.5	0.5	0.5	0.5	0.5
2,4-二硝基苯肼/mL	0.5	0.5	0.5	0.5	0.5	0.5
37℃准确保温 20 min						
0.4M NaOH/mL	5	5	5	5	5	5

表 6-7b　丙酮酸标准曲线制备(酶标仪法)

试　剂	编　号					
	1	2	3	4	5	6
丙酮酸浓度/(μg/mL)	0	25	50	75	100	150
标准丙酮酸体积/μL	/	4	4	4	4	4
蒸馏水/μL	4	/	/	/	/	/
37℃准确保温 30 min						
ALT 基质液/μL	16	16	16	16	16	16
2,4-二硝基苯肼/μL	16	16	16	16	16	16
37℃准确保温 20 min						
0.4M NaOH/μL	164	164	164	164	164	164

2. 肝匀浆制备及稀释　取新鲜动物肝脏 1 g 用剪刀剪成小块,加入 9 mL 预冷的 0.01 mol/L pH 7.4 磷酸缓冲液,迅速用匀浆器研成匀浆,吸取上述肝匀浆 0.1 mL,加入冷 0.01 mol/L pH 7.4 磷酸缓冲液 9.9 mL(稀释 100 倍)摇匀,即为稀释肝匀浆。

3. 酶活性的测定

(1) 分光光度计法:取试管 2 支,分别注明"测定管"及"对照管"。按表 6-8a 操作,静置 10 min,于分光光度计,520 nm 波长处进行比色。

注意:以蒸馏水为空白,读取测定管与对照管的光密度,将测定管光密度减去对照管光密度,然后从标准曲线查出与其相当丙酮酸含量(μg)。

表 6-8a 丙酮酸含量测定(分光光度计法)

试 剂	测定管	对照管	标准管	空白管
ALT 基质液/mL	0.5	—	0.5	0.5
37℃预保温 5 min				
蒸馏水/mL	—	—	—	0.1
稀释肝匀浆/mL	0.1	0.1	—	—
丙酮酸标准液 100/(μg/mL)	—	—	0.1	—
37℃准确保温 30 min				
2,4-二硝基苯肼/mL	0.5	0.5	0.5	0.5
ALT 基质液/mL	—	0.5	—	—
混匀后 37℃准确保温 20 min				
0.4M NaOH/mL	5	5	5	5

(2) 酶标仪法：取 96 孔板，做好标注。按表 6-8b 操作，静置 10 min，于酶标仪 520 nm 波长处进行比色。

注意：以蒸馏水为空白，读取测定管与对照管的光密度，将测定管光密度减去对照管光密度，然后从标准曲线查出与其相当丙酮酸含量(μg)。

表 6-8b 丙酮酸含量测定(酶标仪法)

试 剂	测定管	对照管	标准管	空白管
ALT 基质液/μL	16	/	16	16
37℃预保温 5 min				
蒸馏水/μL	/	/	/	4
稀释肝匀浆/μL	4	4	/	/
丙酮酸标准液 100/(μg/mL)	/	/	4	/
37℃准确保温 30 min				
2,4-二硝基苯肼/μL	16	16	16	16
ALT 基质液/μL	/	16	/	/
混匀后 37℃准确保温 20 min				
0.4M NaOH/μL	164	164	164	164

【计算】

本法规定酶在 37℃与底物作用 30 min 后，每产生 2.5 μg 丙酮酸为一个

ALT 活性单位，每毫升稀释肝匀浆中所含有的 ALT 单位为：

$$\text{ALT 活性单位 /mL} = \frac{\text{标准曲线中查出微克数}}{2.5} \times \frac{1}{0.1}$$

每克肝组织中的 ALT 活性单位＝酶活性单位 /mL × 100 × 10

注意：①本法可用于临床测定血清 ALT 活性。②2,4－二硝基苯肼对此显色反应也有一定的干扰。因此，在制作标准曲线时，虽没有加 α－酮戊二酸，但是丙酮酸二硝基苯腙的光密度与丙酮酸含量之间的关系也并不始终呈一直线关系。丙酮酸含量增大时，曲线斜率降低，因此必须采用标准曲线中呈直线关系的部分来测定丙酮酸的生成量。

【试剂】

(1) 标准丙酮酸溶液(500 μg/mL)：准确称取纯化丙酮酸钠 62.5 mg 溶于 100 mL 0.1 mol/L H_2SO_4 中。需临用前配制。

(2) ALT 底物液：称取 DL－丙氨酸 1.79 g 及 α－酮戊二酸 29.2 mg，先溶于 50 mL 0.1 mol/L pH 7.4 磷酸缓冲液中，然后用 1 mol/L NaOH 调至 pH 7.4，再用 0.1 mol/L pH 7.4 磷酸缓冲液稀释至 100 mL，储存于 4℃冰箱内可保存 1 周。

(3) 0.1 mol/L pH 7.4 磷酸缓冲液：称取 13.97 g K_2HPO_4 和 2.69 g 的 KH_2PO_4 溶于 1 000 mL 蒸馏水中。

(4) 0.02% 2,4－二硝基苯肼：称取 2,4－二硝基苯肼 20 mg 溶于 1 mol/L HCl 中，加热溶解后，用 1 mol/L HCl 稀释至 100 mL。

(5) 0.4 mol/L NaOH。

实验七　血清葡萄糖测定-葡萄糖氧化酶-过氧化物酶法——葡萄糖氧化酶-过氧化物酶法

【目的】

了解血糖含量与糖尿病的关系以及常用血糖测定方法；掌握酶法测定血糖的原理及操作。

【原理】

葡萄糖可由葡萄糖氧化酶氧化成葡萄糖酸并产生过氧化氢,后者与苯酚及4-氨基安替比林在过氧化物酶作用下产生红色化合物。测定该有色化合物的光密度,计算出葡萄糖含量。整个反应可简单表达如下:

$$\text{葡萄糖} + \text{氧} + \text{水} \xrightarrow{\text{葡萄糖氧化酶}} \text{葡萄糖酸} + \text{过氧化氢}$$

$$\text{过氧化氢} + \text{苯酚} + 4\text{-氨基安替比林} \xrightarrow{\text{过氧化物酶}} \text{红色化合物} + \text{水}$$

【操作】

(1) 用蒸馏水将1%苯酚溶液稀释至0.1%。

(2) 将0.1%苯酚溶液与等量酶试剂混合成酶酚混合液。

(3) 按表6-9a或2-1-9b加入各溶液:

表6-9a 血中葡萄糖含量测定(分光光度计法)

试 剂	测定管	标准管	空白管
血清/mL	0.02	/	/
葡萄糖标准液/mL	/	0.02	/
酶酚混合液/mL	3.0	3.0	3.0

表6-9b 血中葡萄糖含量测定(酶标仪法)

试 剂	测定管	标准管	空白管
血清/μL	2	/	/
葡萄糖标准液/μL	/	2	/
酶酚混合液/μL	300	300	300

分光光度计法:将各管分别混匀,置37℃水浴中保温20 min,然后冷却至室温。505 nm波长比色,以空白管校正"0"点。

酶标仪法:取EP管3支(1.5 mL),按上表操作。分别混匀,置37℃水浴中保温20 min,然后冷却至室温。从EP管中取出200 mL,于96孔板505 nm波长酶标仪比色,以空白管校正"0"点。

【计算】

$$葡萄糖含量/(mg/100\,mL)=\frac{测定管光密度}{标准管光密度}\times标准管浓度\times100$$

【试剂】

(1) 酶试剂(含适量的稳定剂)。

(2) 苯酚溶液(1%)。

(3) 葡萄糖标准液(1 mg/mL)。

【注意事项】

(1) 用本试剂测定血清中葡萄糖，其含量在 500 mg/100 mL 以下线性良好。

(2) 本酶试剂与苯酚试剂不能混合后存放。

实验八　血清脂蛋白琼脂糖凝胶电泳

【目的】

掌握脂蛋白的鉴定方法及电泳位置，了解脂蛋白的临床意义。

【原理】

将血清脂蛋白用脂类染料苏丹黑(或油红等)进行预染。再将预染过的血清置于琼脂糖胶板上进行电泳分离。通电后，可以看到脂蛋白向正极移动并分成多条区带。

健康人血清脂蛋白可出现 3 条区带，从阳极到阴极依次为 α-脂蛋白、前 β-脂蛋白(最深)，β-脂蛋白(比前 β-脂蛋白略深些)，在原点处应为乳糜微粒。

【操作】

(1) 预染血清：血清 0.2 mL 中加苏丹黑染色液 0.02 mL 混合置 37℃水浴中染色 30 min，离心(2 000 r/min)约 5 min，上清液即为预染血清。

(2) 制备琼脂糖凝胶板：将已配制好的 0.45%琼脂糖凝胶于沸水浴中加热融化，用吸管吸取凝胶溶液浇注在载玻片上(约 3 mL)。2 min 后，在胶板一端 2 cm 处，小心地放入一段约 1.5 cm 粗铁丝。静置 0.5 h 后，凝固(天热时需延长,也可放入冰箱数分钟以加速凝固)。然后用磁铁小心地将铁丝吸起。

(3) 用滤纸吸去槽中水分,以毛细管吸取预染的血清,点入槽内,直至血清达槽面为止。

(4) 电泳:将凝胶板平行放入电泳槽中,样品近阴极端。将纱布在巴比妥缓冲液浸湿,然后轻轻盖贴在凝胶板两端。纱布的另一端则浸于电泳槽内的巴比妥缓冲液中。接通电源,电压为 120～130 V,每片凝胶板电流为 9 mA。经电泳 35～50 min,即可见到分离的区带。

(5) 如果需要保留电泳图谱,可将电泳后的凝胶板(连同载玻片)放入清水中浸泡脱盐 2 h,然后放烘箱(80℃左右)中烘干即可。

除了利用上法制备琼脂糖凝胶外,也可以用商品化的水平琼脂糖凝胶电泳槽(参见分子生物学实验中的琼脂糖核酸电泳)。

【试剂】

1. **预染血清** 正常血清 2 mL 加 0.4 mL 苏丹黑染色液,混匀,置 37℃水浴中预染色 30 min。

2. **苏丹黑染色液** 0.1 g 苏丹黑、2 mL 石油醚(30～60℃)及 10 mL 无水乙醇,混匀、溶解、过滤。

3. **巴比妥缓冲液** 称取巴比妥钠 15.4 g、巴比妥 2.76 g 及 EDTA 0.292 g 加水溶解后至 1 000 mL(pH 8.6,离子强度 0.075)。

4. **琼脂糖凝胶** 称取琼脂糖 0.45 g 溶于 100 mL 巴比妥缓冲液中,在水浴中加热至沸,待琼脂糖完全溶解后,立即停止加热。

实验九 血清总胆固醇测定

【目的】

掌握血清总胆固醇测定的原理和方法,了解其临床意义。

【原理】

血清总胆固醇测定对高脂血症的诊断、冠心病和动脉粥样硬化的防治均有意义。血清总胆固醇升高常见于原发性高胆固醇血症、肾病综合征、甲状腺功能减退、糖尿病等疾病。

胆固醇(cholesterol)测定方法有比色法、荧光法、比浊法及气相层析法等。临床常用的比色法,大多采用胆固醇的颜色反应,主要有3类:①胆固醇的氯仿或醋酸溶液中加入醋酐-硫酸试剂,产生蓝绿色。②胆固醇的醋酸、乙醇或异丙醇溶液中加入高铁-硫酸试剂产生紫红色。由于胆固醇颜色反应特异性差,直接测定往往受血液中其他因素干扰,所以精细的方法是先经抽提、分离及纯化等步骤,然后显色定量。③酶法:酶法测定血清胆固醇的基本步骤是先用胆固醇酯酶(CHE)水解胆固醇酯(CE)为游离胆固醇(Ch),后者再被胆固醇氧化酶(COD)氧化为$\triangle^4$-胆甾烯酮和H_2O_2。终点产物的测定常用Trinder显色系统(过氧化物酶(POD)、4-氨基安替比林(4-AAP)和酚,合称PAP来检测H_2O_2。反应的原理如下所示:

$$CE + H_2O \xrightleftharpoons{CEH} CH + \text{脂肪酸}$$

$$CH + O_2 \xrightleftharpoons{COD} \Delta 4\text{-胆甾烯酮} + H_2O_2$$

$$2H_2O_2 + 4AAP + \text{酚} \xrightleftharpoons{POD} \text{醌亚胺染料} + 4H_2O$$

反应生成红色醌亚胺,显色深浅与血清胆固醇含量成正比,可通过标准曲线求出对应的胆固醇浓度。

本实验采用酶法,测定血清总胆固醇的正常值为(125～200)mg/100 mL。

【操作】

1. 分光光度法 取干燥试管3支,分别标明"测定管"、"空白管"及"标准管",按表6-10a操作:

表6-10a 血清总胆固醇测定(分光光度计法)

名 称	测定管	空白管	标准管
血清/μL	25	/	/
蒸馏水/μL	/	25	/
胆固醇标准/μL	/	/	25
应用液/μL	1.5	1.5	1.5

胆固醇酶液应在临用前加入基础液中，立即混匀，做为应用液，于 37℃ 水浴中保温 10 min，取出后，立即以空白管作为调零点，在 500 nm 波长处比色。

2. **酶标仪法** 取 96 孔板，标注各孔名称。按表 6 - 10b 操作：

表 6 - 10b 血清总胆固醇测定(酶标仪法)

名称	测定管	空白管	标准管
血清/μL	3	/	/
蒸馏水/μL	/	3	/
胆固醇标准/μL	/	/	3
应用液/μL	180	180	180

胆固醇酶液在临用前加入基础液中，立即混匀做为应用液，于 37℃ 水浴中保温 10 min，取出后，立即以空白管作为调零点，于 500 nm 波长处酶标仪比色。

注意在显色后不宜置于强光下，因强光可使其退色而影响测定结果。所用各种反应试剂及玻璃器皿均须干燥无水。

【计算】

胆固醇浓度为 $=\frac{\text{测定管吸光度}}{\text{标准管吸光度}}\times$ 胆固醇标准浓度(mg/100 mL)，据测定管及标准管的吸光度计算血清总胆固醇浓度，以 mg/100 mL 为单位。

【试剂】

1. **胆固醇标准液(2 mg/mL)** 准确称取干燥胆固醇 200.0 mg，先用少量冰醋酸溶解，完全转移到 100 mL 容量瓶中，再用冰醋酸稀释至刻度。

2. **基础液** 称取 $Na_2HPO_4 \cdot 12H_2O$ 32.22 g，KH_2PO_4 1.36 g，胆酸钠 1.35 g，4-氨基安替比林 168 mg，加蒸馏水至 1 000 mL。此溶液须放置冰箱内保存。

3. **应用液** 取 2 mL 胆固醇酶液(上海第十八制药厂)，加到 60 mL 基础液，3 mL 苯酚(13.86 g 至 500 mL H_2O)和 0.3 mL Triton X - 100 中去即可(临用前配制)。

实验十 血清高密度脂蛋白胆固醇、低密度脂蛋白胆固醇测定

【目的】

掌握血清高密度脂蛋白胆固醇(HDL－CH)、低密度脂蛋白胆固醇(LDL－CH)测定的原理和方法以及临床意义。

一、HDL－CH 测定——聚乙二醇测定法

【原理】

由于各种脂蛋白的化学组成不同,其与多价阴离子和二价阳离子形成沉淀的难易程度也有区别,因此,选择合适的实验条件即可将各种脂蛋白分开。本实验采用 20%的聚乙二醇 6000 来沉淀血清中其余脂蛋白而得到上清液中 HDL(高密度脂蛋白),然后利用酶法测定上清液中 HDL－CH。

【操作】

(1) 取分离好的血清 200 μL,加入 200 μL 20%的聚乙二醇 6000 充分振摇,室温放置 15 min,随后于 3000 r/min 离心 30 min 取上清液即可。

(2) 分光光度法:取干燥试管 3 支,分别标明“测定管”“空白管”及“标准管”,按表 6－11a 操作。

表 6－11a 比色法测定 HDL－CH(分光光度计法)

名称	测定管	空白管	标准管
HDL 上清液/μL	25	/	/
蒸馏水/μL	/	25	/
胆固醇标准/μL	/	/	25
应用液/mL	1.5	1.5	1.5

胆固醇酶液应在临用前加入基础液中,立即混匀做为应用液,于 37℃水浴中保温 10 min,取出后,立即以空白管作为调零点,在 500 nm 波长处比色。

(3) 酶标仪法：取96孔板，标注各孔名称。按表6－11b操作。

表6－11b 比色法测定HDL－CH(酶标仪法)

名 称	测定管	空白管	标准管
HDL上清液/μL	3	/	/
蒸馏水(μL)	/	3	/
胆固醇标准/μL	/	/	3
应用液/μL	180	180	180

【计算】

$$\text{HDL - CH 浓度为} = \frac{\text{测定管吸光度}}{\text{标准管吸光度}} \times \text{胆固醇标准浓度(mg/100 mL)}$$

据测定管及标准管的吸光度计算血清HDL－CH浓度，以mg/100 mL为单位。

【试剂】

1. **胆固醇标准液** 准确称取干燥胆固醇200.0 mg，先用少量冰醋酸溶解，完全转移到100 mL容量瓶中，再用冰醋酸稀释至刻度。

2. **基础液** 称取$Na_2HPO_4 \cdot 12H_2O$ 32.22 g，KH_2PO_4 1.36 g，胆酸钠1.35 g，4－氨基安替比林168 mg，加蒸馏水至1 000 mL。此溶液须放置冰箱内保存。

3. **应用液** 取2 mL胆固醇酶液(上海第十八制药厂产)，加到60 mL基础液，3 mL苯酚(13.86 g至500 mL H_2O)和0.3 mL Triton X－100中去即可(临用前配制)。

4. **沉淀剂** 取20 g聚乙二醇6 000溶于100 mL蒸馏水中即可。

二、HDL－CH与LDL－CH测定——聚阴离子法(酶标仪法)

【原理】

HDL－CH降低和LDL－CH升高是明确的心血管疾病独立风险因素。因此，准确测定HDL－CH和LDL－CH对于心血管疾病的临床诊断和治疗有重要的指导意义。目前,临床多采用酶直接法检测试剂盒在自动生化分析仪上检测 HDL－CH 和 LDL－CH 含量。此试剂盒测定时无须对样品进行预处理、标本用量少等,与沉淀法等相比较,简化了实验操作过程,具有更好的准确性和重复性。

市售血清 HDL－CH 和 LDL－CH 测定试剂盒为例说明酶直接法测定血清 HDL－CH 和 LDL－CH 的原理。

HDL－CH 测定原理:人血清与试剂 R1 中的聚阴离子反应,在表面活性剂的作用下于脂蛋白周围形成稳定的保护层。当加入试剂 R2 后,表面活性剂迅速释放 HDL,并在酶作用下单一催化 HDL－CH 反应。

LDL－CH 测定原理:人血清在试剂 R1 中的聚阴离子和表面活性剂的作用下,除 LDL 外的其他脂蛋白与胆固醇酯酶、胆固醇氧化酶等反应而被消除。当加入试剂 R2 后,其中的另-表面活性剂迅速发生作用并释放 LDL,并在酶作用下单一催化 LDL－CH 反应。

【仪器】

(1) 96 孔酶标板;(2)10 μL 和 200 μL 移液器各一支;(3)恒温水浴箱;(4)全波长酶标仪。

【操作】

1. HDL－CH 测定　工作液配制:试剂 R1:4 mL 与试剂 R2:1 mL 混匀。工作液在 2～8℃可稳定 3 d。

按表 6－12 加入试剂、标准品及样本。

表 6－12　酶标仪法测定 HDL－CH

试　剂	样品管	空白管	标准管
样本/μL	2	/	/
校准液/μL	/	/	2
蒸馏水/μL	/	2	/
工作液/μL	200	200	200

充分混匀,置 37℃水浴 10 min 后,选择波长 546 nm 酶标仪比色,分别读取样品管、标准管和空白管光密度。计算时需扣除空白管光密度。

2. LDL－CH 测定　工作液配制：试剂 R1：4 mL 与试剂 R2：1 mL 混匀。工作液在 2～8℃可稳定 3 d。

按表 6－13 加入试剂、标准品及样品。

表 6－13　酶标仪法测定 LDL－CH

试　剂	样品管	空白管	标准管
样本/μL	2	/	/
校准液/μL	/	/	2
蒸馏水/μL	/	2	/
工作液/μL	200	200	200

充分混匀，置 37℃水浴 10 min 后，选择波长 546 nm 酶标仪比色，分别读取样品管、标准管光密和空白管光密度。计算时需扣除空白管光密度。

【计算】

1. HDL－CH/mmol＝(样品管吸光度 A÷标准管吸光度 A)×标准液浓度

2. LDL－CH/mmol＝(样品管吸光度 A÷标准管吸光度 A)×标准液浓度

3. VLDL－CH/mmol＝TC(总胆固醇)－HDL－CH－LDL－CH

【试剂】

(1) 待测血清或血浆，在 2～8℃下可保存 3 d。－20℃下可稳定数周。

(2) HDL－CH 测定试剂盒(酶直接法)(市售)。

【试剂成分】

(1) R1：苯酚 28.0 mmol/L、表面活性剂适量。

(2) R2：胆固醇酯酶 2 000 U/L、胆固醇氧化酶 1 000 U/L、过氧化物酶 8 000 U/L、4－AAP 0.5 mmol/L、表面活性剂适量。

(3) LDL－CH 测定试剂盒(酶直接法)(市售)。

【试剂成分】

(1) R1：胆固醇氧化酶 1 000 U/L，苯酚 28.0 m mol/L，胆固醇酯酶 2 000 U/L，过氧化氢酶 1 000 KU/L，NaN_3 4.5 g/L，表面活性剂适量。

(2) R2：4 - AAP 0.5 m mol/L、过氧化物酶 8 000 U/L、表面活性剂适量。

3. 标准液　胆固醇 5.17 mol/L(200 mg/100 mL)。

【注意事项】

(1) 操作简单、快速、检测灵敏、重复性好。

(2) HDL - CH 参考值。男：0.91～2.00 mmol/L；女：1.09～2.27 mmol/L。

(3) LDL - CH 参考值。<3.1 mmol/L(临界值 3.1～3.6 mmol/L)。

(4) 试剂特性。线性上限：3.90 mmol/L；干扰因素：甘油三酯(TG) 6 mmol/L，血红蛋白(Hb)9.2 g/L 及胆红素 116 μmol/L 均不影响实验结果。

实验十一　醋酸纤维薄膜电泳

【目的】

掌握醋酸纤维薄膜电泳分离血清的原理和操作技能，了解血清蛋白的百分含量及临床意义。

【原理】

醋酸纤维薄膜电泳是以醋酸纤维素薄膜作为支持体的一种电泳方法。将少量血清或样品用载玻片点在充分润湿的薄膜上，薄膜两端与电泳槽中的缓冲液相接并通上直流电。血清蛋白在 pH 8.6 缓冲液中带负电荷，在电场中向正极移动。血清中不同蛋白质由于所带有的电荷数量及分子不同而泳动速度不同，带电荷多及相对分子质量小者泳动快；带电荷少及相对分子质量大者泳动慢。经过一定时间电泳后，将薄膜取出，并用氨基黑 10B 染料染色随后漂洗，薄膜上即可显示出多条深蓝色蛋白区带。按电泳移动快慢顺序，各区带分别为白蛋白、α_1、α2、β和γ球蛋白。

正常人血清蛋白质中各种组分的含量百分比为：白蛋白 57%～72%；α_1 球蛋白 2%～5%；α_2 球蛋白 4%～9%；β 球蛋白 6.5%～12%；γ 球蛋白 12%～20%。

【操作】

1. 点样　将醋酸纤维薄膜切成 2 cm×8 cm 的小片，置于巴比妥缓冲液中充分浸润,取出用滤纸吸去水分。在无光泽面距一端 1.5 cm 处用铅笔轻画一条线,表示点样位置。用载玻片吸取血清,点在薄膜无光泽面的铅笔线上,待血清渗入薄膜。薄膜无光泽面向上,平贴在电泳槽的支持板上(注意:点样端应放在阴极端)上面覆以一层纱布,注意放纱布时应防止薄膜与纱布间有气泡,盖好电泳槽盖,静置平衡 5 min,以使薄膜充分湿润。

2. 通电 平衡完毕,打开电泳仪电源开关,调节电流为 1.5 mA/每条薄膜(相当于电压在 120～140 V 间),通电 45 min。

3. 染色与漂洗 电泳结束,关闭电源,将薄膜取出,直接浸入氨基黑染色液中染色 5 min,从染色液中取出薄膜,用漂洗液漂洗 3 次,每次约 5 min,至背景无色为止,取出,用滤纸吸干薄膜,辨认图谱中各蛋白质区带。

4. 透明 如需保留标本,将吸干薄膜置透明液中 20 s,取出贴于清洁玻璃板上(注意驱除气泡),干后即透明。

【试剂】

1. 巴比妥缓冲液 巴比妥钠 12.76 g 及巴比妥 1.66 g,加入少量蒸馏水溶解,如不溶解可稍加热,再加水至 1 000 mL,缓冲液 pH 8.6,离子强度 0.06。

2. 氨基黑染色液 氨基黑 10B 0.5 g,溶于 50 mL 甲醇中,再加入冰醋酸 10 mL 及蒸馏水 40 mL,混匀即可。

3. 漂洗液 用 95%乙醇 45 mL 加冰醋酸 5 mL 及蒸馏水 50 mL,混匀即可。

4. 透明液 无水乙醇 70 mL 中加 30 mL 冰醋酸,混匀即可。

实验十二 不连续聚丙烯酰胺凝胶电泳

【目的】

了解聚丙烯酰胺凝胶电泳的基本原理,熟悉聚丙烯酰胺凝胶电泳的操作。

【原理】

参见本书第三章第一节电泳部分。

【操作】

1. 凝胶的制备　按表 6－14 操作。

表 6－14　不连续聚丙烯酰胺凝胶配制

胶　名	试　剂	
	分离胶	浓缩胶
分离胶缓冲液/mL	2.5	—
单体交联剂(Acr：Bis＝30：0.8)/mL	2.5	0.5
浓缩胶缓冲液/mL	—	1.25
蒸馏水/mL	4.7	2.9
催化剂(10%过硫酸铵)(临用前加)/mL	0.2	0.1
TEMED/μL	10	10
总体积/mL	10	5
丙烯酰胺浓度/%	7.5	3.0

(1) 取 10 支 0.6 cm 的玻管(或平板电泳槽)，在玻管一端量取 7 cm 及 7.5 cm 两处，分别用玻璃铅笔画线，另一端管口则垂直插入橡皮泥中。

(2) 按上表配制分离胶溶液。用滴管将其沿管壁注入玻管至 7 cm 划线处。如有气泡，必须设法排除(通过振摇或拍击)。

(3) 用 5 mL 注射器经针头沿凝胶管壁缓缓加入蒸馏水约 0.5 cm 高度，注意防止胶液表面的震动与扩散。

(4) 静置约 30 min，在凝胶表面与水之间出现清晰的界面时，表示聚合已完成。用滤纸条轻轻吸去凝胶表面水份，注意不要损伤已聚合的凝胶表面。

(5) 按上表配制浓缩胶，立即用滴管将其加至玻管中分离胶上至 7.5 cm 画线平面，再沿管壁缓缓加入蒸馏水约 0.5 cm 高度，静置约 30 min。凝胶与水之间出现界面，说明聚合完毕，用滤纸轻轻吸除水份待用。

2. 样品配制　正常人血清 0.1 mL 加入样品稀释液 1.9 mL，内含溴酚蓝 0.005%为示踪染料。

3. 电泳

(1) 将上述制备好的凝胶管分别插入上电泳槽槽底下的橡胶塞孔中，按管做好标记。

(2) 加入电极缓冲液于下电泳槽中,随后放入凝胶管,用弯头滴管排除凝胶管底的气泡。

(3) 用微量注射器吸取样品液 30 μL,沿管壁加在浓缩胶面上,再用电极缓冲液轻轻加在样品液上,绝对不能冲散样品液,然后再轻轻地加上一层电极缓冲液。

(4) 将上电泳槽的电极接至电泳仪的负极,下电泳槽的电极接至电泳仪的正极。接通电源,调节电流为每管 1 mA,10～20 min 后再调节电流为每管 4～5 mA(以示踪染料进入分离胶为准)。待示踪染料迁移到接近管下口时切断电源。

(5) 取下凝胶管,用带有 10 cm 长针头的注射器,内盛蒸馏水(作为润滑剂),沿管壁插入管内,边插入边注水,直至胶体与管壁分开,然后用洗耳球轻轻在玻管的一端加压,使凝胶柱从管中慢慢滑出,防止滑出过快而冲断凝胶柱。

操作见图 6-2:

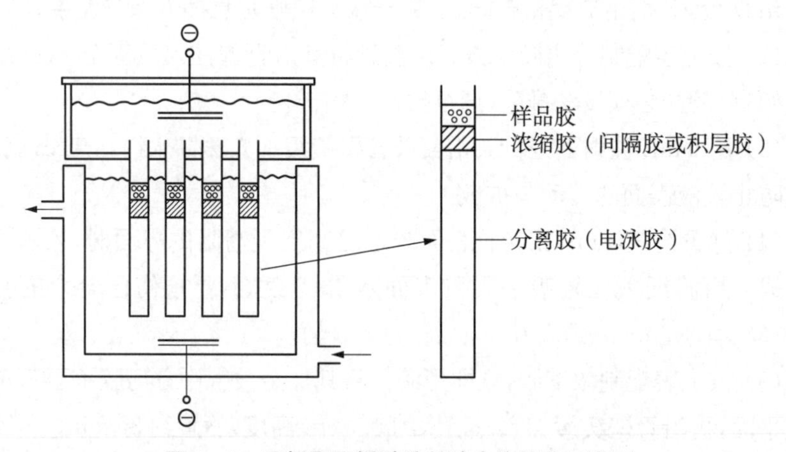

图 6-2 平板聚丙烯酰胺凝胶电泳操作示意图

4. 染色与脱色

(1) 将凝胶柱置于小试管中或放在培养皿中,加入考马斯亮蓝染色液,80℃中染色 60～120 min。

(2) 倒出染色液,换以脱色液,80℃中脱色 30～60 min。

(3) 脱色完成后,在 7%醋酸中保存,仔细观察血清蛋白的色带条数。

【试剂】

1. **分离胶缓冲液** 取三羟甲基氨基甲烷(Tris)36.6 g 加入 1 mol/L HCl 48 mL,再加蒸馏水至 100 mL,pH 8.9。

2. **单体交联剂** 取丙烯酰胺 30.0 g 及甲撑双丙烯酰胺 0.8 g,加蒸馏水至 100 mL。

3. **催化剂** 10%过硫酸铵,取过硫酸铵 1 g 加水至 10 mL,需临用前配制。

4. **加速剂** N,N,N′,N′-四甲基乙二胺(TEMED)。

5. **浓缩胶缓冲液** 取三羟甲基氨基甲烷 6 g 加 1 mol/L HCI 48 mL,加蒸馏水至 100 mL,应为 pH 6.8。

6. **电极缓冲液** 取甘氨酸 28.8 g 及三羟甲基氨基甲烷 6.0 g 分别溶解后,加蒸馏水至 1 L,为 pH 8.3。

7. **染色液** 取考马斯亮蓝 R_{250} 0.46 g 溶于无水乙醇 250 mL 中,加入冰醋酸 80 mL,溶解后,再加蒸馏水至 1 000 mL 混匀。

8. **脱色液** 于乙醇 110 mL 中,加入冰醋酸 160 mL,再加蒸馏水至 2 000 mL。

9. **保存液** 7%冰醋酸。

10. **样品稀释液** 浓缩胶缓冲液 25 mL 加入蔗糖 10 g 及 0.05%溴酚蓝 5 mL,最后加水至 100 mL。

11. **封口胶** 将 2 g 琼脂糖溶于 100 mL 电极缓冲液即可(用于平板电泳封口)。

【注意事项】

(1) 丙烯酰胺和甲撑双丙烯酰胺是神经性毒剂,对皮肤有刺激作用,应避免直接接触。

(2) 电泳完毕后,上下槽电泳缓冲液不能混合,因离子强度和 pH 都已发生改变。

(3) 过硫酸铵溶液最好新鲜配制,最多不得超过 1 周。

(4) 凝胶聚合的时间与温度有关,如室温<10℃,聚合时间将延长,可少许增加催化剂过硫酸铵的量。

实验十三 SDS聚丙烯酰胺凝胶电泳

【目的】

掌握SDS聚丙烯酰胺凝胶电泳的基本原理,熟悉蛋白质相对分子质量的测定。

【原理】

参见本书第三章第一节电泳部分。

【操作】

1. 蛋白质样品的处理 取蛋白质样品溶液(或沉淀、干粉等),加入适量的样品缓冲液(根据样品中蛋白质的含量而定),沸水浴中煮3～5 min,使蛋白质充分变性。如样品的蛋白质含量较少,可通过聚乙二醇20 000,或超滤装置进行浓缩以提高样品中的蛋白质的含量。

2. SDS聚丙烯酰胺凝胶的灌制

(1) 安装:取垂直凝胶电泳槽,将待用的玻璃板用洗液洗净,烘干。将2块玻璃装入相应的橡胶槽中,加紧。在底部(下极槽口)用加热融化的琼脂糖封口胶10 mL左右封口,冷却后即可。

(2) 根据说明书安装电泳槽。

(3) 分离胶的灌制:首先确定所需凝胶溶液体积,按所需分离样品的相对分子质量来选择合适丙烯酰胺浓度,并按表6-15中给出的数据在一小烧杯中配制一定体积的分离胶溶液。N,N,N′,N′-四甲基乙二胺(TEMED)一般为最后加,一旦加入马上开始聚合,故应立即快速混匀。用滴管或大号注射器将凝胶溶液加入已封口的2块玻璃间,高度一般为4/5左右。然后用小针头(6～7号)注射器轻轻地在分离胶液面上加入2～3 mm的蒸馏水,隔绝空气以利于凝胶的凝聚,一般需30 min以上,依据室温而定。

表 6-15　常用浓度浓缩胶、分离胶配方

试剂	30 mL 分离胶								15 mL 浓缩胶
%	15	13	12.5	10	9	8	7.5	5.5	5
Acr：Bis/mL	15	13	12.5	10	9	8	7.5	5.5	2.5
pH 8.8 缓冲液/mL	3.75	3.75	3.75	3.75	3.75	3.75	3.75	3.75	
pH 6.8 缓冲液/mL									3.75
TEMED/mL	0.02	0.02	0.02	0.02	0.02	0.02	0.02	0.02	0.02
H_2O/mL	10.75	12.7	13.2	15.7	16.7	17.7	18.3	20.2	8.5
10% SDS/mL	0.3	0.3	0.3	0.3	0.3	0.3	0.3	0.3	0.15
10%过硫酸铵/mL	0.2	0.2	0.2	0.2	0.2	0.2	0.2	0.2	0.1

(4) 浓缩胶灌制：待分离胶完全凝聚后(在分离胶与注水层间有一明显的折光层)，可用滤纸将将界面上的蒸馏水吸取，在另一小烧杯中制备一定体积及一定浓度的浓缩胶溶液，一旦加入 TEMED，马上开始聚合。加入浓缩胶 2～3 cm 并在浓缩胶溶液中迅速插入干净的样本梳。小心避免混入气泡，再补入少许浓缩胶溶液以充满梳子之间的空隙，将凝胶垂直放置于室温下，待其凝聚。

(5) 加电极缓冲液：浓缩胶聚合完全后(约 30 min)，小心移出梳子。在上下槽各加入 Tris-甘氨酸电极缓冲液。必须设法排出在加样槽中的气泡。

(6) 加样：按预定顺序加样，在各加样槽中加入待电泳的蛋白质样品。加样量通常为 10～25 μL(1.5 mm 厚的胶)。

(7) 电泳：将电泳装置与电源相接，一般采用恒流电泳，浓缩胶的电流为 15～20 mA，当染料前沿进入分离胶后，把电流提高到 30～40 mA，继续电泳直至溴酚蓝到达分离胶底部上方约 0.5 cm，然后关闭电源。

(8) 剥胶：从电泳装置上卸下玻璃板，轻轻撬开两块玻璃板。将电泳好的凝胶轻轻滑入考马斯亮蓝染色液中，室温染色过夜即可。

(9) 染色：取染色完毕的凝胶，放入脱色液Ⅰ中脱至基本能显现蛋白质区带，最后转移至脱色液Ⅱ中将背景完全脱清。

(10) 保存：脱色完毕的凝胶可保存在 7%的冰醋酸溶液中，也可进行拍照、扫描等后期数据图像处理。

(11) 10%分离胶、5%浓缩胶的配制见表6-16。

表6-16 10%分离胶、5%浓缩胶的配制

试 剂	10%分离胶	5%浓缩胶
Acr：Bis/mL	13.4	3.34
分离胶缓冲液 pH 8.8/mL	5	/
浓缩胶缓冲液 pH 6.8/mL	/	5
1.0% TEMED/mL	2	1
H_2O/mL	19.06	10.26
10% SDS/mL	0.4	0.2
10%过硫酸铵/mL	0.4	0.2

【试剂】

1. **去离子双蒸水** 本电泳配制试剂所需的蒸馏水均为去离子双蒸水。

2. **SDS电泳样品缓冲液** ①50 mmol/L Tris-HCl (pH 6.8)；②5%巯基乙醇；③2% SDS；④0.1%溴酚蓝；⑤10%甘油。

3. **琼脂糖封口胶** 取2 g琼脂糖加入100 mL pH 8.3的电极缓冲液中，沸水浴中加热至琼脂糖完全溶解待用。平时保持于4℃冰箱中。

4. **Acr：Bis为30：0.8** 取Acr 30 g，加入Bis 0.8 g于100 mL蒸馏水中加热溶解，保持于棕色瓶4℃冰箱中。

注意：Acr和Bis具有很强的神经毒性并容易吸附于皮肤。

5. **SDS** SDS可用去离子水配成10%(*w*/*v*)储存液保存于室温。

6. **过硫酸铵(Ap)** 10%(*w*/*v*)过硫酸铵须临用前新鲜配制。

7. **Tris-Gly电极缓冲液(储备液)** 0.25 mol/L Tris(MW 121)，0.5% SDS，1.92 mol/L甘氨酸(Gly，RW 75)，用1 mol/L HCl调节pH 8.3，临用前稀释5倍。

8. **浓缩胶缓冲液** 0.5 mol/L pH 6.8 Tris-HCl。取6 g Tris溶于40 mL 1 mol/L HCl，调节pH值至6.8，加入蒸馏水至100 mL，保持于4℃冰箱中。

9. **分离胶缓冲液** 3 mol/L pH 8.8 Tris-HCl。取36.3 g Tris溶于40 mL 1 mol/L HCl，调节pH值至8.8，加入蒸馏水至100 mL，保持于4℃

冰箱中。

10. **染色液**　320 mL 甲醇＋630 mL H_2O＋70 mL 冰醋酸混匀后加入 Triton X－100 2.5 mL，上述溶液在水浴中加热至 60℃后，加入考马斯亮篮(coomassie vrilliant blue)R_{250} 1.38 mg，搅拌至完全溶解，室温保存。

11. **脱色液Ⅰ**　280 mL 乙醇＋630 mL H_2O＋70 mL 冰醋酸混匀后加入 Triton X－100 20 mL 搅拌至完全溶解，室温保存。

12. **脱色液Ⅱ**　300 mL 乙醇＋630 mL H_2O＋70 mL 冰醋酸，室温保存。

13. **TEMED**　原液使用，储存于棕色瓶中，4℃冰箱保存。

实验十四　等电聚焦电泳

【目的】

掌握等电聚焦电泳的原理及操作方法，了解等电聚焦电泳的最新进展。

【原理】

参见本书第三章第一节电泳部分。

【操作】

1. **样品凝胶液的配制**　按表 6－17 配制，总体积 10 mL，在小烧杯中由下列试剂混匀组成。

表 6－17　等电聚焦单体交联剂配制

单体交联剂	2.5(最终浓度 7.5%)
20% Ampholine pH 3～10/mL	1.0
尿素/g	5.7 g
蒸馏水加至/mL	9.5 mL
混合催化剂/mL	0.3 mL
血清(样品)/mL	0.2 mL

2. **电泳柱的制备**

(1) 取 12 cm×0.4 cm 的玻管垂直插入橡皮泥中，用滴管将刚配制好的样品凝胶溶液沿管壁注入玻管至 10 cm 高度。注意排除气泡。

(2) 用注射器针头沿管壁缓缓注入一层覆盖液(约 1 cm 厚),经光照催化聚合,约 30 min 聚合完毕,吸去覆盖液,再加新覆盖液约 1 cm 厚。

3. 电泳

(1) 将制备好的电泳分别插入电泳槽槽底的凝胶塞孔中,按管做好标记。

(2) 电泳仪下槽中加入 0.01 mol/L 磷酸,随后将带有电泳柱的上槽盖上。用弯头滴管排除电泳柱底的气泡。

(3) 用细滴管轻轻地在各电泳管中加满 0.02 mol/L NaOH,然后在上槽中加足 0.02 mol/L NaOH。

(4) 将上电泳槽的电极接至电泳仪的负极,下电泳槽的电极接至电泳的正级。接通电源,通电开始时,调节电流为每管 3～5 mA,随着聚焦过程的完成,电流逐渐下降,约在半小时内接近于零。再继续用 250 V 通电 2～3 h,结束电泳。

(5) 用水冲洗电泳管两端后,取下电泳管。用带有 10 cm 长针头的注射器,沿管壁插入管内,边插边注入蒸馏水,使凝胶柱与管壁分开,再用洗耳球轻轻吹出凝胶柱。

4. 固定与染色

(1) 将凝胶柱置试管或培养皿中,用固定液固定过夜。

(2) 考马斯亮蓝染色,60℃,染色 15 min。

(3) 换脱色液,60℃脱色 30～60 min,至背景基本无色。

(4) 脱色完成后,保存于 7%醋酸中。仔细观察血清蛋白质的色条数。

5. 扫描　用光密度计在 550 nm 波长下对凝胶柱进行扫描,观察曲线的形状及波峰。

【试剂】

(1) 单体交联剂:取 Acr 28.4 g 及 Bis 1.6 g,加蒸馏水至 100 mL。

(2) 20% Ampholine, pH 3～10。

(3) 催化剂:取 TEMED 0.2 mL,加蒸馏水至 20 mL。

(4) 覆盖液:取 20% Ampholine pH 3～10 0.5 mL 及尿素 3 g,加水至 10 mL。

(5) 0.02 mol/L NaOH。

(6) 0.01 mol/L 磷酸。

(7) 固定液：12.5%三氯乙酸。

(8) 其他试剂同聚丙烯酰胺凝胶电泳实验。

实验十五　免疫电泳

【目的】

(1) 熟悉免疫电泳及相关的概念和用途。

(2) 掌握免疫电泳的操作过程。

(3) 了解免疫电泳的发展和几种经典电泳技术(可参考理论篇相关章节)。

【原理】

免疫电泳技术是将蛋白质电泳分离与抗原抗体特异性配对原理相结合建立的抗原定性定量的方法,具有操作简单,适用范围广的特点。

本实验采用的是 Garbar 和 Williams 经典免疫电泳,结合了琼脂糖凝胶区带电泳与免疫双扩散,实验分两步进行。首先用琼脂糖凝胶区带电泳对抗原进行分离,然后在凝胶中预制好的抗体槽中加入稀释好的抗体,将凝胶板水平放入湿盒中,等待抗原、抗体双向扩散 12～24 h,合适比例的抗原抗体相遇后,即可在凝胶上产生肉眼可见的沉淀线(制胶及上样示意图可参考理论部分)。

【仪器】

①电泳仪;②电泳槽;③载玻片;④打孔器;⑤孵育箱。

【操作】

(1) 称取一定量的琼脂糖用 Tris-Tricine 缓冲液,配制成终浓度的1.5%的溶液,配制时可水浴加热促进琼脂糖的溶解。

(2) 取一块载玻片,用 75%乙醇擦拭干净备用。

(3) 将洁净的载玻片水平放置,准备铺板。为保证凝胶铺板均匀,尽可能减少边缘效应,可用锡纸围绕载玻片四边折起,形成一个长方体后进行铺板。

(4) 用滴管吸取溶好的琼脂糖溶液，滴到载玻片上，至全部铺满，5 mL 琼脂糖溶液在 76 mm×26 mm 的载玻片上形成的凝胶厚度约为 1.5 mm。放置，待凝固。

(5) 用打孔器在凝固后的凝胶上打出两个上样孔，每孔直径约 4 mm，孔的位置距载玻片一端 1.5 cm(图 6－3)。

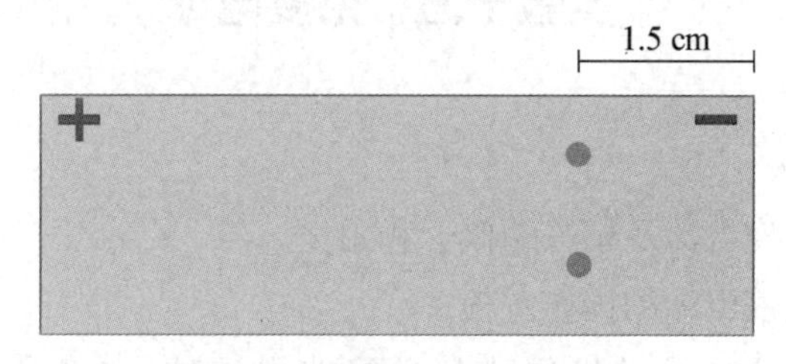

图 6－3　打孔后凝胶示意图

(6) 分别吸取 10 μL 的小鼠全血清和小鼠纯化 IgG，加入上下两个上样孔中，使样本在孔中没有气泡。

(7) 将载玻片放到电泳槽中，上样孔一端放置在阴极，用 Tris-Tricine 缓冲液作为电泳缓冲液，双层纱布浸湿后搭在载玻片两端，准备开始电泳(装置见图 6－4)。

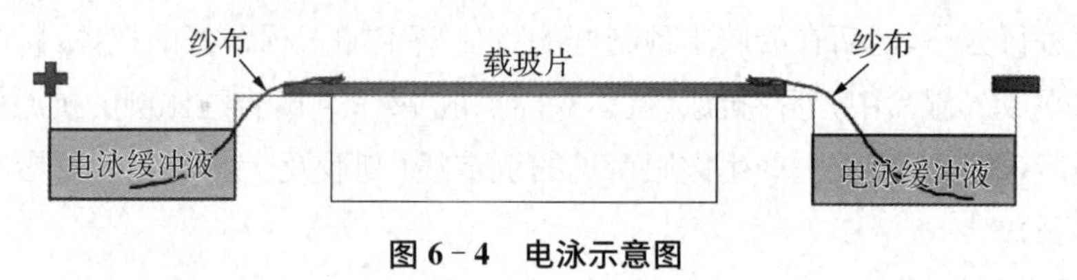

图 6－4　电泳示意图

(8) 恒压 80 V，电泳 1 h。

(9) 电泳终止后，取出载玻片，用刀片或打孔器，在载玻片的中间位置挖出长方形抗体上样槽，见图 6－5。

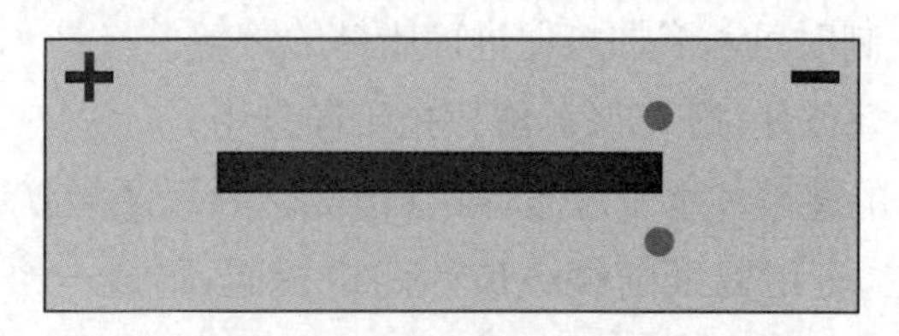

图 6－5　抗体上样槽示意图

(10) 在抗体槽中加入 100 μL 兔抗小鼠 IgG,注意保持水平,不要外溢。将载玻片放在一个湿盒中,然后放入 37℃恒温孵育箱中,12～24 h 后观察结果,一般 24 h 后,沉淀线会全部显现。

(11) 比对两组样本沉淀线的差异,分析结果,绘制沉淀线示意图。

【试剂】

(1) 75%乙醇。

(2) 琼脂糖。

(3) Tris-Tricine 缓冲液(pH 8.6, 0.05 mol/L)。

(4) 小鼠血清。

(5) 小鼠 IgG。

(6) 兔抗小鼠 IgG。

【注意事项】

(1) 抗原与抗体浓度比例应适当,可做预实验确定;如抗原浓度过高应用缓冲液稀释后再进行电泳。

(2) 铺板时要求均匀,无气泡,打孔时要防止弄破凝胶。

(3) 扩散过程中可在不同时间点观察。

实验十六　Western 印迹术

【目的】

掌握 Western 印迹术的基本原理及操作。

【原理】

参见本书第三章第一节电泳部分。

【仪器】

①塑料封口器;②脱色摇床;③电泳仪;④转印电泳槽。

【操作】

1. **预做实验**　SDS 聚丙烯酰胺凝胶电泳并准备合适的抗体。

2. **蛋白质从 SDS 聚丙烯酰胺凝胶转印至硝酸纤维素滤膜**

(1) 戴上塑料手套,将硝酸纤维素滤膜剪成与凝胶同样大小,用软芯铅笔在一角做好记号。

(2) 将硝酸纤维滤膜浮于蒸馏水面,让其从下面自然浸湿,浸入蒸馏水中 10～30 min。再浸泡在转印缓冲液中 2～4 h。

(3) 在一搪瓷盘内加入转印缓冲液,放入一块塑料框架,浸入缓冲液内。依次放上一块海绵、一张滤纸、凝胶、硝酸纤维素滤膜、一张滤纸、一块海绵,最后以适当方式将 2 个框架固定好。每加一层都要注意用玻棒赶走气泡。在有气泡处,蛋白质不能转移至滤膜。

(4) 将框架放入转印电泳槽内,硝酸纤维素滤膜在正极侧,倒满转移缓冲液。

(5) 接上导线。接通电源,恒流 380 mA,电泳 30 min。注意电泳需在水浴中进行。

(6) 停止电泳。从上至下拆开转移装置,一层一层揭去。将硝酸纤维素滤膜转入丽春红染液(用蒸馏水将原液按 1∶50 稀释)中染色 1～3 min。

(7) 用蒸馏水稍漂洗一下。用注射器针头在滤膜上刺几个小孔,标出条带的位置。

3. 免疫印迹的显色

(1) 所有的步骤都在塑料袋里进行,用热封口器封口。加底物温育时必须用一个新袋。

(2) 配制封闭液:称取脱脂奶粉和 NaN_3 加入 TBS 中,奶粉的终浓度为 1%,NaN_3 的终浓度为 0.05%。置磁力搅拌器搅拌直至奶粉溶解为止(20～30 min)。

(3) 将结合有蛋白质的硝酸纤维素滤膜放入塑料袋中,加入封闭液,用热封口器封口。于室温置摇床 1 h,封闭硝酸纤维素滤膜。

(4) 用含 0.05% Tween 20(TBS - Tween)洗硝酸纤维素滤膜,2×20 min,于室温平缓摇动。

(5) 用 TBS-Tween 稀释第 1 抗体。每种抗体的最佳稀释度须预先确定。将硝酸纤维素滤膜与第 1 抗体置 37℃水浴摇床温育 2 h。

(6) 用 TBS - Tween 洗硝酸纤维素滤膜,2×20 min,于室温平缓摇动。

(7) 用 TBS-Tween 稀释碱性磷酸酶标记的第 2 抗体。最佳稀释亦须预先确定。与硝酸纤维素滤膜在 37℃水浴摇床温育 1 h。

(8) 用 TBS - Tween 洗硝酸纤维素滤膜，3×20 min，于室温平缓摇动。

(9) 加 45 μL NBT 溶液和 35 μL BCIP 溶液到 10 mL 100 mmol/L Tris - HCl pH 9.5，100 mmol/L NaCl 中，制成底物溶液。避光并在 1 h 内使用。

(10) 将硝酸纤维素滤膜移入一新袋(避光)，加入底物置室温温育，直至在蛋白带处形成紫色沉淀或背景刚刚开始变紫为止。在背景颜色加深之前应停止反应。如果底物溶液变紫色应立即将溶液倒掉，用 TBS-Tween 漂洗滤膜，再加新鲜的底物溶液。

(11) 用 20 mmol/L Tris - HCl，pH 8.0，5 mmol/L EDTA 替换底物溶液，终止反应。当滤膜湿润时，颜色较深；而硝酸纤维素滤膜放干后，背景会变浅。

【试剂】

(1) 脱脂奶粉。

(2) NaN_3。

(3) Tris 缓冲盐溶液(TBS)：20 mmol/L Tris - HCl，pH 7.5，500 mmol/L NaCl。

(4) Tween 20。

(5) 针对待检蛋白质的第 1 抗体。

(6) 碱性磷酸酶标记的第 2 抗体。

(7) NBT(氯化四氮唑蓝，溶于 70%二甲基甲酰胺，75 mg/mL)。

(8) BCIP(5 -溴- 4 -氯- 3 -吲哚磷酸对甲苯胺盐，溶于 100%二甲基甲酰胺，50 mg/mL)。

(9) 100 mmol/L Tris - HCl，pH 9.5，100 mmol/L NaCl。

(10) 20 mmol/L Tris - HCl，pH 8.0，5 mmol/L EDTA。

(11) 丽春红染液。(0.1%*w/v*)丽春红，5%(*v/v*)乙酸，ddH_2O。

(12) 聚丙烯酰胺凝胶试剂，同 SDS 聚丙烯酰胺凝胶电泳实验。

(13) 转印电泳缓冲液　称取 Tris 4.8 g，甘氨酸 23.06 g，加水约 1 600 mL，溶解后用 2 mol/L NaOH 调节至 pH 8.3，加入 400 mL 甲醇，最终用蒸馏水定容至 2 000 mL。

实验十七 细胞复苏、传代及冻存

【目的】

(1) 掌握细胞传代操作方法,了解细胞传代的目的和意义。

(2) 掌握细胞冻存操作方法,熟悉细胞冻存的原理、目的和意义。

(3) 掌握细胞复苏的操作,熟悉细胞复苏的原理。

【原理】

在培养过程中,细胞增殖引起的细胞密度增加会导致生存空间不足,造成营养障碍而影响细胞的生长。因此,必须对细胞进行分离稀释,接种到新的培养瓶/皿中,此过程为传代。悬浮细胞直接吹打或离心分离后即可进行传代;部分贴壁生长细胞也可直接吹打完成传代;完全贴壁细胞因与培养瓶/皿之间形成胞外蛋白的连接,需要用适当的酶才可分解这些胞外蛋白,使细胞与培养瓶/皿底部分开,称为消化法传代。本实验对贴壁细胞采用0.25%的胰蛋白酶进行消化法传代。

细胞离开活体在体外培养后,其各种生物学特征均将逐渐发生变化,且传代次数越多则变化越大,因此,对培养中的细胞进行及时的冻存和复苏是十分必要的。细胞在超低温条件下,其内部生化反应基本暂时停止,细胞生命活动停留在某一阶段而不衰老死亡,当以适当的方法将细胞冻存并恢复至常温时,其内部的生化反应又可恢复正常。通常将细胞放置在－196℃液氮中储存,需要时取出融解。此为细胞冻存与复苏。

细胞冻存和复苏的基本原则是“慢冻快融”,以最大限度保存细胞活力。

目前,多采用甘油或二甲基亚砜(DMSO)作保护剂,增大细胞各种膜结构对水的通透性,同时温度缓慢降低致使细胞内水分逐步渗出细胞外,防止细胞内形成冰晶。相反,复苏时快速融化,保证细胞外冰晶在短时间内融化,避免融化后水分渗入细胞内重新形成冰晶而损伤细胞。

一、贴壁细胞的传代培养(以 HeLa 细胞为例)

【操作】

(1) 用吸管吸除或倒掉 HeLa 细胞培养瓶内的培养液。

(2) 加入少许消化液,以完全覆盖细胞生长面积为宜,轻轻晃动培养瓶,使消化液流遍所有细胞表面。

(3) 倾去消化液,再加入少许消化液进行消化。在显微镜下观察,当细胞胞质回缩、细胞间隙增大后立即加入含血清的培养基终止消化。

(4) 用吸管吸取培养液,反复轻轻吹打瓶壁上的细胞,可从上至下,从左至右进行均匀吹打,确保细胞均能从瓶壁上脱落,制备细胞悬液。吹打时切记不能用力过猛,要尽量避免产生泡沫,以免损伤细胞。

(5) 用吸管吸取细胞悬液轻轻吹打,使成片的细胞分散为小细胞团或单细胞。显微镜下观察,当原贴壁细胞均已均匀悬浮于培养液时,即可终止吹打。

(6) 吸取 10～20 μL 细胞悬液进行细胞计数,按照 $1\times10^8\sim1\times10^9$/mL 细胞密度接种到新的培养瓶中,以维持细胞的传代。

【试剂】

(1) HeLa 细胞(70%～80%融合)。

(2) DMEM 培养基。

(3) 0.25%胰蛋白酶消化液。

【注意事项】

(1) 控制消化程度。过度消化将损伤细胞,甚至导致细胞死亡,而消化不足则导致细胞难以从瓶壁脱离,反复吹打也会损伤细胞。

(2) 消化最好是在 37℃或 25℃室温以上环境中进行,消化时间 2～5 min 不等,具体与细胞类型,培养时间有关。

(3) 吹打细胞时不能用力过猛,尽量不产生气泡,以免损伤细胞。

(4) 细胞传代的过程较长,增加了污染的风险。因此,必须严格进行无菌操作避免微生物污染。

二、细胞的冻存

【操作】

(1) 配制冻存液：取 1 mL DMSO 加入 9 mL 完全培养基中，配制含 10%DMSO 的冻存液。

(2) 取对数生长期的 HeLa 细胞，冻存前约 24 h 换液。

(3) 按照传代方法消化细胞，收集细胞悬液于离心管中，800～1 000 r/min 离心 5 min，弃去上清液。

(4) 细胞沉淀中加入适量新鲜配制的细胞冻存液，吹打均匀，调整细胞密度为 $5\times10^{9}\sim1\times10^{10}$/L。

(5) 按 1～1.5 mL 将细胞悬液分装到无菌细胞冻存管中，旋紧管盖，并用封口膜封严。

(6) 冻存管做好标记，标明细胞名称、代数、冻存日期及冻存人等，并同时做好细胞系维持记录。

(7) 将冻存管置于逐步降温的冻存条件下：4℃，30 min→－20℃，2 h→－80℃，24 h→液氮罐保存。

【试剂】

(1) HeLa 细胞(70%～80%融合)。

(2) DMEM 培养基。

(3) 0.25%胰蛋白酶消化液。

(4) DMSO。

【注意事项】

(1) 应选择处于对数生长期的细胞进行冻存，以提高细胞的存活率。

(2) 控制好细胞消化时间，过度消化将损伤细胞，从而导致复苏后细胞存活率的降低。

(3) DMSO 室温时对细胞有毒性，冻存液应在 4℃时预冷 40～60 min 后方可使用。

(4) DMSO 有一定的吸入毒性和皮肤毒性，应戴手套使用，并尽量避免其挥发。如有皮肤碰触，使用大量的水或1%～5%的稀氨水洗涤。

(5) 确保冻存管无破损，并封紧瓶盖。

(6) 打开液氮罐时应戴手套和护目镜，头部偏向一边，防止被液氮冻伤；同时开盖速度要慢，以防过多气化液氮喷出，可先开一个小口，待气体跑出一部分后再逐渐开大。

三、细胞的复苏

【操作】

(1) 用长镊子从液氮罐中取出冻存管1支，立即投入37℃水浴中，并不时摇动使其尽快融化。

(2) 用酒精棉擦拭冻存管，按照无菌操作要求，放入超净工作台内。

(3) 打开冻存管盖，将已融化的细胞悬液转移至离心管中，缓慢加入10倍以上体积的新鲜培养液，吹打均匀。

(4) 800～1 000 r/min离心5 min，弃去上清液。

(5) 用新鲜培养液悬浮细胞沉淀，吹打均匀，进行细胞计数。

(6) 调整细胞密度为5×10^8/L，接种至培养瓶中，置CO_2培养箱中进行培养。

(7) 24 h后观察细胞生长状态。

【细胞与试剂】

(1) 冻存的HeLa细胞。

(2) DMEM培养基。

【注意事项】

(1) 冻存管融化过程一定要快，必须在1～2 min完全融化，否则细胞内冰晶的形成将损伤细胞。

(2) 冻存管可能会漏入液氮，在快速解冻时管内的气温急剧上升，可能会导致爆炸。因此，复苏时务必戴手套和护目镜。

实验十八 药物对细胞增殖活性的影响——MTT、CCK-8法

【目的】

(1) 熟悉药物对细胞增殖活性影响的测定方法。

(2) 掌握 MTT 比色法的实验原理、操作及应用。

(3) 了解其他细胞增殖活性检测方法(可参考理论篇相关章节)。

【原理】

噻唑蓝(MTT)是一种黄颜色的染料,可接受氢原子而发生显色反应。活细胞线粒体中琥珀酸脱氢酶脱下的质子将 MTT 还原成难溶的蓝紫色结晶甲瓒(formazan)沉积在细胞中,而死细胞线粒体功能丧失,无此活性。因此,细胞增殖越多越快,颜色越深,即颜色的深浅与活细胞的数量成正比。因此,利用这一反应可直接进行细胞增殖活性的分析。

难溶性 formazan 可溶于二甲亚砜(DMSO),在 570 nm 有最大吸收。在一定细胞数量范围内,吸光度值(*OD* 值)与细胞数成正比。根据测得的 *OD* 值即可评价细胞增殖活性,*OD* 值越大,细胞增殖活性越强。

【操作】

(1) 在 96 孔板中接种 100 μL HeLa 细胞,每孔 10^3～10^4 个细胞,分为空白对照组、二甲双胍低剂量处理组(4 μmol/L)和高剂量处理组(8 μmol/L)。

(2) 将培养板置于培养箱中培养 2 h(37℃, 5% CO_2)。

(3) 2 h 后分别向培养板中每孔加入 100 μL 培养基或二甲双胍溶液,继续在培养箱中培养 24 h。

(4) 培养结束后取出培养板,弃上清液,向每孔中加培养液 180 μL、5 mg/mL MTT 20 μL(终浓度 0.5 mg/mL),放入培养箱继续培养 4 h。

(5) 倒置显微镜下观察有甲瓒结晶析出,弃上清液;每孔加 DMSO 200 μL,振荡 10 min,使结晶充分溶解。

(6) 在显微镜下观察针状结晶消失,取结晶溶解液于 570 nm 处测定吸光度,记录 *OD* 值。

【细胞与试剂】

(1) HeLa 细胞。

(2) DMEM 培养基。

(3) DMSO。

(4) MTT 溶液(5 mg/mL)。

【注意事项】

(1) 血清类物质可干扰 *OD* 值。因此,加入 DMSO 前应尽可能吸净孔内培养液。

(2) 吸取上清培养液时动作要轻,防止将甲瓒结晶一起吸出丢弃。

(3) 必须通过预实验将细胞接种浓度和培养时间调整在适当的范围内,才能保证 *OD* 值与细胞数目呈线性关系,超出线性范围则实验误差较大。一般 *OD* 值在 0～0.7 之间时线性较好。

【CCK－8 检测法与 MTT 法的比较】

CCK－8(cell counting kit－8)检测法是 MTT 法的升级,用化合物 WST－8 代替 MTT,也是通过与活细胞线粒体中的脱氢酶反应生成甲瓒产物。与 MTT 法所不同的是,CCK－8 法生成的是具有高度水溶性的橙黄色甲瓒产物,不用洗涤细胞,不需要用 DMSO 溶解结晶即可测定 *OD* 值,减少了操作步骤,降低了实验误差。此外,由于产生的甲瓒产物是水溶性的,无须换液,适合悬浮细胞增殖活性测定。

目前,CCK－8 法有商用的试剂盒可以使用,检测试剂只有 1 瓶溶液,无须预制,即开即用,操作简便,灵敏度及重复性均优于 MTT 法,且其试剂本身对细胞毒性小,能实现快速检测。但是,由于 CCK－8 试剂为淡红色溶液,与含有酚红的培养液颜色接近,在操作过程中容易发生漏加或多加。此外,CCK－8 试剂盒的价格远高于 MTT 法。

实验十九　重组质粒的构建与鉴定

【目的】

(1) 学习重组 DNA 的基本原理。

(2) 了解 DNA 体外重组的基本操作过程并掌握相应的实验操作。

【原理】

在离体的条件下获得目标 DNA 分子并将其与载体 DNA 分子连接,得到新的重组 DNA 分子,即 DNA 体外重组技术,是最常用的分子生物学实验手段。

本实验以质粒携带了人 *hLPCAT3* 基因片段的 pCDH 质粒 pCDH - *hLPCAT3* 和载体质粒 pcDNA3.1(-)为例,通过一系列的实验将 pCDH - *hLPCAT3* 中的 hLPCAT3 基因连接到载体质粒 pcDNA3.1(-)中,形成重组 DNA 分子 pcDNA3.1 - *hLPCAT3*。pCDH 载体约 7.38 kb,是用于制备慢病毒的质粒之一。*hLPCAT3* 约 1.46 kb,pCDH - *hLPCAT3* 质粒约 8.84 kb。pcDNA3.1(-)载体约 5.43 kb,DNA 重组体 pcDNA3.1 - *hLPCAT3* 约 6.89 kb。在目的基因 *hLPCAT3* 上下游两侧以及载体 pcDNA3.1(-)的多克隆位点都分别有 X*ba* Ⅰ及 B*am*H Ⅰ识别位点,有利于 DNA 重组。重组体 pcDNA3.1 - *hLPCAT3* 适合于直接转染于哺乳动物细胞,使目标基因 *hLPCTAT3* 在哺乳动物细胞中瞬时或稳定高表达。

实验从平板培养基上保存的含 pCDH - *hLPCAT3* 质粒或 pcDNA3.1(-)质粒的单克隆大肠埃希菌 DH5α 开始,通过细菌的培养、质粒的提取纯化,经过"切-接-转-增-检"的重组 DNA 的基本操作过程,得到纯化的重组目的质粒,即携带了 *hLPCAT3* 基因的 pcDNA3.1(-)质粒 pcDNA3.1 - *hLPCAT3*。

1. 质粒的小量提取 含有质粒的工程菌(本实验中均为大肠埃希菌 DH5α)在含有与质粒抗性所对应的抗生素的 LB 培养基中扩增培养后,可利用碱处理分离提取质粒。

在 SDS 及 NaOH 作用下,将菌体裂解并使蛋白质和核酸变性,加入醋酸钾(KAc)后中和溶液 pH,使蛋白质处于等电点状态易于沉淀,同时十二烷基硫酸基被 K^+ 盐沉淀(产生十二烷基硫酸钾),裹挟着与之结合的蛋白质以及与蛋白质结合的细菌染色体 DNA 一起被沉淀。在 SDS -碱裂解和醋酸钾中和的过程中,质粒也经历了变性和复性,但 DNA 不会断裂,质粒所结合蛋白质甚少,不随蛋白质沉淀,大部分质粒 DNA 留在上清中。RNA 虽然也在上清中,但被预先加入的 RNase A 水解为核苷酸。上清中的质粒 DNA

被硅基质吸附柱(硅胶表面的硅羟基与待分离物质之间的氢键作用)吸附后经漂洗去盐和其他杂质,最后被洗脱下来,成为高度纯化的质粒DNA。

2. 琼脂糖凝胶电泳法测定DNA纯度、浓度与相对分子质量 获得的DNA分子为更好地进行后续反应,需进行纯度、浓度的测定和质粒是否正确的初步判断。虽然通过测定OD_{260}值和OD_{260}/OD_{280}比值可以判断所提取质粒DNA的浓度和纯度,但无法判断质粒DNA相对分子质量的大小以及是否含有未去除干净的RNA。解决这些问题的最简单方法就是琼脂糖凝胶电泳。

在电泳介质中加入可与DNA分子结合的发光分子,以对DNA样品进行定性定量。常用的染料分子是溴化乙锭(EB),其分子结构中含有的三环平面基团可使其嵌入DNA分子碱基中形成荧光结合物,该结合物可被302 nm紫外光激发而放射出橙红色信号,强度与DNA的含量成正比。

电泳介质琼脂糖(agarose)是一种链状的多聚半乳糖,依靠糖基间的氢键引力形成网状结构的凝胶。凝胶的网孔大小和凝胶的机械强度取决于琼脂糖浓度。在核酸电泳中可依据所需要分离的DNA分子的大小配制不同浓度的琼脂糖凝胶,一般在0.7%~2%。

DNA分子在高于其等电点的电泳缓冲液中带负电荷,在电场中向阳极移动。一定的电场强度下和一定的凝胶孔径下,DNA分子的迁移速度取决于本身的分子大小和构象。一般来说,线性DNA分子的迁移速度与其相对分子质量的对数成反比,相对分子质量相同但构象不同的DNA分子迁移速度不同。

碱裂解后通过吸附柱分离纯化的质粒DNA大部分呈超螺旋环状,极少部分质粒是带切口环状(两条链中有一条断裂)和线状(两条链在同一位点断裂),具有不同构象的DNA分子可通过凝胶电泳进行鉴定。相对分子质量相同的超螺旋环状,带切口环状和线状DNA在凝胶中的迁移率不同,在一般情况下,超螺旋环状DNA迁移最快,其次为线状DNA,最慢的为带切口环状DNA(图6-6)。将超螺旋DNA经限制性核酸内切酶线性化,或直接通过线性DNA条带与与已知相对分子质量的DNA标准品作为对照,可初步推测目标DNA分子的大小。

质粒DNA样品中如果还有染色体DNA或RNA,在凝胶电泳上也可以分别观察到电泳区带,由此可分析样品的纯度。

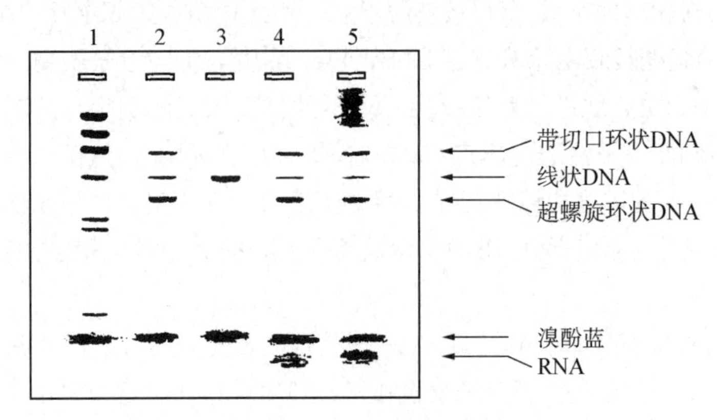

图 6-6 DNA 琼脂糖凝胶电泳

注:1. DNA 相对分子质量标准;2. 纯化的质粒 DNA;3. 线性 DNA(以单一位点酶切的质粒 DNA);4. 质粒 DNA 中混有 RNA 杂质;5. 质粒 DNA 中混有 RNA 和染色体 DNA。

商家提供的 DNA 相对分子质量标准品中,说明书会指出在一定上样体积的情况下某特定条带的质量数,通过对比该特定条带和目标条带的亮度,可以大致判断目标条带的质量数。

得到纯化的 DNA 分子后,需要将目的基因片段和载体进行水解切割为连接反应做好准备。

3. 利用限制性核酸内切酶消化 DNA 分子——"切" 限制性核酸内切酶的相关知识请参阅理论篇第五章第三节。

本实验采用 X*ba* Ⅰ和 B*am*H Ⅰ两种限制性核酸内切酶消化 pCDH-*hLPCAT3* 及 pcDNA3.1(-)质粒。

X*ba* Ⅰ的识别顺序为(箭头所示为切割位点):

5′.... T↓-C-T-A-G-A.... 3′

3′.... A-G-A-T-C-↑T.... 5′

B*am*H Ⅰ在双链 DNA 中的识别顺序为(箭头所示为切割位点):

5′.... G↓-G-A-T-C-C.... 3′

3′.... C-C-T-A-G-↑G.... 5′

pCDH-*hLPCAT3* 质粒经 X*ba* Ⅰ及 B*am*H Ⅰ双酶切后可得到约

7.38 kb 的 pCDH 载体和 1.46 kb 的 *hLPCAT3* 基因片段，而 pcDNA3.1(-)载体质粒经 *Xba* Ⅰ及 *Bam*H Ⅰ双酶切后得到约 5.43 kb 的片段（另有约 50 bp 的小片段位于电泳前沿，往往丢失或染色太浅而不易看见）。经过琼脂糖凝胶电泳分离和回收 *hLPCAT3* 基因片段和线性的 pcDNA3.1(-)载体 DNA 分子，为下一步实现 pcDNA3.1 - *hLPCAT3* 重组质粒的构建提供反应物。

4. DNA 片段的连接——“接”　常见的 DNA 连接方式有 2 种：平末端连接和黏性末端连接。

本实验所用片段是 *Xba* Ⅰ和 *Bam*H Ⅰ消化，为黏性末端，故可直接利用 DNA 连接酶进行连接。

连接后得到的重组 DNA 分子需要进行扩增筛选，首先需要将得到的重组 DNA 分子转化进入大肠埃希菌中进行扩增培养，然后提取鉴定。因此，需要制备可供重组 DNA 分子转化用的感受态大肠埃希菌并进行转化。

5. 感受态大肠埃希菌的制备及转化——“转”　转化是指将重组质粒导入工程菌。

本实验中所用的工程菌为大肠埃希菌 DH5α。

大肠埃希菌因其遗传背景清楚，技术操作简单，培养条件简单，是应用最广泛的原核基因表达载体。所谓感受态大肠埃希菌是指处于容易吸收外源 DNA 的状态的大肠埃希菌，一般通过化学刺激制备得到。常用的方法是 $CaCl_2$ 法，也可用 $MnCl_2$ 法，后者较前者在操作上稍显复杂，但效果也略好。

本实验采用 $CaCl_2$ 法，制备得到的感受态的大肠埃希菌具有摄取外源 DNA 分子的能力。DNA 与 Ca^{2+} 结合亦可形成对 DNase 有抗性的复合物结合在细菌表面，短暂的 42℃热休克可促进细菌摄取 DNA - Ca^{2+} 复合物，提高转化效率。

然而，即使在最佳条件下，也只能将质粒导入一小部分细菌。为鉴别这些转化子，须利用质粒编码的筛选标记。这些标记赋予细菌以新的表型，使成功转化的细菌很容易被筛选出来。pcDNA3.1(-)质粒带有氨苄青霉素抗性基因（amp^r）。以 pcDNA3.1(-)质粒或其重组体转化的大肠埃希菌能够在含氨苄青霉素的选择培养基上生长，而未转化的受体菌则不能在这种选择培养基上生长。

6. 含重组质粒的细菌菌落的鉴定——"增"和"检" 鉴定含有重组质粒的细菌菌落的常用方法有 5 种：①遗传表型检测法；②小规模制备质粒 DNA 并进行限制酶酶切分析；③PCR 扩增筛选鉴定；④杂交筛选；⑤序列测定。

此处仅介绍最常用的酶切鉴定方法和 PCR 扩增鉴定方法：

从转化培养皿上挑取一些独立的转化菌落加入含抗生素的 LB 培养基中进行小规模培养，然后提取质粒 DNA，根据质粒的序列选择特异性的限制性酶切位点建立酶切体系见表 6-18，以琼脂糖凝胶电泳检测特异性目的片段是否存在。

表 6-18 酶切反应体系

反应体系		用量/μL
单酶切反应体系		
	样品 DNA 分子(含 10 μg DNA)	X
	限制性内切酶 *Xba* Ⅰ(或 *Bam*H Ⅰ)	1
	10×酶缓冲液	5
	ddH_2O	Y
	总体积	50
双酶切反应体系		
	样品 DNA 分子(含 10 μg DNA)	X
	限制性内切酶 *Xba* Ⅰ	1
	限制性内切酶 *Bam*H Ⅰ	1
	10×酶缓冲液	5
	ddH_2O	Y
	总体积	50
三酶切反应体系		
	样品 DNA 分子(含 10 μg DNA)	X
	限制性内切酶 *Xba* Ⅰ	1
	限制性内切酶 *Bam*H Ⅰ	1
	限制性内切酶 *Eco*R Ⅴ	1
	10×酶缓冲液	5
	ddH_2O	Y
	总体积	50

这种鉴定方法虽然操作较费时，但结果精确，找到目标重组体的机会较高。在操作熟练时，有可能在 1 d 内提取和分析 24～36 份小量制备的质粒 DNA。

本实验的重组体 pcDNA3.1 - *hLPCAT3* 相对分子质量约 6.89 kb，目的基因 *hLPCAT3* 上下游两侧含有 *Xba* Ⅰ和 *Bam*H Ⅰ酶切位点，在 *hLPCAT3* 基因内部 412 bp 处存在 *Eco*R Ⅴ酶切位点。因此，构建正确的重组体经 *Xba* Ⅰ和 *Bam*H Ⅰ双酶切后得到约 5.43 kb 和 1.46 kb 两条片段，而经过 *Xba* Ⅰ、*Bam*H Ⅰ和 *Eco*R Ⅴ三酶切后得到约 5.43 kb、1 000 bp 和 400 bp 3 个片段。如果载体中没有目的基因，或目的基因并非 *hLPCAT3*，则不会出现这种酶切后的电泳图谱。

重组体 pcDNA3.1 - *hLPCAT3* 中含有 *hLPCAT3* 基因，通过设计适当引物经 PCR 扩增 *hLPCAT3* 基因全长或部分片段，可辅助判断重组体中是否含有 *hLPCAT3* 基因。PCR 原理和引物设计原则请看理论篇第五章第二节。

经鉴定含有正确重组体 pcDNA3.1 - *hLPCAT3* 质粒的菌种可用甘油保护后放－80℃冰箱保存。

【操作】

1. 质粒的小量提取步骤　参考试剂盒说明书，含有不同质粒的菌液分别操作，注意做好标签，不要混淆。主要步骤如下：

(1) 将培养物转入 1.5 mL 离心管中，室温 12 000 r/min 离心 1 min.(3 mL 菌液分两次离心，将所有细菌收集于同一个离心管中)。

(2) 弃上清，将离心管倒立，使上清流净，用纸巾或吸水纸将液体吸干。

(3) 加入 250 μL 溶液Ⅰ，使用移液器或旋涡振荡器至彻底悬浮细菌。

(4) 加入 250 μL 溶液Ⅱ，温和颠倒离心管 6～7 次，使菌体充分裂解，裂解后的菌体变得清亮粘稠，作用时间不超过 5 min。

(5) 加入 350 μL 溶液Ⅲ，温和颠倒离心管 6～7 次，出现白色絮状沉淀。

(6) 12 000 r/min 离心 10 min。

(7) 将步骤 6 中的上清加入吸附柱中(尽量去除杂质)，室温放置 2 min，12 000 r/min 离心 1 min，倒掉废液收集管中的废液。

(8) 加入 700 μL 漂洗液于吸附柱中，12 000 r/min 离心 1 min。倒掉废液收集管中的废液。

(9) 加入 500 μL 漂洗液于吸附柱中,12 000 r/min 离心 1 min。倒掉废液收集管中的废液。

(10) 12 000 r/min 离心 2 min,尽量去除漂洗缓冲液。

(11) 取出离心吸附柱,敞口室温放置数分钟后,将其套入一个干净的 1.5 mL Eppendorf 管中,向吸附柱膜中央加入 50 μL 洗脱缓冲液,室温放置 1～2 min 后,12 000 r/min 离心 1 min。

最终所收集的洗脱液中即含有分离纯化的质粒 DNA。

2. 琼脂糖凝胶电泳法测定 DNA 纯度、浓度与相对分子质量 当凝胶完全凝固后小心移去样品梳,将凝胶随胶模一起放入电泳槽中。在电泳槽中加入恰好浸过胶面约 1 mm 深的足量 1×TAE 电泳缓冲液。

取≤5 μL DNA 样品与上样缓冲液混匀(一般加样缓冲液贮存浓度为 6×或 10×浓度,取适量与样品 DNA 溶液混合,使上样缓冲液终浓度成为 1×浓度)后,慢慢加至上样孔中。在凝胶某孔中加入适量 DNA 相对分子质量标准品作为对照。

将电泳槽与电泳仪正确连接,凝胶上样端靠近电源负极,采用 1～5 V/cm 的电压降(按两极间距离计算,一般多采用恒压 80～100 V),电泳直至溴酚蓝在凝胶中迁移适当的距离后停止电泳。

切断电源,从电泳槽中取出凝胶。在凝胶成像仪上检查凝胶上 DNA 的区带,拍照后分析。

3. 利用限制性内切酶消化 DNA 分子 如果将超螺旋 DNA 线性化用于鉴定目标 DNA 的分子大小,只需建立单酶切反应体系。如果从 pCDH-*hLPCAT3* 分离获得目的基因,以及切割载体 pcDNA3.1(-),则需用*Xba* Ⅰ和 *Bam*H Ⅰ建立双酶切反应体系。而如果用于鉴定重组体 pcDNA3.1-*hLPCAT3*,则可建立单酶切、双酶切或三酶切反应体系。

下列步骤适用于 50 μL 反应体系中含 10 μg DNA。如果待消化的 DNA 多于或少于 10 μg,反应体积可适当增减。

加样时限制性内切酶应最后加入,且需放在冰盒中取用,用完后立即将酶放回低温冰箱。根据实际情况调整上述反应体系的 *X* 和 *Y* 值,使反应总体积为 50 μL,轻敲管底将各试剂混合均匀,5 000 r/min 离心数秒钟,将液体全部甩至管底。

将反应管置于37℃(*Xba* Ⅰ和*Eco*R Ⅴ的最适温度)或30℃(*Bam*H Ⅰ的最适温度)水浴中，保温15～30 min。

保温终止后，取出Eppendorf管，从中吸取5 μL反应液与适量上样缓冲液混合后琼脂糖凝胶电泳检测。

4. DNA片段从琼脂糖凝胶中回收纯化　pcDNA3.1(-)质粒和pCDH-*hLPCAT3*质粒经*Xba* Ⅰ和*Bam*H Ⅰ双酶切后经电泳分离，可得到约5.4 Kb的pcDNA3.1(-)载体大片段和约1.46 Kb的*hLPCAT3*基因片段，在紫外分析仪上分别快速切下这些条带，称重后装入1.5 mL离心管。采用胶回收试剂盒从琼脂糖凝胶中回收纯化这些片段。操作步骤参考试剂盒说明书，主要步骤如下：

(1) 向胶块中加入3倍体积溶胶液(如果凝胶重为0.1 g，其体积可视为100 μL，则加入300 μL溶胶液)，50～55℃水浴放置10 min，期间不断温和地上下翻转离心管，以确保胶块充分溶解。

(2) 将上一步所得溶液冷却至室温后加入一个吸附柱中(吸附柱置于收集管中)，12 000 r/min离心30～60 s，倒掉收集管中的废液，将吸附柱重新放入收集管中。

(3) 向吸附柱中加入600 μL漂洗液(使用前请先检查是否已加入无水乙醇)，12 000 r/min离心1 min，弃废液，将吸附柱放入收集管中。

(4) 重复步骤(3)。

(5) 12 000 r/min离心2 min，尽量除去漂洗液。将吸附柱敞口置于室温或50℃温箱放置数分钟，目的是将吸附柱中残余的漂洗液去除，防止漂洗液中的乙醇影响后续的实验。

(6) 将吸附柱放入一个干净的离心管中，向吸附膜中央悬空滴加适量经65℃水浴预热的洗脱液30 μL，室温放置2 min，12 000 r/min离心1 min。

最终所收集的洗脱液中即含有分离纯化的目标DNA。通过微量核酸定量仪测定DNA的浓度。

5. 连接反应

(1) 在PCR薄壁管中加入上述纯化的pcDNA3.1(-)载体大片段和hLPCAT3基因片段，使总体积为10 μL，同时pcDNA3.1(-)载体：*hLPCAT3*基因≈(5～10)：1(摩尔比)，载体和目的基因具体加样体积按实验中的样品浓度计算决定。然后加入 10 μL DNA 连接反应预混试剂(DNA Ligation Mix),总反应体积为 20 μL。

(2) 将反应物置于 PCR 仪中,16℃保温 30 min。反应产物(连接物)可直接用于大肠埃希菌转化。

6. 连接产物转化进入感受态大肠埃希菌

(1) 在无菌 Eppendorf 管中加入 100 μL 感受态细菌和 20 μL 连接反应产物,混匀后冰浴 10 min。

(2) 转至 42℃水浴保持 2 min,然后转至室温或冰浴。

(3) 试管中加入 0.8 mL 不含抗菌素的 LB 培养基,37℃振摇 45 min。

(4) 取 0.1～0.2 mL 菌液,加至 LB 琼脂平板(含氨苄青霉素 100 μg/mL)中,用无菌玻璃涂棒将细菌均匀涂布到整个平板表面。

(5) 将平板置室温干燥,然后倒置放在 37℃温箱中培养过夜(≤20 h)。

(6) 次日观察培养平板上长出的细菌克隆。

7. 重组质粒的细菌菌落的鉴定

(1) 菌落扩增及质粒的快速提取:从平板上挑出数个转化子菌落,分别接种到 3 mL 含有氨苄青霉素(100 μg/mL)的 LB 培养基中,37℃振荡培养过夜,16～18 h。细菌质粒的提取请参考本实验操作 1。

(2) 质粒的单酶切,双酶切和三酶切请参考本实验操作 3。

(3) 质粒的 PCR 鉴定:在薄壁 PCR 管中建立如下反应体系(表 6-19):

表 6-19 质粒的 PCR 鉴定反应体系

反应体系	用量/μL
DNA 模板	0.5
上游引物(10 μmol/L)	1
下游引物(10 μmol/L)	1
2×PCR 预混液	12.5
ddH_2O	10
总体积	25

PCR 参数设定为:95℃预变性 2 min,94℃15 s,55℃15 s,72℃30 s,热循环 34 次,循环结束后 10℃保存样品。

(4) 酶切产物,PCR 产物的电泳鉴定:琼脂糖凝胶电泳请参考本实验操作 2。

(5) 在紫外分析仪下对电泳结果拍照,分析。

构建正确的 pcDNA3.1 - *hLPCAT3* 重组体单酶切产物为 6.89 kb 一个条带,*Xba* Ⅰ和 *Bam*H Ⅰ双酶切产物为 5.43 kb 和 1.46 kb 两个条带,*Xba* Ⅰ、*Bam*H Ⅰ和 *Eco*R Ⅴ三酶切产物为 5.43 kb,约 1,000 bp 和约 400 bp 3 个条带,PCR 产物为约 1.46 kb 的单一条带。

【注意】

1. 质粒的小量提取　用本方法制备和纯化的质粒可用于制备 DNA 探针,DNA 重组以及转染哺乳类细胞。室温低于 30℃时。这一方法的效果很好,如果室温高于 30℃,会增加切口环状 DNA 的量。在这种情况下,转染的效率会有所降低,但对限制酶酶切 DNA,DNA 探针制备和 DNA 重组则没有影响。

2. 琼脂糖凝胶电泳法测定 DNA 纯度、浓度与相对分子质量　影响 DNA 迁移率的因素:

(1) DNA 分子的大小:线状双链 DNA 分子在凝胶基质中的迁移率与其碱基对数目以 10 为底的对数值成反比,分子越大,则摩擦阻力越大,也越难于在凝胶孔隙中蠕行,因而迁移得越慢。

(2) 琼脂糖浓度:一个给定大小的线状 DNA 片段,其迁移率在不同浓度的琼脂糖凝胶中各不相同。采用不同浓度的凝胶可分辨大小不同的 DNA 分子,一般情况下可参考表 6 - 20 选择凝胶浓度。

表 6 - 20　DNA 片段大小与琼脂糖的浓度的选择

琼脂糖浓度/%	分离 DNA 片段的有效范围/kb
0.5	1～30
0.7	0.8～20
1.0	0.5～10
1.2	0.4～7
1.5	0.2～3

(3) DNA的构象：质粒DNA有3种不同的构象(超螺旋环状、带切口环状和线状)。在本实验中，超螺旋环状DNA迁移率最快，其次是线状DNA，带切口环状DNA的迁移率最慢。在适合于DNA的电泳条件下，不同大小的RNA具有相同的电泳速率，电泳后，在溴酚蓝稍前的位置可见RNA区带。

(4) 所加电压：在低电压时，线状DNA片段的迁移率与所加电压成正比，但是，随着电场强度的增加，相对分子质量高的DNA片段的迁移率将以不同的幅度增长。因此，随着电压的增加，琼脂糖凝胶的有效分离范围缩小。要使大于2 kb的DNA片段的分辨率达到最大，琼脂糖凝胶电泳的电压不应超过5 V/cm(该距离是指电极间的距离，不是指凝胶自身的长度)。

(5) 温度：在琼脂糖凝胶电泳中，不同大小的DNA片段的相对迁移率在4～30℃不发生改变，凝胶电泳通常在室温进行，但是，浓度低于0.5%的琼脂糖凝胶和低熔点琼脂糖凝胶较为脆弱，最好在4℃下电泳。此时，它们强度最大。

(6) 嵌入染料的存在：荧光染料溴化乙锭用于检测琼脂糖中的DNA，它会使线状DNA的迁移率降低15%左右。染料嵌入碱基对之间，拉长线状和带切口环状DNA，而且刚性更强。

(7) 电泳缓冲液的组成：电泳缓冲液的组成及其离子强度影响DNA的电泳迁移率，有几种不同的缓冲液可用于天然双链DNA电泳。在没有离子存在时，电导最小，即使DNA还能移动一点，也非常慢。在高离子强度的缓冲液中，电导很高并明显产热，最坏的情况是引起凝胶融解而DNA发生变性。

在电泳槽和凝胶中务必使用同一批次的电泳缓冲液，离子强度和pH值的微小差异会影响DNA片段的迁移率，导致条带不整齐或错位。

溴化乙锭是一种核酸的显色剂和强烈的诱变剂并有中度毒性，使用含有该染料的溶液时必须戴手套，溴化乙锭的储存液应在室温下避光保存(用铝箔包裹的瓶子中)。

已知大小的DNA标准参照物应同时加在凝胶的左侧和右侧孔内，这样，如在凝胶电泳中出现系统性畸变时，也较容易确定未知DNA的大小。

紫外线对皮肤、眼睛均可造成损伤。为了减少受到照射，必须确保紫外光源受到适当遮蔽，并应戴护目镜或能有效阻挡紫外线的完全面具。

3. 利用限制性内切酶消化 DNA

(1) 样品 DNA 的纯度对限制酶消化非常重要。如果 DNA 中有蛋白质、RNA 等，将影响酶切。样品中混有的高浓度 EDTA 亦可抑制许多限制酶的活性。因 EDTA 螯合了反应系统中的 2 价阳离子(酶的激活剂)，故酶的活性受到抑制，导致酶切反应减弱或停止。

(2) 商品化的限制性内切酶因为生产厂家的不同而适用不同的反应条件。因此，需配套使用提供的酶缓冲液，并遵循产品说明书进行操作。

(3) 不同限制性内切酶的缓冲液主要差别在于其中所含 NaCl 的浓度。当要用两种或两种以上限制性内切酶切割 DNA 时，可参照厂家提供的双酶切缓冲液表进行选择，两种酶可共用一种缓冲液时，可一起加入反应体系中进行切割。如两者不存在共用缓冲液，可分别进行酶切，当一种酶消化结束后，以酚∶氯仿进行抽提，再经乙醇沉淀，将 DNA 重新溶解后再加第 2 种酶进行消化。也可以先用在低离子强度的缓冲液中活性最高的酶切割 DNA，然后加入适量 NaCl 及第 2 种酶，继续温育。

(4) 不同的限制性内切酶价格不同，有些价格昂贵，遵循以下建议可最大限度地节省：

1) 限制性内切酶在 50%甘油中保存于－20℃时是稳定的，进行酶切反应时，应于最后加入，从冰箱内取出的储酶管应放置于冰上或冰盒中。取用时注意用无菌吸头，以避免酶污染了 DNA 或其他酶，操作结束后立即将酶放回冰箱，以减少酶在冰箱外放置的时间。

2) 尽量减少反应中的加水量以使反应体积减到最小，但要确保酶体积不超过反应总体积的 1/10，否则，限制酶活性将受到甘油的抑制。

3) 通常延长消化时间可使所需的酶量减少，这在切割大量 DNA 时可节约酶的用量。在消化过程中，可取少量反应液进行凝胶电泳以判断消化进程。

4) 当用同一种酶切割多种 DNA 样品时，可计算出所需酶的总量(考虑到多次转移中造成的损失，估算的酶量可过量些)，然后从储酶管中取出所需酶，并用 10×(或 5×)限制酶缓冲液稀释，再将酶与缓冲液的混合物加到不同的消化反应液中。

4. DNA 片段的连接

(1) 高纯度 DNA 是连接反应成功的关键,要特别注意避免酚、SDS 和胶中杂质的污染。必要时可对 DNA 进行再次的乙醇沉淀纯化。

(2) DNA 一端与另一端的连接可以认为是双分子反应,在标准条件下,其反应速度完全由互补的 DNA 黏性末端的浓度决定。如果反应中 DNA 浓度低,则配对的两个末端同属于同一 DNA 分子的机会较大(因为 DNA 分子的一个末端找到同一分子的另一末端的概率要高于找到不同 DNA 分子的末端的概率)。这样,在 DNA 浓度低时,质粒 DNA 重新环化的效率很高。如果连接反应中的 DNA 浓度增高,则在分子内连接反应发生以前,某一个 DNA 分子的末端碰到另一 DNA 分子末端的机会增多。因此,在 DNA 浓度高时,连接反应的初产物将是质粒的二聚体和更大一些的寡聚体。

(3) 如果在连接反应混合物中除线状载体质粒之外,还含有带互补黏性末端的外源 DNA 片段,那么对于一个给定的连接混合物而言,产生环状重组基因组的效率不仅受反应中末端的绝对浓度的影响,而且还受载体和外源 DNA 末端的相对浓度的影响。当外源 DNA 末端浓度大约是载体 DNA 末端浓度的 5~10 倍时,有效重组体将得到很高的产量。如果外源 DNA 浓度比载体低得多,有效连接产物的数量会很低,这样就很难鉴别小部分带重组质粒的转化菌落。这种情况下,可考虑采取一些步骤来减少带非重组质粒的背景菌落,如用磷酸酶处理线状质粒 DNA。

(4) 外源 DNA 片段和线状质粒载体的连接,为保证连接发生在线性化载体与目的基因片段之间,可对线状质粒 DNA 进行去磷酸化操作,以避免其自身环化。

(5) 不同厂家的连接酶的质量对连接反应的结果也会产生影响,在条件允许时,应尽可能购买优质产品。

5. 感受态大肠埃希菌的制备与转化(氯化钙法)

(1) 影响转化效率的因素包括 Ca^{2+} 浓度、pH 值、感受态细胞活力、DNA 的浓度、纯度及构象。超螺旋质粒转化效率最高,而线状 DNA 转化效率很低。将大肠埃希菌在按一定形式组合的二价阳离子中暴露更长时间,并且用 DMSO、还原剂和氯化六氨合高钴处理,可使转化效率大大提高。这些试剂的作用机制尚不清楚，而质粒DNA进入大肠埃希菌感受态细胞的机制亦不十分清楚。转化方法的改进仅仅是经验性的实验结果。

(2) 转化实验必须在低温进行，温度的波动会严重影响转化效率。所有的溶液应在冰上预冷，细菌须始终保持在4℃以下。

(3) 必要时在实验中可设置下列对照：①用已知量的质粒DNA标准制备物转化感受态细菌。②未加任何质粒DNA的感受态细菌。

(4) 如果待涂板菌多于200 μL，应将细菌离心浓缩(8 000 r/min 离心1 min)再悬浮于适当体积的LB培养基中。

(5) 如果用氨苄青霉素筛选，在每个平板上应当只涂布一部分培养物(靠经验确定)。氨苄青霉素抗性菌落的数量与涂布到平板上的细菌量并不是线性关系，这可能是因为被抗菌素杀死的细菌能释放一些抑制生长的物质。用转化细胞铺平板时密度应较低(每个90 mm平板不超过10^4菌落)，于37℃培养时间不应超过20 h。氨苄青霉素抗性的转化子可将β-内酰胺酶分泌到培养基中，迅速灭活菌落周围区域中的抗生素。这样，铺平板时密度太高或培养时间太长都会导致出现对氨苄青霉素敏感的卫星菌落。

【材料】

1. 仪器　①恒温摇床；②式冷冻高速离心机；③－20℃冰箱；④旋涡振荡器；⑤电泳仪；⑥水平电泳槽；⑦制胶槽；⑧凝胶成像仪；⑨紫外分析仪；⑩超净工作台；⑪恒温水浴箱；⑫752型紫外分光光度计或微量核酸分析仪；⑬生物培养箱；⑭－70℃超级低温冰箱；⑮微波炉；⑯真空干燥器。

2. 玻璃器皿　①500、250、100 mL三角瓶；②50 mL烧杯；③50 mL量筒；④10、5 mL刻度吸管；⑤10 mL试管；⑥无菌玻璃涂棒；⑦90 mm培养皿。

3. 塑料器皿　①15、50 mL塑料离心管；②1.5 mL Eppendorf管；③0.2、0.02、1 mL塑料吸头。

4. 其他物品　①微量加样器：0～20 μL，20～200 μL，200～1 000 μL；②保温瓶；③试管架；④Eppendorf管架；⑤纸巾或吸水纸。

5. 菌种　大肠埃希菌DH5α(含pCDH－*hLPCAT3*质粒)，大肠埃希菌DH5α(含*pcDNA*3.1(-)质粒)。

6. 培养基

(1) LB 培养基：胰蛋白胨 1 g，酵母浸提物 0.5 g，NaCl 1 g，溶于 100 mL 蒸馏水，高压灭菌消毒，冷却后加入氨苄青霉素，氨苄青霉素终浓度 100 μg/mL。

(2) LB 培养基(不含抗生素)。

(3) 不含抗生素的 LB 琼脂平板：LB 培养基中加入琼脂，终浓度为 1.5%，高压灭菌(121℃ 15 min)煮溶后倾倒至培养皿，待琼脂冷却凝固后备用。

(4) 含氨苄青霉素的 LB 琼脂平板：参考不含抗生素的 LB 琼脂平板的制作方法，在琼脂糖凝胶冷却至约 60℃时加入无菌氨苄青霉素溶液，使氨苄青霉素终浓度为 100 μg/mL，混匀后倾倒至培养皿，待琼脂冷却凝固后备用。

7. 试剂

(1) 质粒小量提取试剂盒。溶液Ⅰ主要成分：50 mmol/L 葡萄糖，25 mmol/L Tris－HCl pH 8.0，10 mmol/L 乙二胺四乙酸(EDTA)。溶液Ⅱ主要成分：0.2 mmol/L NaOH，1%十二烷基磺酸钠(SDS)。溶液Ⅲ主要成分：5 mol/L 乙酸钾：冰乙酸：水，按 6∶1.15∶2.85 混合而成。漂洗液主要成分为 70%乙醇和调节 pH 的缓冲液。洗脱液主要成分：10 mmol/L Tris－HCl pH 8.0，1 mmol/L EDTA。RNaseA 溶液(10 mg/mL)1 mL 临用前加入溶液Ⅰ中混匀，加入了 RNaseA 的溶液Ⅰ于 4℃保存。核酸吸附柱若干。

(2) DNA 胶回收试剂盒。主要含溶胶缓冲液、漂洗液、洗脱液和核酸吸附柱若干。

(3) 琼脂糖凝胶：琼脂糖和适量 1×TAE 缓冲液(pH 8.5)加热使琼脂糖充分融化配制成 0.7%～1%凝胶，待凝胶冷却至 60℃左右时加入适量溴化乙锭溶液(10 mg/mL)，使溴化乙锭终浓度为 0.5 μg/mL。混匀后倒入胶模待凝固成型。

(4) 50×TAE 缓冲液(pH 8.5)：242 g Tris 碱，57.1 mL 冰醋酸，37.2 g $Na_2EDTA.2H_2O$，(或 200 mL 0.5 M EDTA pH 8.0)加蒸馏水定容至 1 000 mL。临用前取适量稀释 50 倍。

(5) 6×DNA 电泳上样缓冲液：36%甘油，30 mmol/L EDTA(pH 8.0)，0.05%溴酚蓝。

(6) QuickCut®限制性内切酶 *Xba* Ⅰ、*Bam*H Ⅰ、*Eco*R Ⅴ及相应的10×限制酶缓冲液(Takara 公司产品)。

(7) DNA 连接试剂盒(DNA Ligation Kit(Mighty Mix)，Takara 公司产品)。

(8) PCR 试剂盒(*Premix Taq*™，Takara 公司产品)。

(9) PCR 引物：上游引物 5′- ATGGCGTCCTCAGCGG - 3′，下游引物 5′- TTATTCCATCTTCTTTAACTTCTC - 3′，该引物扩增出 *hLPCAT3* 基因全长，约 1.46 kb，临用前用蒸馏水配制成 10 μmol/L 浓度。

(10) DH5α 感受态细菌从公司购买或按以下步骤自己制备：①接种一个单菌落到 50 mL LB 培养基(无抗生素)中，于 37℃摇床培养过夜(250 r/min)；②往一个 2 L 的烧瓶中加入 400 mL LB 培养基(无抗生素)，再加入 4 mL 过夜培养的细菌。于 37℃摇床培养至 *OD*590 为 0.375(也有人培养至 *OD*600≈0.4～0.6。这一步的目的是为了让细菌快速生长至对数早期或中期)；③将细菌培养液分装至 8 个 50 mL 无菌离心管中，于冰上放置 5～10 min。然后于 4℃，1 600 *g* 离心 7 min；④细菌沉淀用 10 mL 冰冷的 $CaCl_2$ 溶液重悬，于 4℃，1 100 *g* 离心 5 min；⑤细菌沉淀用 10 mL 冰冷的 $CaCl_2$ 溶液(75 mmol/L $CaCl_2$，15%(*v*/*v*)甘油，10 mmol/L PIPES(或 HEPES)，pH 7.0，使用一次性过滤器除菌或高压灭菌)重悬，冰上放置 30 min，于 4℃，1 100 *g* 离心 5 min；⑥用 2 mL 冰冷的 $CaCl_2$ 溶液重悬各管细菌，然后按 100 μL/管的量分装于预冷的无菌 EP 管中。立即冻存于－70℃。

实验二十　基因敲除小鼠的鉴定

【目的】

(1) 了解基因敲除动物建立的基本原理和策略。

(2) 掌握在 DNA、RNA 和蛋白质水平等鉴定基因敲除的效率。

【原理】

基因敲除动物建立的基本原理和策略请参考理论篇第五章第七节。全身基因敲除、条件性基因敲除或诱导的条件性基因小鼠分别呈现为全身各组织细胞、某特定组织细胞或药物诱导后某特定组织细胞靶基因缺陷,同时转入了外源性的特定序列。

提取全身各组织或某特定组织的 DNA 作为模板,通过特异性 PCR 引物可扩增出野生型靶基因序列、缺陷型靶基因序列或转入的外源性特定序列,通过 PCR 产物电泳带型判断所取组织中靶基因是野生型、杂合子或敲除型纯合子。

分别提取野生型和敲除小鼠某组织的 RNA,经反转录后获得 cDNA,再通过实时荧光定量 PCR 比较各组模板 cDNA 的原始浓度大小。靶基因 cDNA 的含量与靶基因 RNA 的含量呈正比,从而可以判断基因敲除动物靶基因在某组织中 RNA 水平的表达状况。

分别制备野生型和敲除小鼠某组织匀浆,通过 Western 印迹技术鉴定组织匀浆中某个特定蛋白的含量,可在蛋白水平判断基因敲除动物靶基因的表达状况。

如果靶基因表达产物有某种特定活性,如酶活性,还可在活性水平判断基因敲除的效果。本实验以鞘磷脂合酶 2 为例。鞘磷脂合酶有 1 和 2 两种亚型。该酶以神经酰胺和卵磷脂为底物,催化产生鞘磷脂和甘油二脂。体外以荧光标记的神经酰胺 NBD - C6 - Ceramide 为底物之一,催化产生的产物鞘磷脂也带有荧光标记。通过薄层层析将底物和产物分离,通过产物的荧光强度判断鞘磷脂合酶的活性,与野生型小鼠相比,SMS2 敲除杂合子和纯合子的鞘磷脂合酶活性下降。

【操作】

1. DNA 水平鉴定基因敲除

(1) 鼠尾 DNA 提取:剪取 5 mm 鼠尾,加入至 0.5 mL 50 mmol/L 新鲜配制的氢氧化钠溶液中,95℃保温 2 h。加入 50 μL 1 mol/L Tris - Cl(pH 8.0),充分混匀后 12 000 r/min 离心 10 min,上清液即为基因组 DNA 粗提物。

(2) 从每只小鼠提取的鼠尾 DNA,均建立 2 个 PCR 反应体系,如表 6 -

21 所示。PCR 参数设置为：95℃预变性 2 min，94℃ 15 s，61℃ 15 s，72℃ 15 s，循环 34 次。循环结束后 10℃保存样品。

表 6-21　PCR 反应体系

野生型基因鉴定	用量/μL	敲除型基因鉴定	用量/μL
鼠尾 DNA 粗提物	1	鼠尾 DNA 粗提物	1
SMS2-WT 上游引物	1	SMS2-KO 上游引物	1
SMS2-WT & KO 下游共用引物	1	SMS2-WT & KO 下游共用引物	1
2×PCR 预混试剂	12.5	2×PCR 预混试剂	12.5
ddH_2O	9.5	ddH_2O	9.5
总体积	25	总体积	25

(3) PCR 产物电泳：将每只小鼠的野生型基因鉴定和敲除型基因鉴定的 PCR 产物混合后取 15 μL 电泳。泳道中出现 252 bp 单一条带的小鼠为野生型，泳道中出现 354 bp 单一条带的小鼠为敲除型，泳道中出现 252 bp 和 354 bp 两个条带的小鼠为杂合型。

2. RNA 水平鉴定基因敲除　挑选经上述 DNA 水平鉴定的野生型小鼠、杂合子小鼠和纯合子小鼠各数只，按以下操作在 RNA 水平鉴定基因敲除效果。

(1) 组织总 RNA 的提取：

1) 迅速剪碎新鲜组织标本(或液氮保存的组织标本)，每 50～100 mg 组织加入 1 mL TRIzol® 试剂(组织块体积不要超过 TRIzol® 体积的 10%)，在玻璃匀浆器中将组织匀浆，直至组织块溶化。如有不溶物，可于 4℃ 12 000 *g* 离心 10 min 去除。

2) 将上述匀浆液冰浴放置 5 min，待核酸和蛋白充分解离。每 1 mL TRIzol® 试剂用量的匀浆液中加入 0.2 mL 氯仿，盖紧管盖，手动剧烈震摇 15 秒钟，冰浴静置 2～3 min。

3) 4℃ 10 000 *g* 离心 10 min。

4) 小心吸取上层水相(无色)加入新试管中，同时计算所吸取的水相体积。不必过多吸取，防止吸入 DNA 和蛋白杂质(中间层，白色)。

5）加入所吸取水相等体积预冷的异丙醇，盖紧管盖，轻轻摇匀。

6）4℃ 10 000 *g* 离心 10 min。

7）将上清弃除（注意别丢弃沉淀），每管加入 1 mL 75％乙醇润洗，盖紧管盖，轻轻晃动试管，以去除残留的异丙醇和盐份。4℃ 7 500 *g* 离心 5 min。

8）将上清弃除（注意别丢弃沉淀），打开管盖，将 RNA 沉淀干燥（室温挥发乙醇）。注意 RNA 沉淀不可完全干燥，否则难以溶解。

9）将 RNA 沉淀溶解于适量（20～50 μL）的无 RNase 水中。此总 RNA 溶液可用于进一步实验，或者－70℃保存。

（2）反转录获得 cDNA（以 Takara 公司 PrimeScript™ RT reagent Kit 为例）：

1）在冰上操作，按表 6－22 配制反应体系：

表 6－22 反转录体系

试　剂	用量/μL
5×PrimeScript 缓冲液	2
PrimeScript 反转录酶混合液	0.5
Oligo dT 引物(50 μmol/L)	0.5
随机 6 聚体引物(100 μL)	0.5
总 RNA	X
无 RNase 水	Y
总体积	10

根据实际情况调整 X 和 Y 的体积，保证总 RNA 用量不超过 0.5 μg，反应总体积为 10 μL。

2）反转录反应：37℃ 15 min，85℃ 5 s，4℃或－20℃保存。

（3）荧光实时定量 PCR（以荧光染料法为例）：

1）按表 6－23 在荧光定量 PCR 96 孔板或 8 联管中配制，每个反转录反应液（cDNA 模板）需建立目标基因定量分析和内参基因定量分析。为减少实验误差，每个动物组织来源的反转录反应液（cDNA 模板）需建立至少 2 个平行对照管：

表 6-23　基因定量分析反应体系

目标基因定量分析	用量/μL	内参基因定量分析	用量/μL
2×荧光定量 PCR 试剂	12.5	2×荧光定量 PCR 试剂	12.5
SMS2-WT 上游引物	1	内参上游引物	1
SMS2-WT&KO 下游共用引物	1	内参下游引物	1
反转录反应液(cDNA 模板)	2	反转录反应液(cDNA 模板)	2
ddH_2O	8.5	ddH_2O	8.5
总体积	25	总体积	25

按试剂盒要求，建议在上述 25 μl 反应体系中使用 100 pg～100 ng 总 RNA 对应的 cDNA 产物，如在反转录反应时加入的总 RNA 量偏高，可适当稀释反转录反应液后再按上表建立 PCR 反应体系。

2）将 96 孔板或 8 联管封口后放置于荧光定量 PCR 仪热循环模块的孔槽中，盖好 PCR 仪盖板。在软件中设定好各孔槽对应的样品分组和样品名称，并保存文件。

3）PCR 热循环程序设定如下：95℃预变性 30 s，然后以 95℃ 5 s，60℃ 30 s 循环 40 次。

4）实验结果分析：反应结束后确认实时定量 PCR 的扩增曲线和融解曲线，调整好阈值后，根据每个样品中目标基因和内参基因的 *Ct* 值计算分析，比较野生型、杂合子和敲除型纯合子小鼠中 SMS2 的 mRNA 表达水平。

3. 蛋白水平鉴定基因敲除　挑选经上述 DNA 水平鉴定的野生型小鼠、杂合子小鼠和纯合子小鼠各数只，按以下操作在 RNA 水平鉴定基因敲除效果（参考实验篇第六章实验十三）。

（1）小鼠经肝脏灌流后摘取肝脏保存备用。每只小鼠取 0.1 g 肝脏加入 1 mL 含有蛋白酶抑制剂的细胞裂解液中，冰上匀浆。

（2）4℃ 1 000 *g* 离心 10 min 后取上清。将上清适当稀释后测定各样品蛋白含量。

（3）各样品取 20 μg 蛋白做 SDS 聚丙烯酰胺凝胶电泳实验。

（4）将凝胶中蛋白条带转印至 NC 膜或 PVDF 膜。

（5）对 NC 膜或 PVDF 膜封闭、抗体孵育或清洗。

(6) 对 NC 膜或 PVDF 膜曝光显影。

(7) 通过内参蛋白条带的灰度,对目标条带灰度归一化处理。比较野生型、杂合子和敲除型纯合子小鼠中 SMS2 在蛋白水平的表达状况。

4. 酶活性检测鉴定基因敲除 挑选经上述 DNA 水平鉴定的野生型小鼠、杂合子小鼠和纯合子小鼠各数只,按以下操作在酶活性水平鉴定 SMS2 基因敲除效果。

(1) 小鼠经肝脏灌流后摘取肝脏−80℃保存备用。

(2) 肝组织匀浆提取 SMS 粗酶:每 0.1 g 肝脏组织加入 0.5 mL 匀浆缓冲液(50 mmol/L Tris‑HCl pH 7.4, 5% sucrose,1 mmol/L EDTA),在玻璃匀浆管中匀浆 60 次。将匀浆液转移到一个 Eppendorf 管中,台式离心机上 5 000 r/min 离心 10 min。

(3) 测定各组 SMS 粗酶提取物的蛋白含量(参考实验篇第五章实验三、四、五)。

(4) 按表 6‑24 建立酶促反应,各试剂成分为 10×SMS 活性测定缓冲液(100 mmol/L Hepes, 300 mmol/L $MnCl_2$,10%无脂肪酸的牛血清白蛋白,卵磷脂储备液(溶于乙醇,20 mg/mL),NBD‑C6‑Ceramide(溶于乙醇,0.5 mg/mL)。

表 6‑24 SMS 活性测定反应体系

试 剂	用量/μL
10×SMS 活性测定缓冲液	70
NBD‑C6‑Ceramide 储备液	4
卵磷脂储备液	3
ddH_2O	X
SMS 粗酶提取物	Y
总体积	700

根据各组 SMS 粗酶提取物的蛋白含量调整 Y 的具体数据,保证各组加入的蛋白总量一致,剩余的体积用 X 补足,使 $X+Y=623\ \mu L$。混匀后于 37℃温浴 2 h。

(5) 每管加入 700 μL 氯仿/甲醇(2/1)混合液,涡旋振荡 1 min。

(6) 台式离心机 8 000 r/min 离心 10 min 后吸弃上清，各组吸取等体积下层有机相转移到新 Eppendorf 管中。氮气吹干有机溶剂，各管再加入 50 μL 氯仿溶解脂类物质。

(7) 将各管 50 μL 氯仿溶解的脂质上样于薄层层析板。展开剂为氯仿：甲醇：浓氨水(14：6：1)。展开约 15 min 后，在生物电泳图像分析系统的紫外线下观察荧光条带。产物 NBD－SM 的 Rf 值较小，其条带靠近上样原点。拍照后对各目的条带密度定量对比分析。

【材料】

1. 实验动物　本实验以全身敲除鞘磷脂合酶 2 基因的小鼠为例。

2. 实验设备　PCR 仪、实时荧光定量 PCR 仪、水平电泳槽、垂直电泳槽、电泳仪、低温高速离心机、恒温水浴锅及层析缸。

3. 试剂

(1) 2×PCR 预混试剂 Premix Taq™(Takara 公司产品)。

(2) 设计 3 条引物，其中一条为野生型和基因敲除的共用引物。PCR 扩增出的野生型基因产物和敲除型基因产物长度不同，电泳时易于分开。SMS2－WT 上游引物 5′－GTGGCGGACAATGGATATCA－3′，SMS2－KO 上游引物 5′－GGTGGATGTGGAATGTGTGC－3′，SMS2－WT&KO 下游共用引物 5′－ATGCCTGTTTTCCACCACTC－3′。野生型基因扩增产物为 252 bp，敲除型基因扩增产物为 354 bp。引物用去离子蒸馏水配制成 10 μmol/L 浓度备用。

(3) 荧光定量 PCR 内参 GAPDH 引物：上游引物 5′－GATCTTCG－ACAAGGGAGCTAAA－3′，下游引物 5′－AGGCTCCATAAAGTCA－CCAAAG－3′。引物用去离子蒸馏水配制成 10 μmol/L 浓度备用。

(4) RNA 提取试剂 TRIzol®(Invitrogen 公司产品)。

(5) 反转录试剂盒(PrimeScript™ RT reagent Kit，Takara 公司产品)。

(6) 实时荧光定量 PCR 试剂盒。

(7) 抗体：SMS2 一抗，β－actin 一抗，HRP 标记的二抗。

(8) SMS2 底物：荧光标记的神经酰胺 NBD－C6－Ceramide(乙醇溶解，0.5 mg/mL)和卵磷脂(乙醇溶解，20 mg/mL)。

其他为实验室常规试剂。

第七章 综合性实验

实验一 乳汁过氧化物酶的提取纯化与活性鉴定

【目的】

(1) 了解酶(蛋白质)的提取纯化一般过程。

(2) 熟悉离子交换层析、紫外吸收检测蛋白质纯度。

(3) 掌握二喹啉甲酸(BCA)法测定蛋白质浓度和乳汁过氧化物酶活性的测定。

【原理】

过氧化物酶是氧化还原酶的一种。分布在乳汁、白细胞、血小板等体液或细胞中,该酶的辅基亦为血红素,以 H_2O_2 为电子受体催化底物氧化的酶,它催化 H_2O_2 直接氧化酚类或胺类化合物,如谷胱甘肽过氧化物酶、嗜酸性粒细胞过氧化物酶和甲状腺过氧化物酶等,具有消除过氧化氢和酚类胺类毒性的双重作用,反应如下:$R+H_2O_2 \rightarrow RO+H_2O$ 或 $RH_2+H_2O_2 \rightarrow R+2H_2O$ 临床诊断中观察粪便中有无隐血,就是利用红细胞中含有过氧化物酶的活性,将联苯胺氧化成蓝色化合物。

理化性质及结构 过氧化物酶是牛乳中含量最丰富的酶之一,是一种等电点(pI)为 15 的碱性蛋白,过氧化脂质(LPO)中含有一个钙离子,它能与过氧化物酶紧密地结合,稳定其分子构象。因此,钙离子在过氧化物酶的稳定性和结构完整性中起重要作用。

(1) 热稳定性：过氧化物酶在渗透物和缓冲液中的热稳定性小于在乳清或乳汁中，钙离子浓度似乎对其热敏性有较大影响，且热变性的起始温度为 70℃。过氧化物酶在酸性条件(pH 5.3)下的热稳定性较差，其原因可能是由于分子中钙的释放。过氧化物酶是牛奶中热稳定性最强的酶之一，其被破坏程度已被用作牛乳巴氏灭菌效率的指标。过氧化物酶仅在 74℃通过短时间的巴氏灭菌被部分灭活，剩余活性可催化硫氰酸盐和过氧化氢之间的反应。

(2) pH：在 pH 4.4～6.7 的范围内，低浓度(0.5 mg/L)过氧化物酶，在 pH 5.4 时的活性降低最快，每 15 min 降低 15%；而过氧化物酶浓度为高浓度(25 mg/L)时，3 h 内不丧失活性。在测定过氧化物酶最终稀释浓度时必须快速进行分析。过氧化物酶在 pH 3 时保存会失活，在 pH<4 时部分变性，当 pH 达 10 左右时则不会失活(室温下)。

(3) 蛋白水解酶：过氧化物酶对许多蛋白水解酶稳定。据报道，胰蛋白酶和嗜热菌蛋白酶不会使天然乳过氧化物酶失活，糜蛋白酶只能使其缓慢地失活。过氧化物酶不会被 pH 5 的婴儿胃液灭活，但会在 pH 2.5 时被胃蛋白酶灭活。

【方法】

本实验用阳离子交换树脂(CM-Sephadex C50)。当带正电荷的过氧化物酶蛋白溶液流经阳离子交换树脂，蛋白质被吸附到 CM - Sephadex C50 上。随后通过改变 pH 或离子强度的方法将吸附的蛋白质洗脱下来。

1. 乳汁过氧化物酶的提纯

(1) CM - Sephadex C50 的处理：取 2.5 g CM - Sephadex C50 置于 500 mL 烧杯中，加入 300～400 mL 的蒸馏水于 4℃冰箱浸泡过夜，使其充分溶胀。取出后倾去上层水，然后用布氏漏斗抽滤，反复 3 次。将树脂转入 300 mL 0.5 mol/L NaOH 中浸泡 30 min，用布氏漏斗蒸馏水抽滤洗涤至 pH 5 左右。取出抽干的树脂转入 300 mL 0.5 mol/L 中浸泡 30 min，再用布氏漏斗蒸馏水抽滤洗涤至 pH 7 左右。将树脂与蒸馏水相兑成 3：1 的混悬液备用。

(2) 粗提液制备：脱脂新鲜牛奶 5 L 加入至上述已处理的 CM - Sephadex C50 树脂中，于室温搅拌 3 h。静止 30 min 后，采用虹吸方法将上层的牛奶吸弃，注意尽量不要吸到下面沉淀的树脂。将结合有乳汁过氧化物酶的树脂置于 500 mL 烧杯中用蒸馏水漂洗数次，洗去残留的脂肪和酪蛋白。然后转入布氏漏斗，继续用蒸馏水洗涤彻底除去未结合蛋白，洗涤流出液用考马斯亮蓝检查无蛋白为止。

取已结合过氧化物酶的树脂，加入适量的蒸馏水成混悬液。装入 2×15 cm 层析柱内，装柱要求：均匀、无气泡和无分层出现。加入蒸馏水进一步洗涤，至洗涤流出液用考马斯亮蓝检查无蛋白后改用 0.5 mol/L NaAc 洗脱，控制流速 1～2 mL/min。以每管 5 mL 的量进行收集，将 $A_{412}/A_{280}>0.15$ 的各管溶液合并，并计算总体积，此为过氧化物酶粗提液。留出部分过氧化物酶粗提液测定过氧化物酶粗提液的酶活性和蛋白质含量并计算酶比活性。

(3) 第一次硫酸铵沉淀：在上述过氧化物酶粗提液中加入固体硫酸铵至 60%饱和度(39 g/100 mL)。加入硫酸铵固体时要注意，一次量不能加太多。要少量多次，缓缓加入，边加边搅拌待彻底溶解后再继续加入。待全部加完后继续搅拌 10 min，放置 15 min 以上。15 000 *g*，30 min 离心。留上清液弃沉淀。测定上清液的总体积、酶活性、蛋白质含量并计算酶比活性。

(4) 第二次硫酸铵沉淀：取第一次硫酸铵沉淀上清液，加入硫酸铵固体至 70%饱和度(69 g/100 mL)。加入硫酸铵固体时要注意，一次量不能加太多。要少量多次，缓缓加入，边加边搅拌待彻底溶解后再继续加入。待全部加完后继续搅拌 10 min，放置 30 min 以上或过夜。20 000 *g*，30 min 离心。弃上清液留沉淀。沉淀中加入少量(约 10 mL)缓冲液 A 溶解，装入透析袋中，并用 1 L 缓冲液 A 搅拌透析，置于 4℃冰箱透析至少 6 h 以上。取出透析好的蛋白质上清液，测定上清液的总体积、酶活性、蛋白质含量并计算酶比活性。此为过氧化物酶的粗制品。

(5) 过氧化物酶的纯化：CM - Sephadex C50 树脂按操作 1“CM - Sephadex C50 的处理”进行预处理，装柱(1×10 cm)。用 0.05 mol/L pH 5.7 NaAc/HAc 缓冲液平衡柱。直至流出液的 pH 为 5.7。

1) 上样：将上述透析样品上柱(若上清液中有沉淀，以 3 500 r/min 的转速离心 10 min 除去)，控制流速在 1 mL/min 以内。上完样后用 0.05 mol/L pH 5.7 NaAc/HAc 缓冲液洗脱，直至用考马斯亮蓝检测无蛋白质。

2) 洗脱：用缓冲液 B 洗去杂蛋白，控制流速 1 mL/min。至用考马斯亮蓝检测无蛋白质。

3) 样品收集：杂蛋白洗去后，改用缓冲液 C 洗脱。收集速度 5 d/min，每管 1.5 mL。将 $A_{412}/A_{280}>0.5$ 的各管溶液合并，测定上清液的总体积、酶活性、蛋白质含量并计算酶比活性。此为过氧化物酶纯品，可保存于−20℃低温冰箱，或冷冻干燥。

2. 检测方法

(1) 过氧化物酶活性检测(二羟苯丙氨酸法，David Polis 法)：

1) 原理：过氧化物酶能使 H_2O_2 分解释放出原子氧使二羟苯丙氨酸氧化，产生有色化合物并在 475 nm 处有最大吸收。根据生成物的多少就可以得知过氧化物酶的活性。

酶活性单位：每秒钟变化 1.0 OD 值为一个酶活力单位(表 7-1a、7-1b)。

表 7-1a　二羟苯丙氨酸法测定过氧化物酶活力(分光光度法)

溶液	浓度	加入量/mL
pH 7.0 磷酸缓冲液	100 mmol/L	2.4
H_2O_2	1.5 mmol/L	0.4
过氧化物酶酶液	适当稀释	0.1
	25℃ 保温 5 min	
二羟苯丙氨酸	50 mmol/L	0.1

表 7-1b　二羟苯丙氨酸法测定过氧化物酶活力(酶标仪法)

溶液	浓度	加入量/μL
pH 7.0 磷酸缓冲液	100 mmol/L	120
H_2O_2	1.5 mmol/L	20
过氧化物酶酶液	适当稀释	5
	25℃ 保温 5 min	
二羟苯丙氨酸	50 mmol/L	5

分光光度法：加入二羟苯丙氨酸后在 475 nm 处比色，每隔 15 s 读取一

次 OD 值,连续 2 min 不间断。

酶标仪法：加入二羟苯丙氨酸后在 475 nm 处,每隔 15 s 读取一次 *OD* 值,连续 2 min 不间断。

(2) 蛋白质的浓度测定　用 BCA 法测定蛋白质浓度,具体见第六章实验四。

(3) 实验结果记录,如表 7－2 所示。

表 7－2　酶提纯过程记录格式

步骤	总体积/mL	蛋白质浓度/(mg/mL)	蛋白总量/mg	酶浓度/(单位/mL)	比活性/(单位/mg)	总活性/单位	产率/%	提纯倍数

【试剂】

(1) 缓冲液 A：0.05 mol/L，pH 5.7 NaAc/HAc。

(2) 缓冲液 B：0.05 mol/L，pH 5.7 NaAc/HAc＋0.25 mol/L NaCl。

(3) 缓冲液 C：0.05 mol/L，pH 5.7 NaAc/HAc＋0.5 mol/L NaCl。

(4) 0.5 mol/L NaAc。

(5) 0.5 mol/L HCl。

(6) 0.5 mol/L NaOH。

(7) 硫酸铵。

(8) CM－Sephadex C50。

(9) 1.5 mmol/L H_2O_2。

(10) 50 mmol/L 二羟苯丙氨酸。

(11) pH 7.0 100 mmol/L 磷酸缓冲液。

实验二 靶向结肠癌细胞表面抗原 EpCAM1 的 CAR-T 细胞的构建

【目的】

(1) 熟悉 CAR-T 细胞的概念、临床应用及意义。

(2) 掌握 CAR-T 构建的原理和方法。

【原理】

嵌合抗原受体 T 细胞(CAR-T)疗法是一种肿瘤免疫疗法。利用基因修饰技术,将带有特异性抗原识别结构域及 T 细胞激活信号的 DNA 片段(CAR 结构)构建到病毒载体中,转染到从病人自身提取出来的 T 细胞中,经过体外培养,T 细胞表达 CAR,直接与肿瘤细胞表面的特异性抗原相结合而被激活,直接杀伤肿瘤细胞,同时 T 细胞还通过释放细胞因子进一步招募人体内源性免疫细胞杀伤肿瘤细胞,达到杀死肿瘤细胞目的。

特异性抗原识别结构域的选择是决定 CAR-T 细胞疗效的关键因素之一,本实验将以结肠癌为治疗模型,选择结肠癌细胞表面抗原 EpCAM1 作为肿瘤表面的特异性识别抗原,构建 CAR-T 细胞。

常规的 CAR-T 细胞构建培养及治疗流程如下:

以慢病毒为载体构建特异识别肿瘤细胞的 CAR 结构→从肿瘤患者外周血中分离纯化出自身 T 细胞→激活 T 细胞,将 CAR 结构转染进 T 细胞→体外扩增培养 CAR-T 细胞→CAR-T 细胞回输患者体内→观察疗效

本实验将进行 CAR-T 细胞的获得及扩增部分,分为 3 部分进行:①T 细胞的分离与培养;②嵌合抗原受体的转染和表达;③阳性 CAR-T 细胞的鉴定。

【仪器】

(1) 实时细胞分析仪。

(2) 蛋白质及核酸浓度检测仪。

(3) 低温超速离心机。

(4) 流式细胞仪。

(5) 恒温细胞培养箱。

(6) 倒置显微镜。

(7) 电热恒温水槽。

【方法】

1. T细胞的分离与培养

(1) 人血中分离T细胞：取健康志愿者血样至无菌50 mL离心管中，用PBS稀释2倍后，将稀释后的血液沿管壁缓慢加至Ficoll试剂中(稀释液：Ficoll=3：1)，800 *g* 离心30 min，并降离心机升加速度调至2，降将速度调至1，离心后吸取中间白色絮状细胞层至50 mL离心管中，该层为人外周血单核细胞(PBMC)层，随后使用适量PBS稀释细胞液，400 *g* 离心15 min，弃去上清，细胞使用EasySepTM Buffer重悬，按Human T Cell Isolation Kit提供步骤，分离得到人T细胞，置于RPMI完全培养基中培养。

(2) T细胞培养方法：将分离得到的人外周血单核细胞PBMC/人$CD3^+$ T细胞培养于RPMI完全培养基，37℃，5% CO_2和饱和湿度的培养箱中。该细胞为悬浮细胞，若需要使用细胞或细胞数较多时，使用移液枪吹打培养液并收集，600 *g*，24℃，离心5 min，弃去上清，收集细胞，若需要传代，重悬细胞后将其加入新鲜的RPMI完全培养基中。

2. 嵌合抗原受体的转染和表达

(1) 病毒包装：取冻存于液氮中的293T细胞进行复苏并传2～3代，置于10 cm培养中用DMEM完全培养基培养，在细胞密度长至占培养皿70%面积左右时，将培养液更换为无血清无双抗的DMEM培养液，按Lipofectamine™ Stem Transfection Reagent提供步骤转染293T细胞，加入的质粒分别为pMD2. G 5 μg，psPAX2 10 μg，EpCAM1质粒10 μg，24 h后将培养液更换为含20%血清无双抗的DMEM培养液并且于48 h和72 h收集病毒上清(转染48 h收集病毒上清后需置换新鲜培养液)，收集后以0.45 μm滤器过滤，于30 mL超速离心管中，4℃，72 000 *g* 离心2 h后，去除上清，按40倍浓缩，加入相应量无血清RPMI培养液重悬病毒，收集后置于−80℃冰箱保存。

(2) EpCAM1 - CAR - T细胞构建：病毒转染*EpCAM*1基因：使用包装病毒进行转染：病毒滴度：2.5×10^8 TU/mL，取第一部分培养的PBMC

(CD3$^+$ T cells)置于 24 孔板中进行转染，转染体系见表 7－3。

表 7－3　病毒转染体系

组别	Polybrene	病毒	IL－2	总体积（用无血清 RPMI 培养基调节）
空白对照	0	0	0.5 μL	250 μL
实验组	0.5 μL	20 μL		

按体系加入试剂后，200 g 常温离心 1 h，放入培养箱中继续培养，4 h 后用无血清 RPMI 培养基将液体量补至 500 μL，次日离心换液取细胞进行流式细胞术检测 EpCAM1－CAR 表达情况。

3. 阳性 CAR－T 细胞的鉴定—流式细胞术检测细胞 EpCAM1－CAR 和 CD3 的表达

（1）EpCAM1－CAR 表达检测：收集转染后的细胞，4℃，800 *g* 离心 5 min，弃去上清，用 200 μL PBS 洗涤细胞，以相同条件离心后，使用 100 μL PBS 重悬细胞，并加入 5 μL ProteinL，4℃孵育 45 min，再以相同条件离心后，使用 100 μL PBS 重悬细胞，并加入 4 μL PE Streptavidin，避光，4℃孵育 45 min，结束后，使用 100 μL PBS 洗涤细胞，清除非特异性结合，再以相同条件离心，200 mL PBS 重悬细胞后，使用流式细胞仪检测 EpCAM1－CAR 表达量。

（2）CD3 表达检测：4℃，800 *g* 离心 5 min，弃去上清，用 200 μL PBS 洗涤细胞，以相同条件离心后，使用 100 μL PBS 重悬细胞，并加入 2 μL PE Anti-human CD3 OTK3，避光，4℃孵育 45 min，结束后，使用 100 μL PBS 洗涤细胞，清除非特异性结合，再以相同条件离心，200 mL PBS 重悬细胞后，使用流式细胞仪检测 EpCAM1－CAR 表达量。

【材料】

（1）细胞株：293T 人肾上皮细胞株（中国科学院）。

（2）健康志愿者的血样。

（3）细胞培养试剂与耗材：

1）细胞培养基（DMEM，RPMI1640）。

2）胎牛血清（Fetal Bovine Serum，FBS）。

3) 0.01 mol/L PBS，pH 7.4。

4) 含 EDTA 的 0.25%胰蛋白酶。

5) Penicillin-Streptomycin-Glutamine (100X)(Gibco，10378016)。

6) Recombinant human IL-2 protein (R&D system)。

7) Sodium Pyruvate (100 mmol/L) (100X) (Gibco，11360070)。

(4) 流式细胞术使用试剂：

1) PE Anti-human CD3 OKT3 (eBioscience)。

2) APC Anti-human CD3 OKT3 (Biolegend)。

3) Streptavidin PE (eBioscience)。

4) Biotin-Protein L Molecule。

5) IC Fixation Buffer (Invitrogen)。

(5) 人 $CD3^+$ T 细胞分离试剂：

1) Ficoll-Paque™ PLUS Media (GE Healthcare，17144002)。

2) Human T Cell Isolation Kit (Stemcell techonologies)。

3) EasySepTM Buffer (Stemcell technologies)。

(6) 病毒包装与转染试剂：

1) Opti-MEM Reduced Serum Meidum (Gibco，31985070)。

2) 慢病毒表达信封质粒 psPAX2(GE Healthcare)。

3) 慢病毒表达信封质粒 pMD2.G。

4) EpCAM CAR 质粒。

5) Polybrene (Sigma-Aldrich)。

6) Lipofectamine™ Stem Transfection Reagent (Invitrogen)。

(7) 细胞杀伤实验耗材：Enhanced Cell Counting Kit-8/增强型 CCK-8 试剂盒。

(8) 实验用试剂及培养基的配制：

1) 293T 细胞、HCT116 细胞完全培养基(DMEM 培养基+10%FBS+1%双抗)。

2) 人 PBMC、$CD3^+$ T 细胞完全培养基(RPMI 培养基+10%FBS+1%双抗+10 ng/mL IL-2+ 1 mM Sodium Pyruvate)。

3) FAC Buffer (PBS+2% FBS)。

实验三　活性氧对细胞形态、分泌及凋亡的影响

【目的】

(1) 学习建立细胞损伤模型的研究方法和检测样本的获取。

(2) 掌握显微镜下观察细胞形态的方法。

(3) 熟悉细胞凋亡的概念及测定方法。

(4) 了解评价细胞损伤程度的检测方法。

【原理】

活性氧(reactive oxygen species，ROS)是生物体内氧化损伤的主要自由基。自由基的增加会导致细胞活性成分均损伤，甚至坏死和凋亡。H_2O_2 作为一种活性氧形式，可以穿透细胞膜，通过 Haber-Weiss 或 Fenton 反应，形成高活性的单态氧、羟自由基等活性氧簇(ROS)，广泛攻击细胞的膜磷脂、膜蛋白、胞质蛋白以及 DNA 等，致使细胞发生氧化应激损伤。机体内具有可以不断自我修复和调整的抗氧化系统，其中超氧化物歧化酶(SOD)，谷胱甘肽过氧化物酶(GSH - Px)及过氧化氢酶(CAT)是体内重要的自由基清除剂。通过测定它们的含量即可评价活性氧引起的损伤程度。

细胞调亡(apoptosis)是一种细胞死亡的形式，不同于常见的坏死(necrosis)，它是细胞主动的有序的死亡过程，又称细胞程序性死亡。处于凋亡的状态的细胞在形态、生物学等特征上均有其独特的性质。目前，测定凋亡的方法主要有：形态学观察、流式细胞术、细胞凋亡的 DNA 片段检测和原位末端标记法(TUNEL)。其中 TUNEL 法因其有着较高的敏感性和操作简单等特点而被广泛使用。

建立体外细胞损伤模型是筛选活性药物常用的研究方法。本实验利用 H_2O_2 诱导的人脐静脉内皮细胞(HUVEC)氧化损伤模型，在显微镜下观察细胞形态变化，化学法测定细胞培养上清液中超氧化物歧化酶(SOD)和丙二醛(MDA)含量，TUNEL 法检测细胞凋亡，学习评价细胞氧化损伤的研究方法和操作技能。

【操作】

1. 建立 H_2O_2 诱导的人脐静脉内皮细胞氧化损伤模型

(1) 载玻片处理：预先将载玻片浸泡于多聚赖氨酸溶液中 5 min，PBS 冲洗一遍，放置于 6 孔板中。

(2) 吸取消化后 HUVEC 细胞，制备浓度为 2×10^5 个/mL 的细胞悬液，每孔加入吹打混匀的细胞悬液 1 mL，放置培养箱培养 2 h 至细胞贴壁(37℃，5% CO_2)。

(3) 2 h 后分别向培养板中每孔加入 1 mL 含有 H_2O_2(200 μm)培养基，继续在培养箱中培养 2 h。

(4) 取出培养板，收集培养上清液，PBS 洗一次，加入 2 mL 的 4%多聚甲醛固定，供后续测定使用。

2. 观察细胞形态学变化　细胞凋亡时体积变小、核固缩、染色质高度凝聚，且堆积在核膜内侧缘或聚集于核中央部，细胞膜皱褶、表面产生泡状或芽状突起，形成凋亡小体。通过苏木精-伊红(HE)染色在光学显微镜下即可观察到相应的变化。

(1) 取出 H_2O_2 处理的细胞爬片，PBS 清洗，加入 2 mL 的 4%多聚甲醛固定 10 min。

(2) 弃去固定液，PBS 清洗 3 次，每次 5 min，每孔加 50 μL 苏木精染液染色 3 min，自来水浸洗 1 min。

(3) 在分化液中分化 30 s 后用蒸馏水浸泡 5～15 min。

(4) 伊红染液染色 3 min，自来水浸洗 1 min。

(5) 乙醇梯度脱水[用 75%、80%、95%、100%(Ⅰ)、100%(Ⅱ)乙醇各 1 min]。

(6) 二甲苯透明 3 次(每次 1 min)。

(7) 中性树脂封片：载玻片上滴加中性树脂，将有细胞的一面向下封固于载玻片上。

(8) 显微镜下观察。

3. 测定细胞培养上清液中和丙二醛含量　氧化应激损伤引起细胞培养上清中 SOD 水平的降低和 MDA 含量的增加。

(1) SOD 检测：

1）取出培养板，收集培养上清液，分别测定正常和 H_2O_2 处理组上清液中的培养板 SOD 的水平。

2）测定原理：通过黄嘌呤及黄嘌呤氧化酶反应系统产生超氧阴离子自由基（$\cdot O_2^-$），后者氧化羟胺形成亚硝酸盐，在显色剂的作用下呈现紫红色，测其吸光度。当被测样品中含 SOD 时，则对超氧阴离子自由基有专一性的抑制作用，使形成的亚硝酸盐减少，比色时测定管的吸光度值低于对照管的吸光度值，通过公式计算可求出被测样品中的 SOD 活力。

3）按照表 7－4a 或表 7－4b 操作。

表 7－4a　比色法测定 SOD 活力（分光光度法）

试剂	测定管	对照管
试剂一	100 μL	100 μL
样品	30 μL	/
蒸馏水	/	30 μL
试剂二	10 μL	10 μL
试剂三	10 μL	10 μL
试剂四	10 μL	10 μL
用旋涡混匀器充分混匀，置 37℃ 恒温水浴 40 min		
显色剂（mL）	200 μL	200 μL

分光光度法：混匀，室温放置 10 min。于波长 540 nm 比色，蒸馏水调零，比色。

表 7－4b　比色法测定 SOD 活力（酶标仪法）

试剂	测定管	对照管
试剂一	50 μL	50 μL
样品	15 μL	/
蒸馏水	/	15 μL
试剂二	5 μL	5 μL
试剂三	5 μL	5 μL
试剂四	5 μL	5 μL
用旋涡混匀器充分混匀，置 37℃ 恒温水浴 40 min		
显色剂（mL）	100 μL	100 μL

酶标仪法：直接用 96 孔板反应与检测，用移液器反复吸取，混匀。于 540 nm 比色，读取各孔光吸光度。

4）计算公式：

定义：每毫升反应液中 SOD 抑制率达 50%时所对应的 SOD 量为一个 SOD 活力单位(U)。

$$\text{总 SOD 活力 (U/ml)} = \frac{\text{对照管吸光度} - \text{测定管吸光度}}{\text{对照管吸光度}} \div 50\% \times \text{反应体系的稀释倍数} \times \text{样本测试前的稀释倍数}$$

(2) MDA 检测：氧自由基不但通过生物膜中多不饱和脂肪酸(PUFA)的过氧化引起细胞损伤，而且还能通过脂氢过氧化物的分解产物引起细胞损伤，因而，测试 MDA 的量常常可反映机体内脂质过氧化的程度，间接地反映出细胞损伤的程度。

MDA 的测定常常与 SOD 的测定相互配合，SOD 活力的高低间接反应了机体清除氧自由基的能力，而 MDA 的高低又间接反应了机体细胞受自由基攻击的严重程度，通过 SOD 与 MDA 的结果分析有助于医学、生物学、药理及工农业生产的发展。

1）测定原理：过氧化脂质降解产物中的 MDA 可与硫代巴比妥酸缩合，形成红色产物，在 532 nm 处有最大吸收峰。

因底物为硫代巴比妥酸(thibabituric acid，TBA)所以此法称 TBA 法。

2）操作见表 7－5a 或 7－5b。

表 7－5a　比色法测定 SOD 活力(分光光度计法)

比较项/mL	标准管	标准空白管	测定管	测定空白管**
10 nmol/mL 标准品	0.1*			
无水乙醇		0.1*		
测试样品			0.1*	0.1*
BufferA	0.1*	0.1*	0.1*	0.1*

续 表

比较项/mL	标准管	标准空白管	测定管	测定空白管**
		充分混匀		
BufferB	1.5	1.5	1.5	1.5
试剂 C	1.5	1.5	1.5	
50%冰醋酸				1.5

注：*表示所取的样品量、标准品量、无水乙醇的量、试剂 A(buffer A)的量，四者均相等。
**一般情况下，标准管、标准空白管及测定空白管每批只需做 1～2 只，若测定管中蛋白量不是太高，则测定空白管可以不测，用标准空白管来代替测定空白管。

分光光度法：涡旋混匀，试管口扎紧，95℃水浴 40 min，取出冷却，3 500～4 000 r/min，离心 10 min，取上清，532 nm 处，测各管吸光度值。

表 7-5b 比色法测定 SOD 活力(酶标仪法)

比较项/μL	标准管	标准空白管	测定管	测定空白管**
10 nmol/mL 标准品	5*	/	/	/
无水乙醇	/	5*	/	/
测试样品	/		5*	5*
BufferA	5*	5*	5*	5*
		充分混匀		
BufferB	75	75	75	75
试剂 C	75	75	75	/
50%冰醋酸	/	/	/	75

注：*，**同表 7-5b。

酶标仪法：取 96 孔板，加板后，95℃水浴 40 min。冷却后于酶标仪法 532 nm 处，测各孔吸光度值。

3）计算公式：

$$\text{血清(浆)中 MDA 含量 (nmol/mL)} = \frac{\text{测定管吸光度} - \text{测定空白管吸光度}}{\text{标准管吸光度} - \text{标准空白管吸光度}} \times \text{标准品浓度 (10 nmol/mL)} \times \text{样本测试前稀释倍数}$$

4. TUNEL法测定细胞凋亡 细胞凋亡时内源性的核酸内切酶激活，作用于DNA使其产生缺口甚至断裂，从而出现3′-OH末端，借助末端脱氧核糖核酸转移酶(TdT)，催化聚合反应，将带有标记的游离脱氧核糖核苷酸(dNTP)连接到断片上，即可显示出含有断裂DNA的细胞。正常细胞或增殖细胞几乎没有DNA的断裂，因此TUNEL法可用于凋亡细胞的检测。

常用的地高辛配基偶联于dUTP(Dig-dUTP)，在TdT的催化下加合到DNA缺口处或断裂端形成的3′-OH上。当与辣根过氧化酶标记的地高辛抗体混合时，可通过抗原抗体反应与Dig-dUTP结合，给予3′-3-二氨基联苯胺(DAB)即可显色。

(1) 取出H_2O_2处理的细胞爬片，PBS清洗，加入2 mL的4%多聚甲醛室温固定1 h。

(2) 弃去固定液，PBS清洗3次，每次5 min。

(3) 3%过氧化氢的PBS溶液于室温处理10 min，抑制内源性过氧化物酶。PBS洗2次，每次3 min。

(4) 蛋白酶K溶液(20 μg/mL)室温处理10～60 s，PBS洗3次，每次3 min。

(5) 吸去多余液体，立即在切片上加30 μL TdT酶缓冲液，置室温10 min。

(6) 吸去多余液体，滴加54 μL TdT酶反应液于标本上，放置湿盒中37℃孵育1 h(阴性对照组加不含TdT酶的反应液)，PBS洗3次，每次2 min。

(7) 滴加30 μL过氧化物酶标记的抗地高辛抗体，湿盒中室温孵育30 min，PBS洗3次，每次2 min。

(8) 滴加新鲜配制的0.04% DAB溶液，室温显色5～10 min，置显微镜下观察显色为浅棕色后立即用蒸馏水冲洗。

(9) 滴加约100 μL苏木精染液复染1～3 min，结束后立即用蒸馏水冲洗。

(10) 常规脱水、透明、封片，显微镜下观察染色状况。

第八章 设计性实验

实验一 血浆高密度脂蛋白、低密度脂蛋白的分离及鉴定

【目的】

(1) 掌握血浆脂蛋白的一般分离纯化方法。

(2) 掌握常用脂质含量测定方法。

(3) 掌握常用蛋白质电泳方法。

(4) 学习实验设计与实验方法的建立。

【意义】

高密度脂蛋白(HDL)和低密度脂蛋白(LDL)都属于血浆脂蛋白,是血脂在血液内转运的一种形式,LDL 的功能是转运内源性胆固醇,将胆固醇由肝脏向外周转运,如果 LDL 增高的话,会引起血浆胆固醇和甘油三酯增高,形成高脂血症。HDL 的功能是逆向转运胆固醇,是将胆固醇由外周转运至肝脏分解代谢。HDL 增高有利于胆固醇的分解代谢。高密度脂蛋白的参考值是 0.94～2.0 mmol/L,降低具有临床意义,见于冠心病、动脉粥样硬化、糖尿病、肝脏损害、肾病综合征等。

低密度脂蛋白的参考值是 2.07～3.12 mmol/L, 3.15～3.61 mmol/L 为边缘升高,≥3.64 mmol/L 为升高,LDL 的升高与冠心病发病呈正相关关系。

【提示】

1. **分离方法** 目前有哪些分离方法？根据实验室的实验条件和仪器设备你选择哪种分离方法用于实验。

2. **血浆脂蛋白的鉴定** 鉴定实验分离的血浆脂蛋白的组成，包括蛋白质和脂质组成。由于血浆脂蛋白是由多种分子组成的分子集团，不可能鉴定每一种成分，同学们应根据不同脂蛋白的理化特征差异选择特征分子进行测定，加以区分。

如 HDL－Ch、总胆固醇(TC)试剂和甘油三酯(TG)这 3 种常见的脂蛋白测定的方法有许多，常见的含量测定方法主要为化学法和酶法。选择适合实验室条件的方法作为实验设计的理论依据。

总体而言，确定一种脂蛋白就必须证实其特征性的载脂蛋白的存在，并且其脂质的组成比例也应与该脂蛋白的功能相符。

实验二 乳酸脱氢酶同工酶的测定与急性心肌梗死的临床鉴定

【目的】

(1) 了解乳酸脱氢酶同工酶(LDH)在体内分布及各同工酶的作用。

(2) 掌握常用 LDH 分型方法。

(3) 掌握常用 LDH 总活力的测定。

(4) 掌握常用 LDH_1 的活力测定方法。

(5) 学习实验设计及实验方法的建立。

【意义】

动物乳酸脱氢酶是由 4 个亚单位组成的四聚体，具有 5 种同工酶形态的分子，LHD_1、LDH_2、LDH_3、LDH_4 及 LDH_5，广泛分布在体内不同组织器官中。测定 LDH 同工酶活性增高，在一定程度上可反映组织器官的病变。

如急性心肌梗死和冠心病通常表现为 LDH_1 的升高；恶性肿瘤多表现为 LDH_5 的升高；支气管炎、肺感染多表现为 LDH_3 的升高。结合其他相关生化或物理诊断指标就可对某一疾病做出正确的判断。

【提示】

1. LDH 总活力的检测　一般是通过化学法，直接测定某一组织中 LDH 的活力。

2. LDH_1 的检测　LDH_1 是通过抑制其他组分，或分离 LDH_1 来检测活力。常用的 LDH_1 检测方法有琼脂糖电泳法、醋酸纤维薄膜电泳法、免疫法、化学抑制剂法、毛细管电泳法及 PAGE 等电聚焦电泳法。

通过本实验设计，希望同学们了解临床上最常用的 LDH、LDH_1 检测方法是什么，为什么说单一的 LDH_1 活力增加还不能完全证明一定是急性心肌梗死，还需结合其他生化或物理诊断方法才能确诊。结合所学知识，选择最佳测定 LDH 总活力和 LDH_1 活力的方法。

实验三　免疫组织化学方法考察小分子抑制剂对小鼠肿瘤微环境组成的影响

【目的】

（1）了解药物对动物肿瘤模型作用的研究思路。

（2）了解研究药物对肿瘤生长影响的常用研究方法。

（3）熟悉实体瘤微环境研究的思路和常用方法。

（4）掌握免疫组织化学（简称组化）技术的基本操作。

（5）学习实验设计及实验方法的建立。

【意义】

利用实验动物建立肿瘤模型，进行抗肿瘤药物的药效学研究，是药物研发的一个基础且必需的研究内容，只有整体有效，才能初步评估该药物开发的意义。在整体有效的基础上，同时还需要针对药物的分子作用机制进行探讨，以完善药物研究的系统性和整体性。

当前，抗肿瘤药物的作用机制中，肿瘤微环境的调控是一个颇受关注的研究领域。肿瘤微环境是肿瘤细胞与非肿瘤细胞共存的生长环境，处于不同状态的多种免疫细胞、各种可溶性细胞因子、细胞外基质、血管和淋巴细胞等，与肿瘤细胞之间相互影响，成为了决定肿瘤发展的关键因素。

考察药物作用对肿瘤微环境组成的影响，不仅有助于明确药物作用的分子机制，也有助于进一步阐明疾病的发生机制，从中寻找新的治疗靶点，具有重要的实际意义。

【提示】

1. 建立小鼠肿瘤模型 根据研究的适应证以及研究目标，确定建模方法和原料，如采用什么类型小鼠，选用什么肿瘤细胞株，还是其他诱发肿瘤的方法，是原位还是异位等，可通过查阅文献和相关专著来完成。

2. 确定需要检测的指标 可以通过查阅文献、参考前期研究的基础进行选择，或根据模型疾病的病理特征加以推断。

3. 设计实验路线 首先考虑取材，确定动物的处死方法后收集肿瘤组织，针对不同肿瘤的病理特征，注意收集手段的差别，同时需要考虑是否有其他实验的需求，以及收集后样本如何处理及保存。

检测肿瘤微环境中不同类型细胞的存在状况，可选择方法较多，免疫组化是最简单易操作的，其他如流式细胞术、免疫荧光及单细胞测序等方法也是常用手段。

采用免疫组化的方法进行鉴定时，要思考检测指标的设计，癌和癌旁组织的定位，对照染色的种类、样本和对照之间的比对等，以最终确定染色的方案。

4. 实验结果的统计和分析 学会分析免疫组化以及同类型印记杂交类实验的结果，比较组间差异时统计学方法的选择，学会使用常规图像处理软件及统计学软件。

本设计性实验的目的是帮助同学们了解并熟悉实验设计的思路，如何确定实验目标，如何查阅并参考文献进行实验设计，重点要关注实验分组，结果分析及统计。为今后进一步开展课题研究打下基础。

实验四 糖尿病的发病机制、分型与检测

【目的】

(1) 了解糖尿病的概念。

(2) 熟悉糖尿病的发病机制及分型情况。

(3) 掌握各种类型血糖测定的方法。

(4) 熟悉糖尿病临床检测指标及意义。

(5) 学习实验设计与实验方法的建立。

【意义】

糖尿病是一种因体内胰岛素绝对或者相对不足所导致的代谢综合征，多饮、多尿、多食和体重下降（"三多一少"）是其典型症状。随着社会经济的发展，糖尿病在中国的发病率呈上升趋势，糖尿病的临床诊断和治疗是防治其并发症、改善糖尿病患者生活质量的重要内容。

糖尿病的发病机制复杂，包括遗传因素和环境因素。不同的病因诱发的疾病临床症状特征有所不同，相应的治疗药物亦有所不同。因此，采用不同的手段制备动物模型是研究糖尿病的发病机制有效策略，并在此基础上建立合适的检测方法对糖尿病的诊断和预防具有重要的意义。

【实验设计提示】

1. 糖尿病的分型与发病机制　按照发病机制的不同，世界卫生组织将糖尿病分为 4 种类型：1 型糖尿病、2 型糖尿病、妊娠期糖尿病（gestational diabetes）和继发性等其他类型糖尿病。每种类型的糖尿病虽症状相似或相同，但发病原因和在人群中的分布不同。

1 型糖尿病也称为胰岛素依赖型糖尿病，易感人群为青少年。是一种自体免疫性疾病，遗传因素为主要诱因。胰岛 β 细胞由于自身免疫炎症导致胰岛素生成减少，表现出起病急、血糖高、病情起伏波动大且不易控制的糖尿病特征。需注射外源性的胰岛素治疗。

2 型糖尿病也称非胰岛素依赖型糖尿病，在糖尿病患者中占大多数（约 95%），成年人多见，起病缓慢，半数以上无任何症状。发病原因多为遗传因素加不良生活方式引起，表现为胰岛素抵抗或胰岛素相对分泌不足，使患者体内的胰岛素不能满足机体所需。大多数 2 型糖尿病患者可通过口服降糖药控制血糖水平，个别患者需要胰岛素注射。

妊娠期糖尿病是孕妇在围产期的主要并发症之一，发病原因与 2 型糖尿病类似，多为妊娠期激素失衡所导致的胰岛素抵抗，大部分患者分娩后可恢复正常。

其他类型糖尿病主要包括由内分泌疾病、化学物品、感染、免疫综合征、遗传基因突变或药物等导致的血糖升高，统称为继发糖尿病。一般采取去除诱因，治疗原发病来缓解。

2. 糖尿病临床检测指标 临床诊断糖尿病的发生及分型的主要检测指标包括血糖、糖化血红蛋白(HbA1c)、糖化血清蛋白、β-胰岛细胞功能、血清1,5-脱水葡萄糖醇及胰岛素自身抗体等。

(1) 血糖：血糖水平是糖尿病诊断的主要指标，包括空腹血糖、随机血糖及口服糖耐量测试(OGTT)等检测项目。目前，血糖常规检测方法是葡萄糖氧化酶法。而尿糖的检测因个体的肾糖阈变异范围较大，尿糖试纸受诸多因素的干扰，尿糖与血糖的相关性较差等原因，不作为糖尿病临床诊断的指标。

(2) HbAlc：HbAlc 和糖化血清蛋白是另一项重要的糖尿病早期诊断指标。

HbAlc 是红细胞内血红蛋白与血液中葡萄糖相结合的产物，与糖尿病关系最为密切，能客观反应患者在抽血前 2～3 个月内血糖控制水平。正常时，HbA1c 占血红蛋白总量的 3%～6%。国际临床化学联合会(IFCC)正式推荐的 HbA1c 的检测方法为 HPLC-质谱法和 HPLC-毛细管电泳法。

(3) 糖化血清蛋白：糖化血清蛋白是血液中的葡萄糖与白蛋白和其他蛋白分子相结合而形成的。糖化血清蛋白测定可反映患者过去1～2 周平均血糖水平。

(4) 其他检测指标：其他一些检测，如 β-胰岛细胞功能、血浆胰岛素和C 肽测定，血清 1,5-脱水葡萄糖醇及胰岛素自身抗体检测、尿蛋白检测等，目前多用于辅助了解胰岛功能、协助糖尿病的分型以及帮助指导性治疗，尚未作为诊断糖尿病的依据。

3. 建立 1 型和 2 型糖尿病模型 根据 1 型和 2 型糖尿病的诱发因素，选择合适的诱导剂，确定具体的实验方案，包括动物品系、体重、性别、诱导剂的刺激剂量及时间、模型成功的标志性指标等。

实验五 核酸检测 SARS-CoV-2 试剂盒

【目的】

(1) 熟练掌握 TaqMan 探针荧光定量 PCR 技术原理。

(2) 学习医药最新资源的查询与获取,理论联系实际。

(3) 运用相关原理学习设计检测 SARS-CoV-2 病毒核酸的试剂盒。

【意义】

2002 年,中国暴发了严重急性呼吸综合征(severe acute respiratory syndrome)传染病,简称 SARS 或非典型性肺炎,引起该传染病的病原微生物是冠状病毒,被命名为 SARS-CoV。在中国政府和医护人员努力下,于 2003 年 SARS-CoV 就被扑灭了。2012 年,在中东地区又开始暴发严重急性呼吸综合征,引起该传染病的也是冠状病毒,被命名为 MERS-CoV,该传染病断断续续暴发,一直未被扑灭。2020 年初,世界各地相继暴发新型冠状病毒肺炎(COVID-2019),引起这次肺炎的病毒被命名为 SARS-CoV-2。除了上述 3 种引起了肺炎流行性暴发的冠状病毒外,在人群中还存在一些引起季节性轻微症状的冠状病毒,如 HKU1、NL63、OC43 和 229E 等。

冠状病毒是一种正义单链 RNA 病毒。单链 RNA 在复制过程中不像双链 DNA 复制那样有强大的纠错功能,导致这类病毒通常具有较强的变异能力。各种冠状病毒基因组之间有大量同源序列,但也存在着相当比例的变异序列。SARS-CoV-2 传染性极强,病毒潜伏期一般为 14 d 以内,有些感染者出现急性发热、咳嗽、肌肉酸痛、呼吸困难、肺部 CT 片呈毛玻璃样变等症状或体征,有些感染者症状较轻,还有些感染者没有症状,成为无症状感染者,但仍然可以传播病毒。病毒培养周期长,不利于快速检测。除抗体检测和肺部 CT 用于辅助诊断外,核酸快速检测成为筛查是否感染 SARS-CoV-2 的重要手段。

临床快速核酸检测常常采用 TaqMan 探针荧光定量 PCR 技术(参考本书理论篇第五章第二节)。COVID-2019 暴发后,SARS-CoV-2 基因组被测序并公布,极大促进了对该病毒的识别检测,有利于全世界疫情的防控。由于病毒的变异,世界各地存在着不同的病毒亚型,并且可能影响原有试剂盒的检测敏感性。根据公布的 SARS-CoV-2 基因组最新序列,请设计检测 SARS-CoV-2 核酸的试剂盒,注意与 SARS-CoV、MERS-CoV 等冠状病毒之间的鉴别诊断。

【提示】

(1) 病毒基因组序列可从 https://www.ncbi.nlm.nih.gov/nucleotide/ 网站搜索获取。

(2) 不同病毒或亚型基因组之间的差异可通过 https://blast.ncbi.nlm.nih.gov/Blast.cgi 网站的 Nucleotide BLAST 工具完成。

(3) 一个试剂盒中可包含多对引物和相应的 TaqMan 探针,如针对冠状病毒的保守序列设计引物和相应的 TaqMan 探针,可用于冠状病毒和其他病原微生物的鉴别诊断;针对 SARS-CoV-2 相较于其他冠状病毒的变异区设计引物和相应的 TaqMan 探针,可用于 SARS-CoV-2 与其他冠状病毒的鉴别诊断;针对 SARS-CoV-2 不同亚型之间的变异区设计引物和相应的 TaqMan 探针,可以对 SARS-CoV-2 的不同亚型鉴别诊断。

(4) 引物的设计决定了检测的特异性和敏感性,引物设计的原则可参考本书第五章第二节,引物设计可选用 https://blast.ncbi.nlm.nih.gov/Blast.cgi 网站的 Primer BLAST 工具,或 https://sg.idtdna.com/scitools/Applications/RealTimePCR/网站的引物设计功能。其他网站或软件均可参考使用。

(5) 多对引物之间扩增的 DNA 之间如果有重叠区域,可考虑使用相同的 TaqMan 探针。

(6) 为保证试剂盒实用、完备、便利的特点,可考虑从患者样品提取核酸和一步法反转录 PCR 等实验设计及所需的合理试剂。

附: 设计性实验概论

设计性实验在复旦大学药学院开展已有十余年,随着生化试验教学改革的力度不断加强,有关设计性实验内容将越来越多。

一、设计性实验意义

充分发挥现代大学生在实验课的创新能力和实际动手操作能力；通过综合运用理论和实践知识，培养学生独立分析问题，解决问题的能力；培养学生勇于探索、严谨求实、团结协作的精神，对于培养高素质、创新性人才有重要意义。

二、设计性实验目的

在掌握了一定的实验技能和实验方法基础上，运用已学的理论和实践知识，进行选题并设计研究方案，通过实验实施，得出实验结果并对实验结果进行分析处理，最终得出正确的研究结论。

三、设计性实验写作格式

选题、实验设计、实施实验、整理分析实验结果和撰写论文几个阶段。

(一) 选题

选题是发现问题、提出问题的过程，决定研究方向和内容。好的选题应具有创新性或实用性、科学性和可行性，需要认真查阅大量文献资料，了解研究课题的已取得成果和尚未解决的问题，结合实验室具备的仪器设备等实验条件，确定研究的内容，设计研究计划和方案。

(二) 实验设计

应遵循对照、重复、随机三大原则，有效地控制干扰因素，保证实验的可靠性和高效性；实验分为预实验和正式实验。实验操作应准确，认真观察实验过程及现象并仔细记录。实验结束后及时整理实验资料，统计实验数据，分析实验结果，最终做出符合实际的科学结论，写出论文。

1. 基本要素

(1) 处理因素：包括物理方法，如温度(高温或低温)、紫外线，电刺激等；化学方法，如药物、毒物、pH、缺氧等。处理条件应考虑作用强度或剂量、作用时间等。一次实验中变量不宜过多，否则会使实验分组太多，操作复杂，使实验不易控制。一般实验设计采用单因素变量，即固定其他条件不变，只改变一种因素。

(2) 实验对象：体外实验对象有蛋白质、核酸等大分子；体内有动物、细胞等，临床实验为人。应根据实验要求选择适当的实验对象。

(3) 实验效应：是通过具体的实验指标反映，实验指标即为实验中测量或观察得到的结果。因此，实验过程中正确设计观察指标和实验方法是保证最终研究结论准确性，科学性的基础。

观察指标必须能反映实验对象经过处理后产生的效应，要求特异性好，灵敏度高，可行性强。实验方法要灵敏、精确，以保证实验数据的准确性、可靠性和实验结论的科学性。

2. 三大原则

(1) 重复性：实验各组之间除处理因素不同外，其他非处理因素应该完全一致或基本一致。重复是为了消除非处理因素影响，保证实验结果可靠的重要措施之一。

重复表现在样本含量的大小和重复次数的多少。样本含量越大，则抽样误差越小，样本越能代表总体。但是，样本含量太大或实验次数太多，不仅会增加严格控制实验条件的困难，也会造成不必要的浪费。包括重现性(replication)和重复数(duplicates)。

重现性是指在同样的条件下，可以得到相同的实验结果。只有重现性好的实验结果，才是科学可靠的结果，重现性差的结果可能是偶然结果，这种结果是无科学价值的。

重复数是指实验要有足够的次数或例数。如细胞实验中，一种处理方式需要同时做几个平行样品。动物实验中，每组实验条件需要使用一定数量的动物。在实验中要求一定的重复数的意义在于：一方面是消除个体差异和实验误差，提高实验结果的可靠性；另一方面是对实验结果的重现性验证。设置重复数是实验研究的基本要求。

(2) 随机性：指在处理每个实验对象时(如分组、加药)都有相等的机会。使实验组和对照组非处理因素均衡。如在细胞实验中，在培养板的每个孔中加入同一细胞浓度的细胞悬浮液。加药时，从同一浓度的样品液中取液加入平行孔，使平行孔中实验对象和处理条件均一致。动物实验中，动物间的个体差异是客观存在无法排除的，通过随机的方法，将不同性别、不同体重、不同活动状态的动物合理分配到各个实验组中，防止这种差异影响实验结果。因此，随机是减小实验材料差异的最基本的方法。通过随机的方法，可将客观存在的各种差异对实验结果的影响降低到最小。

(3) 对照：在实验中，为准确表现特定因素产生的作用，必须设对照。

四、实验设计步骤

(1) 通过相关渠道查阅、检索文献资料，了解本课题在国内外该领域内最新的研究方法和动态，初步拟定设计的原理与思路，对比不同实验方法并进行比较与优化，确定实验方法。

(2) 选择合适的实验材料，如动物、药品、仪器等，以及相关的规格、用量和配制方法等。

(3) 设计相关实验并成文，具体写作方法见下文相关内容。

(4) 教师审阅设计方案，提出相关改进完善措施。

(5) 组队完成实验设计。

(6) 讨论实验结果并进行科学性分析。

(7) 全面完善实验设计论文，着重实验结果的讨论和科学性分析。

五、实验设计论文内容

实验题目、姓名、年级、学号、摘要、关键词、引言、相关实验原理概述、实验方法概述、实验方法的选择、所选实验方法的具体操作步骤、所需实验仪器和试剂，以及配制方法、实验预期结果、实验讨论和参考文献等。

六、常用数据库

万方数据、中国知网、中国生物医学文献数据库、Pubmed、Web of Science 等。

本实验指导特提供一些综合性、典型性和探索性的实验,供同学们在学习中借鉴。

附　录

附录一 常用仪器使用

一、可调式移液器

(一) 用途

移液器是一种用于定量转移少量或微量液体的器具，有手动移液器和电动移液器。是生物化学与分子生物学实验必备工具。

根据通道数移液器可分为单通道移液器和多通道移液器。多通道移液器通常包括 8 通道和 12 通道。目前，常见可调量程单道移液器的量程范围有 0.1～2.5 μL、0.5～10 μL、2～20 μL、5～50 μL、10～100 μL、20～200 μL、100～1 000 μL、500～5 000 μL、1 000～10 000 μL。常见可调量程多道移液器的量程范围有 0.5～10 μL、5～50 μL、10～100 μL、20～200 μL、30～300 μL(附图 1 - 1)。

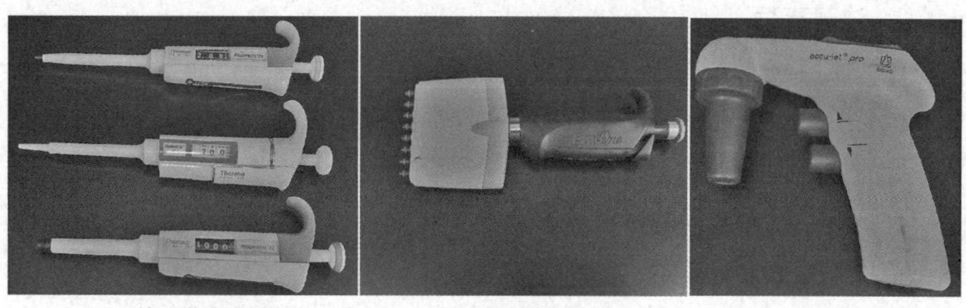

A. 单通道移液器　　B. 多通道移液器　　C. 电动移液器

附图 1 - 1　移液器的分类

(二) 操作步骤

根据移液量选择合适量程的移液器。通常情况下选择3%～100%范围进行操作。

1. 移液器的使用

(1) 移液器的握持方法：四指并拢握住移液器上部，用拇指按住柱塞杆顶端的按钮，移液器保持竖直状态(附图1-2)。

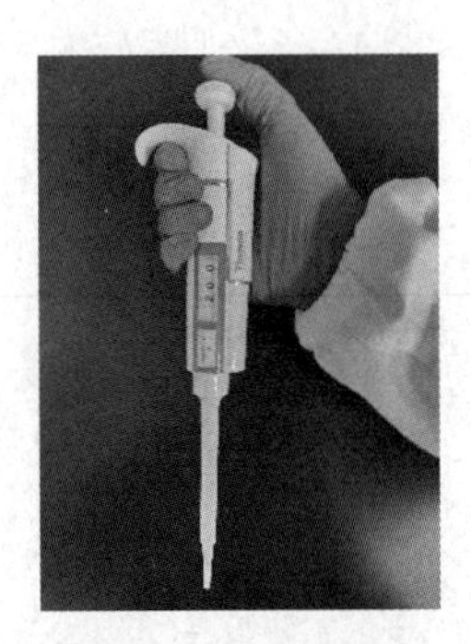

附图1-2 移液器的握持方法

(2) 设定量程：旋转移液器上部的体积调节旋钮，使分配的容积在规格范围内。从大量程调节至小量程，精确度最佳；从小量程调节至大量程，最好先调至略大一点，再返回。

(3) 装配吸头：将移液器吸嘴垂直插入吸头，轻轻压紧，切勿上下敲击或左右摇晃，否则有可能损坏移液器内部零件。

(4) 吸液：吸液前排空吸头，将微量移液器按至第一停点，吸头垂直进入液面几毫米，吸液时缓慢松开，切勿用力过猛，停留靠壁1～2 s。

(5) 放液：放液时吸头紧贴容器内壁，尽可能地放于容器底端，先将排放按钮按至第1停点，稍微停顿1～2 s，待剩余液体聚集后，再按至第2停点将剩余液体全部压出。

(6) 卸去吸头：将吸头用微量移液器指定按钮退下，放入指定容器中。

(7) 用毕，将微量移液器旋至最大量程，挂在移液器架上。

2. 注意事项

(1) 使用前，要注意检查是否有漏液现象。

(2) 所设量程在移液器量程范围内，不要将按钮旋出量程，否则会卡住机械装置，损坏移液器。

(3) 不要用大量程的移液器移取小体积的液体，应该选择合适的量程范围以免影响准确度。

(4) 装配吸头时，应选择与移液器匹配的吸头；力量要适中。

(5) 吸液时，移液器本身不要倾斜，应该垂直吸液，慢吸慢放。

(6) 移液操作应保持平顺、合适的吸液速度;过快的吸液速度容易造成样品进入套柄,带来活塞和密封圈的损伤及样品的交叉污染。

(7) 移液器严禁吸取有强挥发性、强腐蚀性的液体。

(8) 严禁用移液器本身吹打混匀液体。

(9) 吸有液体的移液器不应平放,否则枪头内的液体很容易污染枪内部,可能导致枪的弹簧生锈。

(10) 移液器在每次实验后应将刻度调至最大,让弹簧回复原形以延长移液器的使用寿命。

(11) 定期清洁移液器,用酒精棉擦拭手柄、弹射器及白套筒外部,降低对样品产生污染的可能性。

二、CO_2 培养箱

(一) 用途

CO_2 培养箱是在普通培养的基础上改进,通过稳定的温度(37℃)、稳定的 CO_2 水平(5%)、恒定的酸碱度(pH 值:7.2~7.4)、较高的相对饱和湿度(95%),模拟形成一个类似细胞/组织在生物体内的生长环境,对细胞/组织进行体外培养的装置。主要用于细胞、组织和一些特殊微生物的培养,广泛应用于微生物、医学、制药、环保、食品、畜牧等科学领域的研究和生产。

(二) 操作步骤

(1) 接通 220 V 电源,打开开关,将温度设置于 37℃,当温度升至设置温度时开始自动控温。

(2) 打开 CO_2 气体钢瓶开关,设置 CO_2 浓度值为 5.0%,运行 24 h,一切正常后使用。

(3) 使用培养箱前必须着个人防护装备,按照实验室生物安全等级要求实施实验室管理规范、无菌操作方法、标准操作流程。

(4) 实验服袖口需扎进手套内,未扎进的袖口可能接触到洁净的培养基,会增加交叉污染的风险。另外,裸露皮肤上的可能潜在的污染源也会增加交叉污染的风险。

(5) 手套使用前用70%常用消毒剂消毒。

(6) 培养瓶、培养盘、培养皿等在放入培养箱前需做好标记。

(7) 从箱子后部依次往前摆放培养基,以免最早放置的被过多干扰。

(8) 近期需要取出的材料放至靠近箱门处并做好标记。

(9) 带盖的长颈瓶应远离箱门以避免交叉污染。

(10) 细胞培养瓶放在箱内培养时,不宜过挤,以利冷热空气对流不受阻塞,保持箱内温度均匀。

(11) 为避免干扰细胞生长,应尽量少开箱门。

(三) 注意事项

1. 箱体的定期清洁

(1) 外部清洁必须定期去除灰尘及长期附着在表面的污染物,这些污染物在开门时很可能随空气流动潜入箱体内。使用较温和的家用清洁剂或蒸馏水清洁即可。

(2) 不锈钢内胆建议每月清洁1~2次,可使用70%异丙醇、乙醇或其他无腐蚀性的消毒剂擦拭,切记不可使用卤素类消毒剂[次氯酸、含氯碳(漂白粉)]。门口垫圈处很易滋生污染物,需注意加强清洁,或拆下进行高温灭菌。

2. 水盘的清洁 水盘的清洁和换水是培养箱日常维护很重要的项目,至少每周需清洁1次,频繁加水以保障饱和湿度。水盘加水使用蒸馏水或去离子水,可以加少剂量的硫酸铜溶液抑制污染物。

3. 防止干燥 如果培养环境湿度不足,培养基中的水分会蒸发造成环境干燥影响细胞生长。至少每周加1次水,对保持培养箱湿度非常重要。

4. 污染风险降到最低 细菌、真菌、病毒或支原体污染是细胞生长最大的威胁。现代的培养箱的设计和特点可以适当减少污染发生。

5. 放置适当位置 培养箱需要放置在实验室内合适的位置:需远离走廊,环境温度需稳定,远离水源,远离通气设备以免空气污染,远离窗口避免阳光直射，远离其他热源如高压蒸汽灭菌器，以及离电源近的位置。

6. **停用**　如果二氧化碳培养箱长时间不用，关闭前必须清除工作室内水分，打开玻璃门通风 24 h 后再关闭。首次使用或长期不用重新使用机器时，在正式培养前应做污染检查。

三、PCR 仪

（一）原理

聚合酶链反应（polymerase chain reaction，PCR），又称为无细胞克隆系统或特异性 DNA 序列体外引物定向酶促扩增法，是一项在短时间内大量扩增特定的 DNA 片段的分子生物学技术。能将目的基因或一个 DNA 片段在数小时内扩增至十万乃至百万倍。可从一根毛发、一滴血、甚至一个细胞中扩增出足量的 DNA 提供分析研究和检测。

PCR 反应原理类似于 DNA 的体内复制，只是在试管中加入模板 DNA，寡核苷酸引物，DNA 聚合酶，4 种脱氧核苷酸和合适的缓冲体系，通过 DNA 变性、复性及延伸的温度与时间控制，使 DNA 进行体外合成。

（二）用途

PCR 技术是由美国 PE Cetus 公司的 Kary Mullis 在 1983 年建立的，极大地推动了生命科学的研究进展。它不仅是 DNA 分析最常用的技术，而且在 DNA 重组与表达、基因结构分析和功能检测中具有重要的应用价值，被广泛地运用在医学和生物学的实验室。例如，用于判断检体中是否会表现某遗传疾病的图谱、传染病的诊断、基因复制以及亲子鉴定。

（三）操作步骤

以 Bio - Rad PCR 仪 S1000 为例，操作规程如下。

1. **样本准备**　将准备好的 DNA，目的基因的上下游引物和扩增需要的 buffer 置于冰上备用。将预混的 buffer、上下游引物、DNA 模版按照预先设定的浓度和比例在 PCR 管中混合，置于冰上。

2. 仪器操作

(1) 仪器启动：将仪器电源插上，打开仪器后面的电源开关，启动机器，仪器开始自检。

(2) 程序设置：

1) 程序设置：利用仪器右边操作面板上下左右选择屏幕中的“new”，创建新的方法。在屏幕左边点击上下键选择字母，给设定的程序选定名字。

2) DNA 预变性设置：点击“enter”，选择顶盖 105℃，体积选择 PCR 管内的液体体积，点击“enter”后，选择“temp”，进行预变性设置：输入 95℃，选择 5 min。

3) DNA 变性设置：95℃，持续 30 s。

4) DNA 和引物退火设置：选择退火温度 55℃，持续 30 s。

5) 引物延伸设置：选择 72℃，持续 1 min。

6) 循环次数设置：选择屏幕中的“GOTO”，选择 DNA 变性的程序序号，再输入循环次数 35 次。

7) 循环结束设置：选择“end”，退出程序。

8) 程序保存。

(3) 开始扩增：将仪器盖子上面的旋钮逆时针旋转，打开盖子，将 PCR 管放入对应小孔内，再盖上盖子，将盖子上的旋钮顺时针旋转至抵住 PCR 管盖，再多旋转半圈。

(4) 选择屏幕上的“run”，选择刚刚保存的程序，点击“start”，开始进行扩增反应。

(5) 扩增结束后，逆时针旋开盖子，取出各自样本，关闭仪器电源。

四、超净台和生物安全柜

(一) 用途

生物安全柜能防止实验操作处理过程中某些含有危险性或未知性生物微粒发生气溶胶散逸的箱型空气净化负压安全装置。广泛应用于微生物学、生物医学、基因工程及生物制品等领域中，是实验室生物安全中一级防护屏障中最基本的安全防护设备。

（二）工作原理

生物安全柜的工作原理主要是将柜内空气向外抽吸，使柜内保持负压状态，通过垂直气流来保护工作人员；外界空气经高效空气过滤器过滤后进入安全柜内，以避免处理样品被污染；柜内的空气也需经过 HEPA 过滤器过滤后再排放到大气中，以保护环境。

（三）操作

（1）接通电源。

（2）穿好洁净的实验工作服，清洁双手，用 70％的酒精或其他消毒剂全面擦拭安全柜内的工作平台。

（3）将实验物品按要求摆放到安全柜内。

（4）关闭玻璃门，打开电源开关，必要时应开启紫外灯对实验物品表面进行消毒。

（5）消毒完毕后，设置到安全柜工作状态，打开玻璃门，使机器正常运转。

（6）设备完成自净过程并运行稳定后即可使用。

（7）完成工作，取出废弃物后，用 70％乙醇擦拭柜内工作平台。维持气流循环一段时间，以便将工作区污染物质排出。

（8）关闭玻璃门，关闭日光灯，打开紫外灯进行柜内消毒。

（9）消毒完毕后，关闭电源。

（四）注意事项

（1）操作过程中，尽量减少双臂进出次数，双臂进出安全柜时动作应该缓慢，避免影响正常的气流平衡。

（2）柜内物品移动应按低污染向高污染移动原则，柜内实验操作应按从清洁区到污染区的方向进行。操作前可用消毒剂浸湿的毛巾垫底，以便吸收可能溅出的液滴。

（3）尽量避免将离心机、振荡器等仪器安置在安全柜内，以免仪器震动时滤膜上的颗粒物质抖落,导致柜内洁净度下降;同时这些仪器散热排风口气流可能影响柜内的气流平衡。

(4) 安全柜内不能使用明火,防止燃烧过程中产生的高温细小颗粒杂质带入滤膜而损伤滤膜。

五、倒置显微镜

(一) 用途

用于微生物、细胞、细菌、组织培养、悬浮体、沉淀物等的观察,可连续观察细胞、细菌等在培养液中繁殖分裂的过程,并可将此过程中的任一形态拍摄下来。广泛用于细胞学、寄生虫学、肿瘤学、免疫学、遗传工程学、工业微生物学及植物学等领域中。

(二) 使用方法

1. 开机　接连电源,打开镜体下端的电控开关。

2. 使用

(1) 准备:将待观察对象置于载物台上。旋转三孔转换器,选择较小的物镜。观察,并调节铰链式双目目镜,舒适为宜。

(2) 调节光源:推拉调节镜体下端的亮度调节器至适宜。通过调节聚光镜下面的光栅来调节光源的大小。

(3) 调节像距:转三孔转换器,选择合适倍数的物镜;更换并选择合适的目镜;同时调节升降,以消除或减小图像周围的光晕,提高了图像的衬度。

(4) 观察:通过目镜进行观察结果;调整载物台,选择观察视野。

(5) 关机。

(6) 取下观察对象,推拉光源亮度调节器至最暗。关闭镜体下端的开关,并断开电源。旋转三孔转换器,使物镜镜片置于载物台下侧,防止灰尘的沉降。

(三) 注意事项

(1) 所有镜头表面必须保持清洁,可用洗可球吹掉落在镜头表面的灰尘。

(2) 不能用有机溶液清擦其他部件表面，特别是塑料零件，可用软布蘸少量中性洗涤剂清擦。

(3) 在任何情况下操作人员不能用棉团、干布块或干镜头纸擦试镜头表面，否则会刮伤镜头表面，严重损坏镜头，也不要用水擦试镜头，这样会在镜头表面残留一些水迹，因而可能滋生真菌，严重损坏显微镜。

(4) 仪器工作的间歇期间，为了防止灰尘进入镜筒或透镜表面，可将目镜留在镜筒上，或盖上防尘塞，或用防尘罩将仪器罩住。

(5) 显微镜尽可能不移动，若需移动应轻拿轻放，避免碰撞。

(6) 不允许随意拆卸仪器，特别是中间光学系统或重要的机械部件，以免降低仪器的使用性能。

六、电热鼓风干燥箱

(一) 用途

用于物品的烘焙干燥，热处理和加热，企业、大专院校、科研单位及各类实验室均可使用。

(二) 使用方法

(1) 通电前应先检查干燥箱的电气性能，确认无断路和漏电现象。

(2) 接上电源，将控温旋钮由零位按顺时针方向旋至所需温度的对应刻度处，干燥箱即开始升温，加热指示灯亮。

(3) 当温度升到设定温度值，达到恒温后，放入样品。关上箱门，在箱顶排气阀孔中插入温度计，同时旋开排气阀。

(三) 注意事项

(1) 通过箱内玻璃门可以观察工作室待测品情况，但此门以不常开为宜，以免影响恒温，当温度达到 300℃时，开启箱门可能会使玻璃门急骤冷却而破裂。

(2) 防止发生爆炸，非防爆型干燥箱不能烘焙易燃易挥发物品，以免发生爆炸。

(3) 放置待测品切勿过密过载，同时工作室底板上不能放置待测品和其他东西，以免影响热空气对流。

七、电泳槽

(一) 用途

对荷电颗粒进行分离、提纯或制备，与电泳仪电源组成电泳装置可以作各种聚丙烯酰胺凝胶电泳，琼脂糖凝胶电泳，也可以作等电聚焦电泳、双向电泳、放射自显影电泳、免疫电泳和制备电泳等。

(二) 使用方法

1. 夹芯式垂直电泳槽

(1) 玻璃板的准备：用洗涤剂将玻璃板反复擦洗，然后清水冲洗干净，待玻璃板晾干后，将1.0 mm或1.5 mm塑料薄片沾少许清水，使其贴在玻璃板上，然后将另一块凹型玻璃板与前一玻璃板紧贴。

(2) 垂直平板支架的安装：将准备好的玻璃板，放入垂直支架内，两侧用夹子固定，夹子高度不要超过凹型玻璃板的凹口处为宜，两侧选用力度大小适中、对称的夹子。

(3) 灌胶：将配好的聚丙烯酰胺溶液沿凹形玻璃瓶口处缓缓倒入至距平口7 mm处为宜，倒入过程中要避免气泡的产生，发现有气泡产生，要待气泡消失后再倒入。灌胶完成后，用移液器吸取少量水密封胶口，压平胶面。当胶面与水之间有一条明显的界限时，表示胶已凝固。倒掉密封用水，用滤纸吸干残液。继续灌制浓缩胶，插好梳子，待浓缩胶凝固后即可用于电泳。

2. 水平电泳槽

(1) 先用胶布将电泳槽的两端封住，防止倒胶后液体漏出，插上梳子，梳子底部与槽底部平行并留有间隙；将凝胶(通常为1%～2%)融化成澄清的液体后(无块状凝胶)，稍冷却加入染料；将胶倒入制胶槽内，待胶凝固后，将梳子拔出，胶布拆除。

(2) 将凝胶和胶托置于电泳槽内，电泳槽内倒入电泳缓冲液，缓冲液应该刚好盖过胶平面。

(3) 在梳子槽孔中点样。

(4) 在接通电源之前，要注意检查电泳槽所接电极的极性是否与样品在载体中泳动的方向匹配，DNA 样品由阴极向阳极泳动；选择开始，电极上有气泡产生说明通电正常。

(5) 通过电泳指示剂判断合适的电泳时间。

(6) 整个过程戴手套操作。

(三) 注意事项

电泳槽在使用过程中应避免接触有机溶剂，有机玻璃可以溶解于烃类等有机溶剂，也不要用酒精擦拭电泳槽，有机玻璃与酒精接触后会出现银纹现象，影响电泳槽的使用寿命。应该用洗涤剂清洗电泳槽。有机玻璃耐热温度低于 80℃，故制胶时应在凝胶溶液冷却到 80℃以下时方可将溶液倒入凝胶托盘，否则梳子和托盘会发生变形而导致损坏。

八、电泳仪

(一) 用途

电泳仪是为电泳提供稳定电源的设备。主要用于分离核酸和蛋白质，亦可用于纯化，被广泛用于分子生物学、遗传学和生物化学等领域。

(二) 使用方法

(1) 首先用导线将电泳槽的两个电极与电泳仪的直流输出端连接，注意极性不要接反。

(2) 电泳仪电源开关调至关的位置，电压旋钮转到最小，根据工作需要选择稳压稳流方式及电压电流范围。

(3) 接通电源，缓缓旋转电压调节钮直到达到的所需电压为止，设定电泳终止时间,此时电泳即开始进行。

(4) 工作完毕后,应将各旋钮、开关旋至零位或关闭状态,并拨出电泳插头。

(三) 注意事项

(1) 电泳仪通电进入工作状态后,禁止人体接触电极、电泳物及其他可能带电部分,也不能到电泳槽内取放东西,如需要应先断电,以免触电;同时要求仪器必须有良好接地端,以防漏电。

(2) 仪器通电后,不要临时增加或拔除输出导线插头,以防短路现象发生。

(3) 由于不同介质支持物的电阻值不同,电泳时所通过的电流量也不同,其泳动速度及泳至终点所需时间也不同,故不同介质支持物的电泳不要同时在同一电泳仪上进行。

(4) 在总电流不超过仪器额定电流时(最大电流范围),可以多槽关联使用,但要注意不能超载,否则容易影响仪器寿命。

(5) 某些特殊情况下需检查仪器电泳输入情况时,允许在稳压状态下空载开机,但在稳流状态下必须先接好负载再开机,否则电压表指针将大幅度跳动,容易造成不必要的机器损坏。

(6) 使用过程中发现异常现象,如较大噪音、放电或异常气味,须立即切断电源,进行检修,以免发生意外事故。

九、隔水式恒温培养箱

(一) 用途

恒温培养箱适合于普通的细菌培养和封闭式细胞培养,并常用于有关细胞培养的器材和试剂的预温。

特点:加热控制,不带制冷。

(二) 使用方法

(1) 打开电源。

(2) 温度设定：按控温仪的功能键“SET”进入温度设定状态，SV 设定显示一闪一闪，再按加键“△”或减键“▽”，设定结束需按功能键“SET”确认。

(3) 设定结束后，各项数据长期保存，此时培养箱进入升温状态，加热指示灯亮。当箱内温度接近设定温度时，加热指示灯忽亮忽熄，反复多次，控制进入恒温状态。

(4) 打开内外门，把所需培养的物品放入培养箱，关好内外门。

(5) 根据需要选择培养时间，培养结束后，关上电源。

(三) 注意事项

(1) 严禁无水干烧，加热，以免烧坏加热管。

(2) 仪器外壳应接地，以免发生意外。

(3) 为了减少水垢产生，最好使用蒸馏水。

十、恒温摇床

(一) 用途

一种温度可控的恒温培养箱和振荡器相结合的生化仪器，用于生物、生化、细胞、菌种等各种液态、固态化合物的振荡培养。

(二) 使用方法

(1) 装入试验瓶，并保持平衡。

(2) 接通电源，根据机器表面刻度设定定时时间，如需长时间工作，将定时器调至“常开”位置。

(3) 打开电源开关，设定恒温温度：

1) 将控制小开关置于“设定”段，此时显示屏显示的温度为设定的温度，调节旋钮，设置到工作所需温度即可(设定的工作温度应高于环境温度，此时机器开始加热)。

2) 当加热到所需的温度时，加热会自动停止，绿色指示灯亮；当试验箱内的热量散发，低于所设定的温度时，新一轮加热会重新开始。

(4) 开启振荡装置：

1) 打开控制面板上的振荡开关，指示灯亮。

2) 调节振荡速度旋钮至所需的振荡频率。

(5) 工作完毕切断电源，置调速旋钮与控温旋钮至最低点。

(6) 清洁机器，保持干净。

(三) 空气恒温摇床注意事项

(1) 器具应放置在较牢固的工作台面上，环境应清洁整齐，通风良好。

(2) 用户提供的电源插座应有良好的接地措施。

(3) 严禁在正常工作的时候移动机器。

(4) 使用结束后请清理机器，不能留有水滴、污物残留。

十一、离心机

(一) 用途

离心机是利用离心力分离液体与固体颗粒或液体与液体的混合物中各组分的仪器。离心机主要用于将悬浮液中的固体颗粒与液体分开，或将乳浊液中两种密度不同、又互不相溶的液体分开，利用不同密度或粒度的固体颗粒在液体中沉降速度不同的特点，有的沉降离心机还可对固体颗粒按密度或粒度进行分级。

(二) 原理

离心就是利用离心机转子高速旋转产生的强大的离心力，加快液体中颗粒的沉降速度，把样品中不同沉降系数和浮力密度的物质分离开。转速有离心力($\times g$)和每分钟转速(rpm)两种表示方式。

离心力(g)和转速(rpm，r/min)之间的换算公式如下：

$$g = r \times 1.11 \times 10^{-5} \times \text{rpm}^2$$

式中，r 为有效离心半径，即从离心机轴心到离心管桶底的长度，单位为厘米。由查阅相关转子的参数而得。现在的离心机面板上有按钮可以在

rpm与g之间切换。

(三) 分类

离心机按分离因数可分成几种：常速离心机、高速离心机、超高速离心机。

常速离心机：$Fr \leqslant 3\,500$（一般为600～1 200），这种离心机的转速较低，直径较大；高速离心机：$Fr = 3\,500 \sim 50\,000$，这种离心机的转速较高，一般转鼓直径较小；超高速离心机：$Fr > 50\,000$，由于转速很高（50 000 rpm以上），所以转鼓做成细长管式。

分离因素Fr是指物料在离心力场中所受的离心力与物料在重力场中所受到的重力之比值，Fr越大，离心分离的推动力就越大，离心分离机的分离性能也越好。

(四) 操作规程

以台式冷冻离心机为例：

(1) 按“OPEN”打开离心机盖。

(2) 设置离心条件time、speed、temp后，盖上离心机盖，压缩机启动制冷。

(3) 离心：将实验样品平衡后对称放入转头孔内，旋紧转头盖，盖上离心机盖，按“START”开始离心（此时要观察显示面板各项指标、声音是否正常，如有异常要立即关机，待查）。

(4) 离心结束后，按“OPEN”打开盖子，取出离心样品，及时关闭离心机盖，减少压缩机工作时间，不在离心时要关闭离心机电源，做好清理干燥工作。

(五) 注意事项

(1) 严禁开盖运转操作。

(2) 严禁运转时打开上盖。

(3) 严禁超不平衡量运转，样品必须对称放置，且样品质量保证均衡，目测或用天平平衡。

(4) 电源要稳定。

(5) 在使用完毕时要及时关闭电源。

十二、酶标仪

(一) 用途

酶标仪也叫做酶联免疫检测仪。是对酶联免疫检测实验结果进行读取和分析的专业仪器。酶联免疫反应通过偶联在抗原或抗体上的酶催化显色底物进行的，反应结果以颜色显示，通过显色的深浅即吸光度值的大小就可以判断标本中待测抗体或抗原的浓度。

可广泛应用于低紫外区的 DNA、RNA 定量及纯度分析(A_{260}/A_{280})和蛋白定量(A_{280}/BCA/Braford/Lowry)，酶活、酶动力学检测，酶联免疫测定(ELISAs)，细胞增殖与毒性分析，细胞凋亡检测，报告基因检测及 G 蛋白偶联受体(GPCR)分析等。酶标仪广泛地应用在临床检验、生物学研究、农业科学、食品和环境科学中。

(二) 原理

酶标仪实际上就是一台光电比色计或分光光度计，其基本工作原理与主要结构和光电比色计基本相同。光源灯发出的光波经过滤光片或单色器变成一束单色光，进入塑料微孔板中的待测标本中后，该单色光一部分被标本吸收，另一部分则透过标本照射到光电检测器上，光电检测器将这一待测标本不同而强弱不同的光信号转换成相应的电信号，电信号经前置放大，对数放大，模数转换等信号处理后送入微处理器进行数据处理和计算，最后由显示器和打印机显示结果。微处理机还通过控制电路控制机械驱动机构 X 方向和 Y 方向的运动来移动微孔板，从而实现自动进样检测过程。

(三) Tecan M200pro 多功能微孔板检测仪操作流程

(1) 打开电源开关，打开软件 icontrol1.12，仪器进行自检，显示屏显示主界面。

(2) 蛋白浓度测定:

1) 点击操作界面上方出板按钮(move plate out),将 96 孔板去掉盖子,放置在搁架上,注意板子的方向,有斜角的位于左上方(A1)。

2) 点击操作界面上方的进板按钮,在主界面选择测定区域,黄色显示的为待测区域,蓝色为未选区域。

3) 在 Wavelength 中填入测量波长(BCA 法 562 nm,Bradford 法595 nm,Lowry 法 750 nm)。

4) 点击操作界面上方的"start"按钮,开始测定吸光度。

5) 机器检测完成后,将以 excel 的形式给出结果,点击"SAVE"保存测量结果。

6) 将板取出,关闭仪器电源。

(四) 注意事项

(1) TECAN infinite200 是由计算机控制的全自动仪器,仪器表面除了电源开关以外,没有需要人工触碰的部件。

(2) TECAN infinite200 是精密的光学仪器,请注意防水防尘,不要在机箱上放置缓冲液、试剂、重物。

(3) 仪器在弹出、吸入微孔板托架时,请不要阻挡或者推进。

(4) 放置微孔板到托架时,A1 孔应当处于左上角。

(5) 可接受的微孔板最大高度为 23 mm(含盖)。

(6) 开机后至少稳定 5 min,在进行发光检测。

(7) 请勿将样品或试剂洒到仪器表面或内部,操作完成后请洗手。

(8) 如果使用的样品或试剂具有污染性、毒性和生物学危害,请严格按照试剂盒的操作说明,以防对操作人员造成损害。

(9) 如果仪器接触过污染性或传染性物品,请进行清洗和消毒。

(10) 不要在测量过程中关闭电源。

(11) 检测完成后及时取出微孔板、比色杯。

(12) 仪器背后右上的风扇外的空气过滤垫如积累灰尘较多,需要及时更换。

十三、微量核酸蛋白测定仪

(一) 用途

仅需1～2 μl样品，数秒内实现对溶于缓冲液的寡核苷酸，单链、双链DNA以及RNA定量测定。在物理学、化学、生物学、医学、材料学、环境科学等科学研究领域都有广泛的应用。

(二) 原理

核酸蛋白测定仪利用核酸在260 nm或蛋白在280 nm具有选择性吸收的现象，进行定量测定。每种核酸的分子构成不一，因此其换算系数不同。定量不同类型的核酸，事先要选择对应的系数。如：1 *OD* 的吸光值分别相当于 50 μg/mL 的 dsDNA，37 μg/mL 的 ssDNA，40 μg/mL 的 RNA，30 μg/mL 的Olig。测试后的吸光值经过上述系数的换算，从而得出相应的样品浓度。

(三) TECAN infinite M200 PRO 操作指南

DNA/RNA 浓度测定：

(1) 石英板准备：将用于核酸测定的12孔石英板取出，打开盖子，将石英板每孔加入2 μL双蒸水，将石英板合上，再用擦镜纸轻轻吸去双蒸水，洗涤孔板。

(2) 点击仪器左下角的"application"，进入核酸测定界面，在右方选择框中选择需要测定的核酸类型DNA或者RNA，仪器后续将在260和280 nm处测定吸光度，进而计算并在excel中生成所选定核酸的浓度和纯度。

(3) 接着在界面上选定要测定的孔，黄色显示的为待测区域，蓝色为未选区域，然后点击屏幕右方的"blanking"，将搁板弹出。

(4) 石英板每孔加入2 μL溶解核酸的溶剂，合上石英板，放置在搁板上，点击"start"，开始测定空白本底值。

(5) 测定完成后，搁板弹出，取下石英板，用擦镜纸吸干孔上的液体，开始加入待测核酸样本，2 μL/孔。样本加入完成后，合上石英板，放置在搁板上，点击“start”，开始测定核酸浓度。

(6) 机器检测完成后，将以 excel 的形式给出结果，excel 包含的信息有核酸的浓度和纯度。仪器以 260 nm 处吸光度进行计算，以 ng/μL 为单位给出核酸浓度，此外仪器还将给出 260 nm/280 nm 的值，用于判断核酸纯度。一般来讲，纯 DNA 的比值约为 1.8，而纯 RNA 的比值约为 2.0。

(7) 仪器数据导出在 excel 中，同学们用手机拍照，禁止插入 U 盘。

(8) 点击操作界面上方的出板，取下石英板，用擦镜纸吸去液体，并用蒸馏水(2 μL/孔)洗涤孔板一次，再次用擦镜纸吸去液体，合上石英板。

(9) 保存文件后，退出操作软件，关闭仪器和电脑电源。

十四、脱色摇床

(一) 用途

脱色摇床广泛应用于电泳凝胶分离谱带的固定，考马斯亮蓝染色和脱色时的振荡晃动，硝酸银染色的固定、染色、显影等，放射自显影实验中 X 光底片的显影、定影，电泳转移后纤维素膜的进一步处理，抗原体的反应和染色，分子杂交，细胞培养等。凡样品需要在溶液中晃动的实验均可选用脱色摇床。

(二) 使用方法

(1) 将仪器平稳的放在工作面上。

(2) 打开电源开关。

(3) 指示灯亮起。

(4) 调节“速度调节”按钮。

(5) 选择适合的晃动频率。

(6) 实验结束后拔下插头。

(7) 保证实验的准确性和安全性。

(三) 脱色摇床的注意事项

(1) 脱色摇床应该放置在通风、干燥及无腐蚀性的地方。
(2) 工作台上不能防止重物。
(3) 实验溶液溢出应该立即清洗和擦干。

十五、荧光倒置显微镜

(一) 用途

倒置荧光显微镜由荧光附件与倒置显微镜有机结合构成,激发光从物镜向下落射到标本表面,被反射到物镜中并聚集在样品上,样品所产生的荧光以及由物镜透镜表面、盖玻片表面反射的激发光同时进入物镜,经双色束分离器使激发光和荧光分开而成像。能直接对培养皿中的被检物体进行显微观察和研究。主要用于细胞等活体组织的荧光、相差观察。

(二) 使用方法

(1) 按下接线板电源,打开计算机屏幕电源和主机箱电源,双击桌面上Leica Application Suite 图标进入程序。

(2) 打开 Leica 倒置荧光显微镜光源,如需使用汞灯,需预热 5 min,在记录本上记录下汞灯上显示的已用小时数及荧光使用时间(严格登记)。

(3) Leica 倒置荧光显微镜物镜放大倍数有 5 倍、10 倍、20 倍、40 倍,旋转物镜下转盘改变放大倍数。

(4) Leica 倒置荧光显微镜明场使用方法:将透射光装置的聚光镜转盘旋转至 BF 档。选择合适的物镜,调节焦距,用明视光源强度旋转及透射光装置上的光圈调节光源强度,将滤色块放在第 4 或 5 档。

(5) Leica 倒置荧光显微镜荧光使用方法:放下明场遮拦,拉开荧光遮拦棒,旋转滤色块转盘,选择合适的激发波长,用荧光光源视野调节旋钮和荧光光源光圈调节旋钮调节荧光的范围和强度。

(6) 图像处理:在“摄取”菜单栏 Mic1 卡片下根据所选的物镜倍数选择

放大倍数。拉开显微镜摄像头操纵杆,单击鼠标左键选择一块白色区域,单击鼠标右键,进行白平衡。可以通过改变摄取菜单栏摄像头卡片下曝光,饱和,伽玛和增益改变显示图像的效果。明场或者相差模式,建议将增益放在零。单击拍摄,新建自己的文件夹,保存图片。

(7) 荧光拍摄完毕,推进荧光遮拦棒:

1) 如果下一个使用时间小于或等于 1 h,不需要关闭 Leica 倒置荧光显微镜汞灯,记录下汞灯使用时间。将明场电源旋至最低,将物镜旋至空档。关闭应用程序。

2) 否则,使用完毕荧光,及时关闭汞灯,注意需长于半小时,记录下汞灯使用时间。将明场电源旋至最低,关闭明场电源,将物镜旋至空档。关闭应用程序。

(三) 注意事项

(1) 打开荧光光源后,至少要等 15 min 后才能关闭,关闭后是少要 30 min 作用才能再次开启。不需要使用荧光时禁止打开其电源开关。

(2) 平时要做好清洁和保养工作,对荧光灯泡的开启或者关闭的时间要记录下来,使用 200 h 后,要更换荧光灯泡。

十六、流式细胞仪

流式细胞仪(flow cytometer, FCM)是当前应用较为广泛的对细胞等生物颗粒特征进行定性和定量分析的仪器。借助一个聚焦的光源,通过各种光敏元件测量检测细胞或微粒所发射的散射光以及荧光,随后对测量结果进行计算机分析和处理,即可得到多种信息参数。FCM 技术可用于细胞计数、不同类型细胞的分选及细胞周期的测定、凋亡细胞的检测、细胞膜电位、胞内特定蛋白含量及表面抗原表达检测,等等。

FCM 的使用包括制备样品和仪器检测两个步骤,其中仪器检测部分具体操作与仪器型号有关,需要按照仪器说明书使用。对于不同的样本及其保存方式,制备的方法会有所不同。FCM 适用于对单个细胞或单个细胞核悬液进行分析,同时要求悬液中的细胞分散良好,不形成凝集块。因此,对不同的样品应选择适宜的制备方法才能获得可靠的 FCM 检测数据。

1. 制备单个细胞悬液

(1) 单层培养细胞样品：取对数生长期的单层细胞，用 0.25%胰蛋白酶或 0.02% EDTA 溶液消化细胞、离心、重悬并振荡分散细胞，制成单个细胞悬液。

(2) 实体组织样品：机械法、化学法及酶消化法常常用于分散组织细胞制备单个细胞悬液。上述 3 种制备方法各有优缺点。虽然机械法简便，但易引起细胞损伤和丢失；化学法作用温和，但可能会抑制细胞代谢；酶法对细胞内和细胞间不同组分有特异消化作用，更适用于含结缔组织成分多的标本，但细胞膜上的某些成分可能会被酶消化。因此，在实际应用中常常将几种方法联合使用。消化完毕后制成细胞悬液，备用。

(3) 石蜡包埋组织的样品：外科手术中获得的新鲜实体组织，一般会首先进行石蜡包埋处理。对这样的样本也可制成细胞悬液进行 FCM 分析。首先需要将石蜡包埋组织块切成 10～50 μm 厚的组织片 3～5 片，二甲苯脱蜡，乙醇梯度水化，酶消化，离心，细胞沉淀保存备用。

2. 样品固定 不同的实验目的需要选择适当的固定方法，但分析活细胞或分选活细胞时，不可使用固定剂处理。常用的固定方法有 3 种：①甲醛法，常用于吖黄素 Feulgen 染色。②乙醇法，常用于 Hoechst33258、EB、碘化丙啶(PI)、异硫氰酸荧光素染液(FITC)等染色法。③丙酮法，常用于免疫荧光染色。

3. 样品染色和检测 依据实验目的和内容选择相应的染色方法。①活细胞荧光染色常用 PI，PI 使死细胞着色，可反映细胞活力。②DNA 显示法采用荧光色素标记，这些标志物能够与 DNA 螺旋结构高度特异性结合，从而在激发波长下即可测定样品。③DNA 和 RNA 双重染色，常用 Hoechst 33258 和派咯宁 Y(PY)。Hoechst 33258 为核酸特异性染料，PY 为 RNA 特异性染料。④DNA 与蛋白质双重染色，乙醇固定细胞后，行 PI 染液后，再用 FITC 染。DNA 被 PI 着色，呈红色荧光，蛋白质被 FITC 着色呈绿色荧光。⑤DNA 与癌基因探针双标记测定，先用癌基因探针按间接免疫荧光染色法标记癌基因表达产物，然后用 PI 标记 DNA。

附录二　常用缓冲液配制及单位换算

一、常用缓冲液配方

见附表 2－1～2－5。

附表 2－1　磷酸氢二钠-磷酸二氢钠缓冲液(0.2 mol/L)

pH	0.2 mol/L Na_2HPO_4/mL	0.2 mol/L NaH_2PO_4/mL	pH	0.2 mol/L Na_2HPO_4/mL	0.2 mol/L NaH_2PO_4/mL
5.8	8.0	92.0	7.0	61.0	39.0
5.9	10.0	90.0	7.1	67.0	33.0
6.0	12.3	87.7	7.2	72.0	28.0
6.1	15.0	85.0	7.3	77.0	23.0
6.2	18.5	81.5	7.4	81.0	19.0
6.3	22.5	77.5	7.5	84.0	16.0
6.4	26.5	73.5	7.6	87.0	13.0
6.5	31.5	68.5	7.7	89.5	10.5
6.6	37.5	62.5	7.8	91.5	8.5
6.7	43.5	56.5	7.9	93.0	7.0
6.8	49.0	51.0	8.0	94.7	5.3
6.9	55.0	45.0			

注：$Na_2HPO_4 \cdot 2H_2O$ 相对分子质量＝178.05；0.2 mol/L 溶液为 35.61 g/L。
$Na_2HPO_4 \cdot 12H_2O$ 相对分子质量＝358.22；0.2 mol/L 溶液为 71.64 g/L。
$NaH_2PO_4 \cdot H_2O$ 相对分子质量＝138.01；0.2 mol/L 溶液为 27.6 g/L。
$NaH_2PO_4 \cdot 2H_2O$ 相对分子质量＝156.03；0.2 mol/L 溶液为 31.21 g/L。

附表 2－2 磷酸氢二钠-磷酸二氢钾缓冲液(1/15 mol/L)

pH	1/15 mol/L Na_2HPO_4/mL	1/15 mol/L KH_2PO_4/mL	pH	1/15 mol/L Na_2HPO_4/mL	1/15 mol/L KH_2PO_4/mL
4.92	0.10	9.90	7.17	7.00	3.00
5.29	0.50	9.50	7.38	8.00	2.00
5.91	1.01	9.00	7.73	9.00	1.00
6.24	2.00	8.00	8.04	9.50	0.50
6.47	3.00	7.00	8.34	9.75	0.25
6.64	4.00	6.00	8.67	9.90	0.10
6.81	5.00	5.00	8.18	10.00	0.00
6.98	6.00	4.00			

注：$Na_2HPO_4 \cdot 2H_2O$ 相对分子质量＝178.05；1/15 mol/L 溶液为 11.876 g/L
KH_2PO_4 相对分子质量＝136.09；1/15 mol/L 溶液为 9.078 g/L

附表 2－3 Tris－盐酸缓冲液(0.05 mol/L，25℃)

pH	*X*/mL	pH	*X*/mL
7.10	45.7	8.10	26.2
7.20	44.7	8.20	22.9
7.30	43.4	8.30	19.9
7.40	42.0	8.40	17.2
7.50	40.3	8.50	14.7
7.60	38.5	8.60	12.4
7.70	36.6	8.70	10.3
7.80	34.5	8.80	8.5
7.90	32.0	8.90	7.0
8.0	29.2		

注：50 mL 0.1 mol/L 三羟甲基氨基甲烷(Tris)溶液与 *X* mL 0.1 mol/L 盐酸混匀后，加水稀释至 100 mL。

三羟甲基氨基甲烷(Tris)相对分子质量＝121.14；
0.1 mol/L 溶液为 12.114 g/L。Tris 溶液可从空气中吸收二氧化碳，使用时注意将瓶盖严。

附表 2-4　甘氨酸-盐酸缓冲液(0.05 mol/L)

pH	*X*	*Y*	pH	*X*	*Y*
2.2	50	44	3.0	50	11.4
2.4	50	32.4	3.2	50	8.2
2.6	50	24.2	3.4	50	6.4
2.8	50	16.8	3.6	50	5.0

注：*X* mL 0.2 mol/L 甘氨酸+*Y* mL 0.2 mol/L HCl，再加水稀释至 200 mL。
甘氨酸相对分子质量=75.07，0.2 mol/L 甘氨酸溶液含 15.01 g/L

附表 2-5　巴比妥钠-盐酸缓冲液(0.04 mol/L)

pH	0.04 mol/L 巴比妥钠溶液/mL	0.2 mol/L 盐酸/mL	pH	0.04 mol/L 巴比妥钠溶液/mL	0.2 mol/L 盐酸/mL
6.8	100	18.4	8.4	100	5.21
7.0	100	17.8	8.6	100	3.82
7.2	100	16.7	8.8	100	2.52
7.4	100	15.3	9.0	100	1.65
7.6	100	13.4	9.2	100	1.13
7.8	100	11.47	9.4	100	0.70
8.0	100	9.39	9.6	100	0.35
8.2	100	7.21			

注：巴比妥钠盐相对分子质量=206.18；0.04 mol/L 溶液为 8.25 g/L。

二、常用市售酸碱浓度

见附表 2-6。

附表 2-6　常用市售酸碱浓度

溶质	分子式	RM	mol/L	g/L	重量百分比	比重	配制 1 mol/L 溶液的加入量/(mL/L)
冰乙酸	CH_3COOH	60.05	17.4	1045	99.5	1.05	57.5
乙酸		60.05	6.27	376	36	1.045	159.5
甲酸	HCOOH	46.02	23.4	1080	90	1.20	42.7

续 表

溶质	分子式	RM	mol/L	g/L	重量百分比	比重	配制 1 mol/L 溶液的加入量/(mL/L)
盐酸	HCl	36.5	11.6	424	36	1.18	86.2
			2.9	105	10	1.05	34.8
硝酸	HNO_3	63.02	15.99	1008	71	1.42	62.5
			14.9	938	67	1.40	67.1
			13.3	837	61	1.37	75.2
高氯酸	$HClO_4$	100.5	11.65	1172	70	1.67	85.8
			9.2	923	60	1.54	108.7
磷酸	H_3PO_4	80.0	18.1	1445	85	1.70	55.2
硫酸	H_2SO_4	98.1	18.0	1766	96	1.84	55.6
氢氧化铵	NH_4OH	35.0	14.8	251	28	0.898	67.6
氢氧化钾	KOH	56.1	13.5	757	50	1.52	74.1
			1.94	109	10	1.09	515.5
氢氧化钠	NaOH	40.0	19.1	763	50	1.53	52.4
			2.75	111	10	1.11	363.6

三、常用单位换算

见附表 2-7。

附表 2-7 常用单位换算

单位	名称	换算
长度单位	米(m)	1
	分米(dm)	10
	厘米(cm)	10^2
	毫米(mm)	10^3
	微米(μm)	10^6
	纳米(nm)	10^9
	埃(Å)	10^{10}
	皮米(pm)	10^{12}

续　表

单位	名称	换算
体积单位	升(L)	1
	分升(dL)	10
	厘升(cL)	10^2
	毫升(mL)	10^3
	微升(μL)	10^6
重量单位	千克(kg)	1
	克(g)	10^3
	分克(dg)	10^4
	厘克(cg)	10^5
	毫克(mg)	10^6
	微克(μg)	10^9
	纳克(ng)	10^{12}
	皮克(pg)	10^{15}
摩尔浓度	摩尔(mol)	1
	毫摩尔(mmol)	10^3
	微摩尔(μmol)	10^6
	纳摩尔(nmol)	10^9
	皮摩尔(pmol)	10^{12}

参考文献

References

1. 杨红，郑晓珂. 生物化学［M］. 北京：中国医药科技出版社，2016.
2. 杜薇滢，李发弟，张养东，等. 乳过氧化物酶研究进展［J］. 食品工业，2018，39（09），236—240
3. 马文丽，石荣. 核酸提取与纯化实验室指导［M］. 北京：化学工业出版社，2012.
4. 费正. 生物化学与分子生物学实验指导［M］. 上海：复旦大学出版社，2012.
5. MAUDE S L, LAETSCH T W, BUECHNER J, et al. Tisagenlecleucel in children and young adults with B-cell lymphoblastic leukemia [J]. N Engl J Med, 2018, 378(5): 439 - 448.
6. JIN Z, XIANG R, QING K, et al. The severe cytokine release syndrome in phase I trials of CD19 - CAR - T cell therapy: a systemic review [J]. Ann Hematol, 2018, 97: 1327 - 1335.
7. FRY T J, SHAH N N, ORENTAS R J, et al. CD22-targeted CAR - T cells induce remission in B-ALL that is naïve or resistant to CD19-targeted CAR immunotherapy [J]. Nat Med, 2018, 24(1): 20 - 28.
8. RAJE N, BERDEJA J, LIN Y, et al. bb2121 anti-BCMA CAR T-cell therapy in patients with relapsed/refractory multiple myeloma: updated results from a multicenter phase I study [J]. J Clin Oncol, 2018, 36(15 suppl): 8007.
9. MAILANKODY S, GHOSH A, STAEHR M, et al. Clinical responses and pharmocokinetics of MCARH171, a human-derived bcma targeted CAR - T cell therapy in relapsed/refractory multiple myeloma: final results of a phase I clinical trial [J]. Blood, 2018, 132: 959.
10. RAMOS C, BILGI M, GERKEN C, et al. CD30-chimeric antigen receptor (CAR) T cells for therapy of Hodgkin lymphoma (HL) [J]. Blood, 2018, 132: 680.
11. HOSSAIN N, SAHAF B, ABRAMIAN M, et al. Phase I experience with a bi-specific CAR targeting CD19 and CD22 in adults with B-cell malignancies [J]. Blood, 2018, 132: 490.
12. AVANZI M P, YEKU O, LI X, et al. Engineered tumor-targeted T cells mediate enhanced antitumor efficacy both directly and through activation of the endogenous

immune system [J]. Cell Rep, 2018, 23(7): 2130 - 2141.
13. SUN W M, SHI Q L, ZHANG H Y, et al. Advances in the techniques and methodologies of cancer gene therapy. Disc Med, 2019, 27(146): 45 - 55.
14. CUTRERA J, KING G, JONES P, et al. Safety and efficacy of tumor-targeted interleukin 12 gene therapy in treated and non-treated, metastatic lesions [J]. Curr Gene Ther, 2015, 15(1): 44 - 54.

图书在版编目(CIP)数据

生物化学与分子生物学实验指导/费正主编. —2 版. —上海：复旦大学出版社，2023. 10
药学精品实验教材系列 / 戚建平，张雪梅总主编
ISBN 978-7-309-16246-2

Ⅰ. ①生… Ⅱ. ①费… Ⅲ. ①生物化学-实验-医学院校-教学参考资料②分子生物学-实验-医学院校-教学参考资料 Ⅳ. ①Q5-33②Q7-33

中国版本图书馆 CIP 数据核字(2022)第 104839 号

生物化学与分子生物学实验指导(第二版)
费 正 主编
责任编辑/王 瀛

复旦大学出版社有限公司出版发行
上海市国权路 579 号 邮编：200433
网址：fupnet@fudanpress.com http://www.fudanpress.com
门市零售：86-21-65102580 团体订购：86-21-65104505
出版部电话：86-21-65642845
上海新艺印刷有限公司

开本 787 毫米×960 毫米 1/16 印张 16.75 字数 257 千字
2023 年 10 月第 2 版第 1 次印刷

ISBN 978-7-309-16246-2/Q · 114
定价：78.00 元